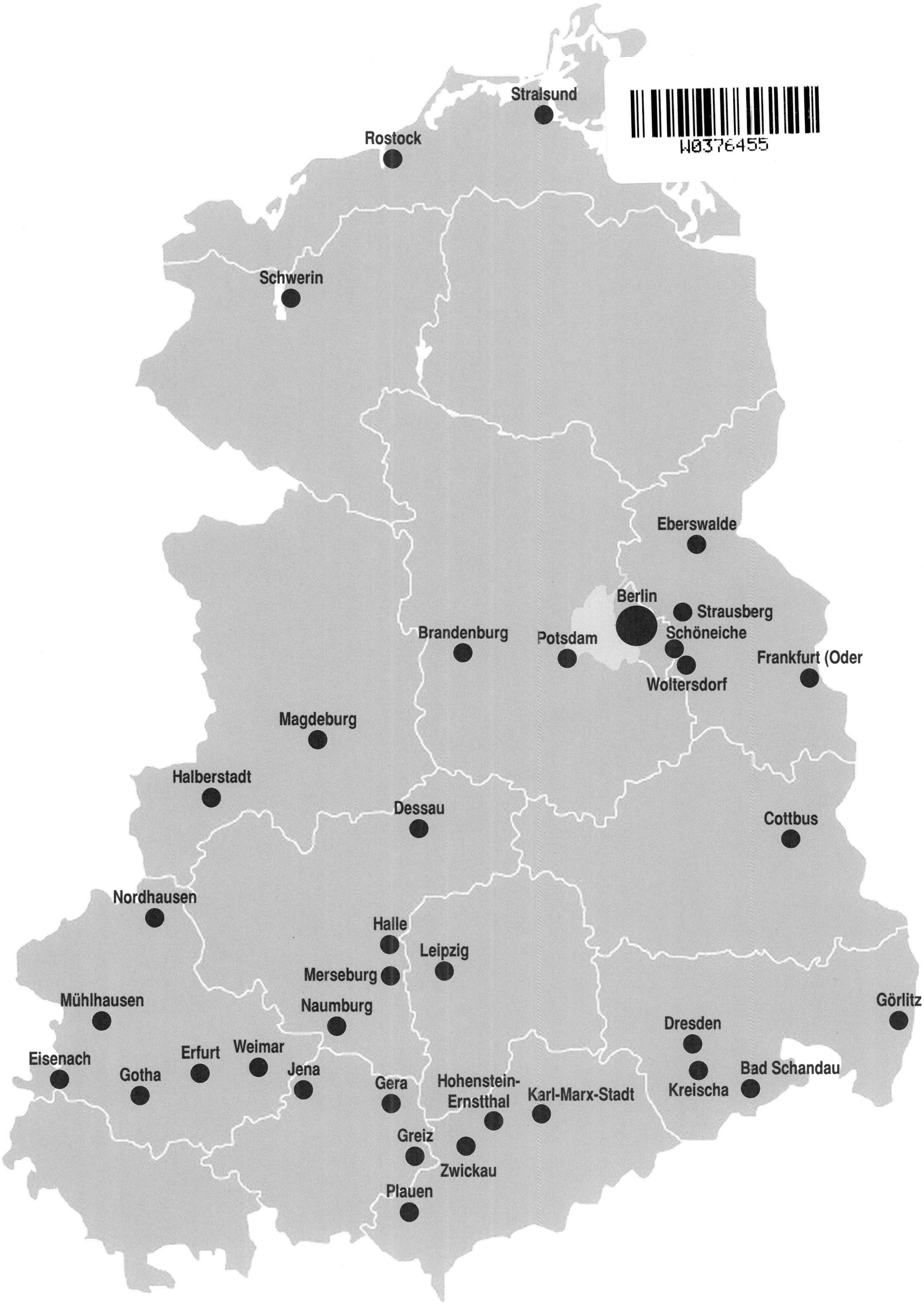
Stralsund
Rostock
Schwerin
Eberswalde
Berlin
Strausberg
Schöneiche
Brandenburg
Potsdam
Frankfurt (Oder
Woltersdorf
Magdeburg
Halberstadt
Dessau
Cottbus
Nordhausen
Halle
Leipzig
Merseburg
Mühlhausen
Naumburg
Görlitz
Dresden
Eisenach
Erfurt
Weimar
Gotha
Jena
Gera
Hohenstein-
Ernstthal
Karl-Marx-Stadt
Kreischa
Bad Schandau
Greiz
Zwickau
Plauen

Städtischer Nahverkehr in der DDR

einzigartige Momentaufnahmen von Peter Dönges

Andreas Riedel

Titelfotos: - **oben links:** In den Jahren 1980 und 1981 erhielt Naumburg insgesamt vier LOWA-Triebwagen aus Plauen, welche weiter mit dem Plauener Außenanstrich fuhren. Am 22.04.1981 trafen sich am Bahnhof die Triebwagen Nr. 20 und 21 ex. Plauen Nr. 56^{II} (dessen aktiver Dienst 1956 als Nr. 40 in Cottbus begann) und Nr. 60.

- **oben rechts:** Im Jahre 1965 steht ein Zug der Thüringerwaldbahn, angeführt vom 1929 gebauten Triebwagen Nr. 51, in Reinhardtsbrunn bereit zur Weiterfahrt nach Tabarz.

- **Mitte links:** Am 07.09.1970 begegnen sich an der Haltestelle Lustgarten der Strausberger Eisenbahn zwei Triebwagen, deren aktive Zeit 1924 in Mettmann begann. Der Wagen Nr. 4^{II} ist kurz vorher aus der Nummer 14 entstanden.

- **unten links:** Am winterlichen Neujahrstag des Jahres 1979 biegt in Chemnitz (Karl-Marx-Stadt) der Ikarus 180 Nr. 111 vom Sachsenring in die Kreherstraße.

- **unten rechts:** An der Endstation Dorfteich im Dresdener Vorort Weißig ist am 09.04.1971 der Skoda 9TR Nr. 277 mit dem Anhänger Nr. 344 des Typs Jelcz PO46 bildlich dokumentiert worden.

Innentitel: Viele Jahre waren in ostdeutschen Städten Straßenbahnen mehrerer Generationen gleichzeitig im Einsatz. Am 18.03.1971 begegneten sich in der Endstellenanlage Richard-Wagner-Straße beim Leipziger Hauptbahnhof zwei Einsatzzüge mit Wagen der LVB, deren Herstellungsjahr im Ursprung mehr als 40 Jahre auseinander lag.

Rücktitel: Im März 1975 befindet sich in Chemnitz (Karl-Marx-Stadt) ein Einsatzzug mit Tw 268 an der Spitze beim Gleisdreieck Industriewerke (früher: Wandererwerke) in Schönau. Hier begann die eingleisige Strecke nach Siegmar.

ISBN 978-3-937496-95-5

Bildverlag Böttger GbR
W. I. T. der Gewerbepark
Witzschdorfer Hauptstraße 94
09437 Witzschdorf
Telefon: 0 37 25 / 2 01 40
Fax: 0 37 25 / 2 02 40
www.boettger-bildverlag.de
e-Mail: info@boettger-bildverlag.de

1. Auflage 2019

Inhaltsverzeichnis

Vorwort

Als vor über zehn Monaten die ersten konkreten Vorarbeiten zum vorliegenden Buch anliefen, konnte man das nun erreichte Volumen und die Vielfalt der einbezogenen Bilddokumente allenfalls erahnen. Wir sind angetreten mit der Absicht, eine möglichst authentische Darstellung des DDR-Alltages auf dem Gebiet des Städtischen Nahverkehrs in den fünfziger bis siebziger Jahren zu erstellen. Eine Reihe von Aufnahmen des Bildautors Peter Dönges (Jahrgang 1937) waren uns aus verschiedenen Publikationen bereits bestens bekannt und damit auch sein Gespür für das eigentlich Prägende drum herum. Zwischen 1954 und Ende 1981 fertigte er etwa 1.700 Mittelformatbilder und knapp 900 Kleinbildfilme sowie eine größere Anzahl Farbdias. Dieser Fundus wiederum ist nur ein Bruchteil dessen, was bis zum heutigen Zeitpunkt an Bildern in ganz Deutschland und anderen Ländern entstanden ist. Irgendwie ähneln sich aber wohl überall die Anfangsimpulse zu einer derart nachhaltigen Beschäftigung mit einem doch recht speziellen Thema. Diese Erfahrung wurde mir als Autor viele Jahre später in Görlitz zuteil, als sich meine elterliche Wohnung mehrere Jahre in der dortigen Bahnhofstraße befand. Der Bildautor lebte mehr als 20 Jahre im Dresdener Stadtteil Bühlau direkt an einer O-Bus- und Straßenbahnstrecke. Es ist sicher nicht ganz unwichtig, täglich diese Nähe spüren zu können. Besuche in anderen Nahverkehrsunternehmen und die seltene Begabung, in den Bildern das Wesentliche der Zeit als Botschaft mit herüber zu bringen, ließen ein unschätzbar wertvolles Archiv entstehen. Dabei sind viele der Bilder für sich genommen nur Zufallsprodukte gewesen. In der Summe zeichnen sie jedoch ein sehr genaues Bild einer Zeit, in der häufig sehr viel improvisiert werden musste, weil es fast immer an irgendetwas fehlte. Für uns stellte sich die Auswahl recht schwierig dar, weil für jedes ausgewählte Bilddokument eine Reihe anderer gleichrangiger Aufnahmen hätten stehen können. Dabei ließ es sich nicht vermeiden, dennoch bestimmte Schwerpunkte heraus zu arbeiten. So liegen nun mehr als 25 Jahre DDR-Alltag aus einer selten publizierten Perspektive wie ein aufgeschlagenes Geschichtsbuch vor uns und jedes dieser mehr als 1.650 Schwarzweißbilder ist ein Erlebnis für sich und lässt uns Hochachtung und Freude spüren, die wir gerne auch den Lesern und Betrachtern dieses Buches vermitteln würden. Ein Stück weit spiegeln viele der ausgewählten Fotos unser eigenes Leben in dieser Zeit wider. Sie wecken Erinnerungen an einen heute in dieser Form nicht mehr existierenden Alltag. Viele Einzelheiten werden – wenn auch häufig nur ansatzweise – aufgehellt und so vor dem endgültigen Vergessen bewahrt. Unser besonderer Dank gilt an dieser Stelle all jenen Personen und Vereinen und nicht zuletzt dem Bildautor selbst, die durch ihre unermüdliche Unterstützung und bisweilen auch Einflussnahme auf die Darstellung wichtiger Details in den letzten Wochen und Monaten dieses Projekt zu dem haben werden lassen, was es nun ist. In diesem Sinne wünschen wir viel Spaß mit dieser Lektüre.

Verlag und Autor.

Blick aus dem Fenster der elterlichen Wohnung des Bildautors im Winter 1959 Richtung Kaliningrader Straße (Königsberger Straße). Solche Bildsequenzen können ein Hobby sehr nachhaltig prägen.

Der Bildautor als Fahrer bei der Chemnitzer Straßenbahn, aufgenommen im September 1963.

Entgleisung des Chemnitzer Beiwagens Nr. 609 am 02.04.1964 am Gleisdreieck Furth Glösa.
Links erkennt man den damaligen Dienstwagen des Bildautors, einen IFA F8.

Besondere Erlebnisse waren und sind bis heute Blicke in die Werkstätten der Straßenbahnbetriebe. Hier befindet sich im März 1965 in Potsdam ein LOWA-Wagen im Neuaufbau. Am linken Bildrand der später als Dienstfahrzeug verwendete Triebwagen Nr. 123[II].

Berlin
Berliner Straßenbahn

Mit der Eröffnung eines ersten Streckenabschnittes zwischen Brandenburger Tor und Spandauer Straße (heute: Spandauer Damm) durch die Berlin-Charlottenburger Straßenbahn am 22.06.1865 schlug die Geburtsstunde der Berliner Straßenbahn. Es war dies zugleich die erste Pferdestraßenbahnlinie in Deutschland. Zwei Monate später erfolgte deren Verlängerung über Dorotheenstraße bis zum Kupfergraben. Die erste elektrische Straßenbahnlinie der Welt eröffnete Ernst-Werner Siemens in der Gemeinde Groß-Lichterfelde am 16. Mai 1881. Die Umstellung des Pferdebahnbetriebes auf elektrischen Betrieb war bis 1902 fast abgeschlossen. Andere Antriebsformen wie Akkumulatorenbetrieb hingegen konnten sich nicht dauerhaft durchsetzen. Der Betrieb erfolgte bis zum Beginn der zwanziger Jahre durch eine Vielzahl von regionalen Gesellschaften. Nach dem Inflationsjahr 1923, mit dem die vorübergehende Stilllegung fast aller Strecken herging, bildete sich auf der Grundlage einer Genehmigung vom 11.11.1924 die Berliner Straßenbahn-Betriebs-GmbH, welche am 01.01.1929 in die neu gegründete städtische Berliner Verkehrs-AG (BVG) unter Einbeziehung der Hoch- und Untergrundbahnen und des bisher durch die ABOAG abgewickelten Busverkehrs überführt worden ist. 1928 betrug die Streckenlänge in bis dahin noch zwei Spurweiten 615 km, auf denen 1.879 Trieb- und 1.760 Beiwagen, 21 elektrische Lokomotiven, 3 Benzoltriebwagen, 41 Autoturmwagen, 38 Postwagen und 555 Spezialwagen zum Einsatz kamen. Die Unterschiedlichkeit der Betriebsmittel der ehemaligen Gesellschaften führte zu einem seltenen Phänomen: in den zwanziger und dreißiger Jahren wurden viele der vorhandenen Trieb- und Beiwagen nach weitgehend einheitlichen Gesichtspunkten umgebaut, ein Prozess, der sich bei der BVG Ost auch nach dem Ende des Zweiten Weltkrieges fortsetzte und im Rekonstruktionsprogramm ab 1959 gipfelte. Nach der Stilllegung der letzten Strecke im Westteil der Stadt am 02.10.1967 erreichen heute wieder einige Neubaustrecken die westlichen Stadtteile. Neben den noch vorhandenen modernisierten KT4D werden heute GT6N in Ein- und Zweirichtungsversion (zusammen 150 Züge) sowie Flexity Berlin (deren Zulauf derzeit läuft und insgesamt 210 Fahrzeuge betragen soll) zum Einsatz gebracht. Wir möchten mit den ausgewählten Bilddokumenten einen Blick in die fünfziger bis frühen siebziger Jahre werfen, die Leser teilhaben lassen an einem Berliner Alltag, wie er heute nicht mehr besteht, ohne jedoch den Anspruch erheben zu wollen, alle Facetten hinreichend darzustellen. Einbezogen aber wurden einige interessante Motive aus dem Westteil der Stadt, die wenige Monate vor dem Mauerbau entstanden sind.

Wir beginnen wieder mit einem Dienstfahrzeug. Der Wagen Nr. A 126[II] ist 1959 an der Ecke Greifswalder/ Dimitroff- (Danziger) Straße aufgenommen worden. Fahrzeuge dieses Typs aus den Jahren 1899 bis 1903 sind in der ersten Hälfte der zwanziger Jahre in der Nummernreihe 3050 bis 3211 zusammengefasst und um 1923 umgebaut worden. Das Fahrzeug gehörte ohne Zweifel zum heute noch bestehenden Gleisbauhof Kniprodestraße (damals: Artur-Becker-Straße), der von 1908 bis 1923 Betriebshof der Städtischen Straßenbahn Berlin (SSB) war. Sehenswert ist die einst weit verbreitete Bedürfnisanstalt am rechten Bildrand.

Ganz sicher zum selben Gleisbauhof gehörte der Arbeitswagen Nr. A 106^{II}. Aufgenommen ebenfalls an der Greifswalder Straße/Ecke Dimitroff- (Danziger) Straße im Jahre 1959, ist auch dieser sechsfenstrige, mehrfach umgebaute Triebwagen im Ursprung bereits seit 1900 im Bestand und gehörte seinerzeit zur Großen Berliner Straßenbahn. Hier kommt er mit einer Güterlore daher. Am linken Bildrand ein in der DDR nicht sehr häufiger Pkw des Typs Sachsenring P 240.

Der Wagen Nr. 3818^{II} stammt aus der Serie Nr. 3802^{II} bis 3850^{II}, hergestellt 1927 mit einer AEG-Ausstattung in Düsseldorf. Hier sehen wir ihn in einer Aufnahme von 1959 als Solowagen der Linie 11.

Der Arbeitswagen Nr. A 97^{II} geht im Ursprung auf das Jahr 1901 zurück. Umgebaut wurde er aus dem Triebwagen Nr. 3204, fuhr 1940 bis 1945 wieder im Personenverkehr und ab 1967 mit der Nummer A 103^{III}. 1969 wurde ihm noch die EDV-Nummer 721 028 zugeordnet, aber ein Jahr später schied er aus dem Bestand aus. Wir erleben das Fahrzeug 1959 an der Einmündung der Edison- in die Wilhelminenhofstraße in Oberschöneweide.

Dieses Motiv entstand 1959 in der Wilhelminenhofstraße. Es zeigt den Arbeitswagen Nr. A 108 mit einem Beiwagen im Schlepp. Der Atw entstand aus dem Triebwagen Nr. 3208, der bereits 1900 seinen Dienst bei der Großen Berliner Straßenbahn antrat und nach einem Umbau in den zwanziger Jahren durch die NAG zur Nummernreihe 3050 bis 3211 gehörte. 1969 in Nr. 721 029 umgezeichnet, schied er 1971 aus dem Bestand aus. An diese Fahrzeugreihe erinnert heute der Oldtimer Nr. 3110.

Zur Nummernreihe 3212 bis 3303 zählte der Triebwagen 3224. Diese Fahrzeuge entstanden durch Umbau 1908 bis 1913 bei Falkenried mit einer elektrischen Ausrüstung von AEG. Hier sehen wir ihn im Juli 1959 mit dem LOWA-Beiwagen Nr. 1714 in der Friedrichstraße, wenige Wochen vor seiner Umsetzung nach Dessau, wo er aber ohne Einsatz geblieben ist.

In der Landsberger Allee (damals: Leninallee) hat Tw 4293 im Juli 1959 stadteinwärts fahrend die Haltestelle Steuerhaus erreicht. 1916 bis 1921 bei Falkenried mit einer SSW-Ausrüstung umgebaut, befanden sich bei der BVG Ost noch 9 Wagen dieser Reihe Nr. 4286 bis 4305 bis 1965 im Einsatz.

Aus der 1910 gebauten Nummernreihe 1493^{II} bis 1500^{II} verblieb nur der Beiwagen Nr. 1499^{II} bei der BVG Ost und befand sich bis 1964 im Einsatz. Hier fährt er im Juli 1959 in einem Zug der Linie 71E auf der Prenzlauer Allee zur Siedlung „Am Steinberg“. Am rechten Bildrand erkennt man in der einmündenden Ostseestraße einen Doppelstockbus des Typs Do 54.

Triebwagen Nr. 5365 wendet 1959 mit seinem Zug der Linie 74E beim Betriebshof Weissensee in der Bernkasteler Straße.
Der Wagen zählte zu einer1910 bei Falkenried gebauten und in den zwanziger Jahren in die Nr. 5358 bis 5374 umbezeichneten Serie der SSB, aus der 8 Wagen durch die BVG Ost übernommen wurden und zwischen 1964 und 1968 aus dem aktiven Dienst ausschieden. Aus dieser Reihe ist der Historische Wagen Nr. 68 der SSB erhalten geblieben.

Die in den zwanziger Jahren zur Nummernreihe 1477 bis 1485 zusammengefassten Beiwagen wurden 1910 bei Orenstein und Koppel in Berlin-Drewitz gebaut. Lediglich die Nummern 1477 und 1485 verblieben bis 1969 im Einsatz bei der BVG Ost. Im Juli 1959 begegnen wir dem Beiwagen Nr. 1485 als Linie 70E in der Falkenberger Straße in Hohenschönhausen.

Am S-Bahnhof Grünau ist im Mai 1961 in einem Zug der Linie 86 der Beiwagen Nr. 1229 vorgefahren. In den zwanziger Jahren ist er Bestandteil der Nummernreihe 1221 bis 1230 geworden. Die Beiwagen sind 1913/14 bei Orenstein & Koppel in Drewitz gebaut worden. Bis 1963 fuhren die 4 bei der BVG Ost verbliebenen Fahrzeuge im Liniendienst.

Beim Hochbahnhof Warschauer Straße sehen wir im Juli 1959 den Beiwagen Nr. 782. Er entstammt der 1925/26 in Görlitz und Ammendorf hergestellten Serie Nr. 501[II] bis 801[II] bzw. 802[II] und 803[II] des Typs B 25, von der die letzten beiden, 1926 in Görlitz gefertigten Wagen einen Leichtmetallaufbau hatten und 90 Wagen bei der BVG Ost im Einsatz blieben, die zwischen 1959 und 1964 als Ersatzteilspender beim Aufbau von Reko-Beiwagen dienten.

Der Arbeitswagen A 221 entstand aus einem 1900 gebauten Triebwagen der Großen Berliner Straßenbahn und erhielt 1953 einen geschlossenen Aufbau. Am 25.03.1965 gehörte er zum Betriebshof Treptow. Am linken Bildrand ist die Salzlore Nr. S 52 zu sehen, welche aus einem Beiwagen der Nummernreihe 694 bis 893 umgebaut worden ist.

Im heute nicht mehr bestehenden Betriebshof Elsenstraße in Treptow, der bis 1973 als Straßenbahnhof und anschließend bis 1991 als Omnibushof genutzt wurde, erleben wir am 25.03.1965 den kurz vorher aus dem Triebwagen Nr. 3337^{III} umgebauten Arbeitswagen Nr. A 10^{II}. Seit 1970 fuhr er mit der Nummer 721 009 und ist als historisches Fahrzeug vorgesehen. Hergestellt wurde der Triebwagen 1927 in Görlitz und gehörte zur Serie Nr. 3330^{III} bis 3355.

In der Schnellerstraße/Ecke Rudower Straße kommt der Wagen Nr. 3423 im Oktober 1970 aus Oberspree gefahren und hat den Abzweig zum Raw Berlin-Schöneweide erreicht. Der Triebwagen gehörte zur Serie Nr. 3401 bis 3594, hergestellt 1927 in Niesky.

Der am 25.03.1965 im Betriebshof Elsenstraße in Treptow bildlich dokumentierte Triebwagen Nr. 5429 wurde 1919 in Ammendorf mit einer SSW-Ausstattung für die Straßenbahnen der Stadt Berlin (SSB) hergestellt. Am rechten Bildrand ist der in Hannover hergestellte Beiwagen Nr. 1399 zu erkennen.

Zur Düsseldorfer Serie Nummer 3802^{II} bis 3850^{II} aus dem Jahre 1927 stammen die abgebildeten beiden Triebwagen. Nr. 3802^{II} zeigte sich im Juni 1962 mit dem LOWA-Beiwagen Nr. 1711 in der Alexanderstraße. Nr. 3837^{II} gehörte zu den letzten von der BVG Ost im Liniendienst eingesetzten Altbautriebwagen und ist im Oktober 1970 als Solopendel der Linie 92 beim Bahnhof Berlin-Schöneweide vorgefahren.

Bereits seit 1964 ist der abgebildete Rangiertriebwagen A 1^{IV} der Nieskyer Serie von 1927 unterwegs. Wenige Wochen nach dieser Aufnahme vom Oktober 1970 am Bahnhof Berlin-Schöneweide fuhr er mit der EDV-Nummer 721 001 und schied 1982 aus dem Bestand aus. Im Hintergrund der Reko TE 59 mit der Nummer 3920.

In der Friedrichstraße sehen wir im Juli 1959 den Triebwagen Nr. 3664. Er gehört zur 1931 bei NAG aus Triebwagen von 1899 umgebauten Serie Nr. 3601^{II} bis 3700^{II}, von denen 36 Triebwagen bei der BVG Ost verblieben und 1963 als Teilespender beim Aufbau von Reko-Wagen dienten.

Im März 1965 stehen Mitteleinstiegtriebwagen zweier Serien im Betriebshof Elsenstraße in Treptow nebeneinander. Tw 3814 ist 1927 in Düsseldorf gebaut worden (Nr. 3802^{II} bis 3850^{II}), Nr. 3518 im selben Jahr mit der Serie Nr. 3401 bis 3591 in Niesky. Die Mitteleinstiegwagen prägten in unterschiedlicher Bauart mehrere Jahrzehnte den Alltag auf Berliner Straßenbahngleisen recht nachhaltig. Es gab von ihnen auch Verbundtriebwagen mit Mehrfachsteuerung.

Beim Arbeitswagen Nr. 721 024, der im November 1972 auf der alten Bahnhofsbrücke in Lichtenberg fährt, sehen wir noch einmal den bereits beschriebenen Triebwagen Nr. 3837^{II} der Düsseldorfer Serie von 1927.

Wir erleben im Juni 1962 Bw 798^{II} beim Rangieren vor dem Empfangsgebäude des Ostbahnhofes. Er gehört zur bereits an anderer Stelle genannten Serie Nr. 501^{II} bis 801^{II} bzw. 802^{II} und 803^{II} der B 25-Beiwagen, hergestellt 1925/26 in den Waggonfabriken Niesky und Görlitz. Die 90 bei der BVG Ost verbliebenen Fahrzeuge dienten zwischen 1959 und 1964 beim Bau von Rekowagen als Teilespender.

Der Triebwagen Nr. 3708^{II} gehörte zur Serie 3701^{II} bis 3760^{II}, welche 1933 durch die NAG einen Umbau aus älteren Wagen erfuhr, deren Geschichte bereits 1899 begann. 14 Triebwagen verblieben bei der BVG Ost. Die Aufnahme entstand im Juli 1959 in Hohenschönhausen.

In der Landsberger Allee, die damals Leninallee hieß, hat im Juli 1959 ein stadtauswärts fahrender Zug der Linie 63 E die Haltestelle Steuerhaus erreicht. Dessen Schlusswagen Nr. 1237^{II} gehörte zur Nummernreihe 1231^{II} bis 1239^{II}, umgebaut aus den Flachbahnwagen Nr. 30 bis 38 im Jahre 1926 bei Orenstein & Koppel und 1939 erneut umgebaut. Die sechs bei der BVG Ost verbliebenen Beiwagen dienten 1961 als Teilespender beim Bau von Reko-Beiwagen.

Einige Maximumtriebwagen haben wir ja bereits gesehen. Neben den verschiedenen Mitteleinstiegwagen prägten auch sie viele Jahre das Alltagsbild, sind mehrfach umgebaut worden und erhielten zuletzt sogar mehrheitlich noch Tonnendächer. Im Ursprung sind die meisten von ihnen vor dem Ersten Weltkrieg mit offenen Plattformen gebaut worden. Die abgebildeten Wagen Nr. 5256, 5290 und 5379 aus von Falkenried gebauten Serien, von denen bei der BVG Ost noch insgesamt 40 Wagen fuhren, wurden 1959 am Spittelmarkt und mit dem B 24 Nr. 292 in Grünau bildlich dokumentiert. Gleich drei Vertreter von ihnen sind in unterschiedlichen Zuständen als Historische Wagen erhalten geblieben. Sie tragen heute die Nummern 2990, 5256 und 5274.

Eine markante und recht große Gruppe von Beiwagen bildeten die 1918 bis 1921 in Hannover für die Große Berliner Straßenbahn hergestellten und von der BVG in der Nummernreihe 1285 bis 1422 zusammengefassten so genannten HAWA-Wagen, von denen noch 37 Vertreter bis längstens 1969 Dienst bei der BVG Ost leisteten. Auf der Linie 82E ist Bw 1404 in der Wilhelminenhofstraße in Oberschöneweide und am Markgrafendamm im Juli 1959 bildlich dokumentiert.

Mit Wagen 1421 sehen wir einen weiteren Vertreter dieser Serie, von der Nr. 1420 als Historisches Fahrzeug erhalten geblieben ist. Die Aufnahme entstand im Juli 1959 am Neuen Stadthaus in der Parochialstraße, unweit des Roten Rathauses. Die Linie 71E verkehrte damals zwischen der Siedlung „Am Steinberg" und der Leipziger Straße.

Eine sehr große Gruppe gleichartiger Triebwagen bildeten die Wagen Nr. 5701 bis 6200, hergestellt 1924 bis 1926 in mehreren Waggonfabriken und bekannt geworden unter dem Namen T 24. 164 von ihnen verblieben bei der BVG Ost und fuhren bis 1961 – teilweise mit neuen Wagenkästen – im Liniendienst. Nr. 5872 hat im Juli 1959 mit einem Mitteleinstiegbeiwagen als Linie 63 Richtung Hackescher Markt die Haltestelle Steuerhaus in der Landsberger Allee (damals: Leninallee) erreicht. Die T 24 der BVG Ost dienten als Teilespender beim Aufbau von Rekowagen.

Vor der Ruine des 1907 bis 1908 errichteten Vox-Hauses am Potsdamer Platz, in dem am 29.10.1923 die Geburtsstunde des Rundfunks in Deutschland schlug, ist an einem Junitag des Jahres 1959 in der Potsdamer Straße ein Zug der Linie 73 Richtung Lichterfelde vorgefahren, der vom T 24-Triebwagen Nr. 6133 der BVG West angeführt wird. An dieser Haltestelle bei der Sektorengrenze erfolgte seit 1949 der Schaffnerwechsel.

Beim Hardenbergplatz unweit der Haltestelle Zoologischer Garten konnte der Fotograf den T 24 mit der niedrigsten Nummer 5701 zusammen mit dem Beiwagen Nr. 23 des Typs B 24 im Jahre 1959 in einem Zug der Linie 55 nach Spandau aufnehmen. Beide Fahrzeuge fuhren bei der BVG West. Der Wiederaufbau der Stadt ist hier bereits im vollen Gange.

Beim Hermannplatz begegnen wir im Juli des Jahres 1959 einem Zug der Linie 3 Richtung Oslower Straße, der nach einer Blockumfahrung gerade in die Karl-Marx-Straße einbiegt und vom Triebwagen Nr. 6200 der BVG West angeführt wird, dem T 24 mit der höchsten Nummer. Hier ist er mit einem Mitteleinstiegbeiwagen unterwegs.

Am Spittelmarkt sehen wir hier die B 24 Nummer 41^{II} und 118^{II} der BVG Ost. Das überaus interessante Motiv – man achte auf die Zeitungsauslage am rechten Bildrand – entstand im Juli 1959. Die 167 Wagen der BVG Ost schieden noch im selben Jahr aus dem Liniendienst aus und dienten als Teilespender beim Aufbau von Reko-Beiwagen.

Wir möchten noch einmal Beiwagen der riesigen Serie B 24 und B 25 gegenüberstellen. Im Juli des Jahres 1959 sehen wir mit Beiwagen Nr. 332^{II} einen B 24 beim Rangieren an der Rampe vor dem Hochbahnhof Warschauer Straße. Mit der Spaltung des Berliner Straßenbahnverkehrs ab 01.01.1953 verkehrte die Linie 4 nur noch im Ostteil der Stadt und hatte dort einen ihrer Endpunkte.

Der Beiwagen Nr. 803^{II} ist einer von nur zwei Wagen des Typs B 25, die über einen Leichtmetallaufbau verfügten. Er hat als einziger den Zweiten Weltkrieg überlebt und fuhr danach bei der BVG West. Im Juli 1959 sehen wir ihn in einem Zug der Linie 47 in der Karl-Marx-Straße in Neukölln.

Manchmal braucht es ein wenig Glück. Das hatte der Fotograf, als er im Juli 1959 an der stadteinwärtigen Haltestelle Steuerhaus in der Leninallee (heute: Landsberger Allee) mit Wagen Nr. 5700 den – wenn auch bereits umgebauten – Prototyp des T 25 vor die Linse bekam. Dieser ist 1925 in Görlitz gefertigt worden und diente 1960 als Teilespender beim Bau des Reko-TE 59, Nr. 3966. Wir sehen ihn hier mit dem Ammendorfer Beiwagen Nr. 1779 auf der Linie 63E mit Fahrziel Alexanderplatz.

1952/53 wurden in der Waggonfabrik Johannisthal 75 T 24 mit neuen Aufbauten und einer elektrischen Ausrüstung von LEW versehen und erhielten bei der BVG Ost die Bezeichnung T 24 U, fuhren aber weiter mit ihren alten Nummern. Auch sie schieden in den sechziger Jahren aus dem Liniendienst aus. 1959 konnte der Fotograf den Wagen Nr. 5813 am Spittelmarkt und Nr. 5712 am Hochbahnhof Warschauer Straße ins Bild setzen.

Bei Orenstein & Koppel entstanden 1928/29 die vierachsigen Mitteleinstiegbeiwagen Nr. 1501 bis 1550 des Typs BDM 26. Fünfzehn von ihnen fuhren bis 1964 bei der BVG Ost. Die Aufnahme vom Juli 1959 zeigt Wagen Nr. 1510 in einem stadtauswärts fahrenden Zug der Linie 63 an der Haltestelle Steuerhaus in der Leninallee (heute: Landsberger Allee).

Von den 1928 bis 1930 in Niesky gefertigten niederflurigen Mitteleinstiegbeiwagen Nr. 851 bis 880 bzw. in Bautzen aufgebauten Wagen Nr. 881 bis 900 verblieben 6 Wagen bei der BVG Ost und sind bis 1964 im Liniendienst eingesetzt gewesen. Ursprünglich waren diese als BDM 28 bezeichneten Wagen mit Losrädern ausgestattet und sind 1935 bzw. 1937 auf normale Radsätze umgebaut worden (neue Bezeichnung BDM 28/35 bzw. 28/37). Im Juli 1959 erleben wir den Beiwagen Nr. 869 zusammen mit Tw 3627 als Linie 46 in der Friedrichstraße.

In den Waggonfabriken Elze und Wismar entstanden 1943/44 die Beiwagen der Nummernreihe 1601 bis 1605 sowie 1616 bis 1630 des Typs BF 42. Die als Nr. 1606 bis 1615 vorgesehenen Wagen kamen nach Hannover. Zehn der Wismarer Wagen übernahm die BVG Ost und setzte sie bis 1970 im Liniendienst ein. Einige von ihnen erhielten geänderte Seitenfenster. Die Aufnahme vom Juni 1962 mit Wagen Nr. 1621 in einem Zug der Linie 71 entstand an der Wendeschleife Wallnerstraße zwischen Alexanderplatz und Jannowitzbrücke, hinter dem Haus des Lehrers gelegen, die nur wenige Jahre im Betrieb gewesen ist.

Zur eben beschriebenen Reihe – allerdings 1943 in Elze gefertigt – gehören auch die hier erkennbaren Beiwagen Nr. 1602 und 1604 der BVG West, aufgenommen im Juli 1959 in einem Zug der Linie 47 in der Karl-Marx-Straße in Neukölln. Sie sind bereits generalüberholt worden. Nicht unerwähnt bleiben soll, dass die Wagen des Typs BF 42 eine der wenigen Fahrzeugreihen war, die konsequent nach dem Entwurf des zweiachsigen Einheitswagens gefertigt worden sind.

An der Haltestelle Spittelmarkt ist im Juli 1959 ein Zug der Linie 71E vorgefahren, in dem der Beiwagen Nr. 679 eingestellt ist. Dieser ist Bestandteil einer kleinen Werdauer Lieferung von Aufbauwagen aus dem Jahre 1950, zu der noch die Wagen 565, 706 und 758 gehörten. 1963/64 wurden sie verschrottet. Als Zugfahrzeug erkennt man den Maximumtriebwagen Nr. 5303.

Im Jahre 1951 baute die Berliner Firma Gaubschat auf Fahrgestellen von HAWA-Triebwagen die Triebwagen Nr. 6300 bis 6305, welche fortan unter der Bezeichnung TF 50 zum Einsatz kamen. Passend zu diesen entstanden ein Jahr später bei Orenstein & Koppel in Spandau die Leichtmetallbeiwagen Nr. 1800 bis 1807, die als B 50 bezeichnet wurden. Sie prägten viele Jahre das Alltagsbild auf der Westberliner Linie 47. Hier sehen wir den Triebwagen Nr. 6304 in einem Dreiwagenzug, in dem auch ein Beiwagen des Typs B 50 eingestellt ist, im Juli 1959 beim S-Bahnhof Neukölln.

Zur selben Zeit – ebenfalls in einem Zug der Linie 47 in der Karl-Marx-Straße – ist hier mit der Nummer 1807 ein Beiwagen des Typs B 50 zu sehen. Als ersten Beiwagen erkennt man am linken Bildrand einen der wenigen im Westnetz verbliebenen Beiwagen des Typs BF 42.

In zwei Serien sind 1950 und 1951 in Werdau die LOWA-Beiwagen Nr. 1701 bis 1720 sowie 1721 bis 1740 gefertigt worden und waren bis 1970 auf Berliner Linien zu sehen. In der Friedrichstraße sind im Juli 1959 der Beiwagen Nr. 1708 aus der ersten und der Beiwagen Nr. 1739 der zweiten Serie in Zügen der Linie 46E mit Mitteleinstiegtriebwagen bildlich dokumentiert worden.

Eine fünfzig Beiwagen umfassende Serie entstand 1953 in Ammendorf und wurde mit den Nummern 1751 bis 1800 (Nr. 1800 ab 1957: 1750^{II}) versehen. 1964 schieden sie aus dem Bestand aus und dienten als Teilespender beim Aufbau der Reko BE 64 Nr. 2101 bis 2150. Die Aufnahme mit einem neu aufgebauten T 24 entstand im Juli 1959 an der Haltestelle Spittelmarkt.

Zur Leipziger Frühjahrsmesse 1951 wurde der LOWA-Großraumzug präsentiert, dessen Triebwagen Nr. 8001 wir in Aufnahmen vom Mai 1961 am S-Bahnhof Grünau solo erleben. Aufgrund ihrer Breite von 2,50 m ist die Garnitur nur auf der Linie 86 bzw. 86 E zum Einsatz gekommen und bereits 1969 schieden der Triebwagen 8001 und sein Beiwagen Nr. 3001 wieder aus dem Bestand aus.

In der LOWA-Waggonfabrik Johannisthal sind 1952 die Schienenschleifwagen Nr. A 282^{II}, A 283 bis A 285 gebaut worden, welche mit einer LEW-Ausstattung ausgestattet wurden. Wir erleben in Aufnahmen vom Juli 1959 Nr. A 283 am Bersarinplatz und A 285 zwischen Spittelmarkt und Leipziger Straße.

In der Waggon-Union Berlin entstanden für die BVG West im Jahre 1952 zwei äußerlich sehr ähnliche Großraumzüge mit den Nummern 7000 und 7001 bzw. Bw 2000 und 2001. Die Triebwagen hatten aber eine unterschiedliche technische und elektrische Ausstattung. Nr. 7000 mit einer AEG-Ausstattung verfügte über zwei Fahrmotoren, Nr. 7001 mit einer SSW-Ausstattung war mit vier Fahrmotoren und einem Kardanantrieb unterwegs. Angesichts des damals bereits beschlossenen Rückzuges der Straßenbahn aus dem Westteil der Stadt ist es nicht zu einer Serienbeschaffung gekommen. Die Aufnahme zeigt eine dieser Garnituren als Linie 75 am Reichskanzler-Platz, der seit 1963 Theodor-Heuss-Platz heißt.

Im Jahre 1959 erhielt Berlin zehn Trieb- und zwanzig Beiwagen der Reihe T/B 57 und setzte sie mit den Nummern 3901 bis 3910 bzw. 1801 bis 1820 bis 1970 auf ihren Linien ein. 1963 erfolgte der Umbau zu Einrichtungswagen. Der Triebwagen Nr. 3901 ist 1965, wenige Wochen vor der Aufnahme im Betriebshof Treptow, zu einem Fahrschulwagen umgebaut und unter derselben Nummer weiter zum Einsatz gekommen. Die übrigen Fahrzeuge sind bis 1971 verkauft worden.

1959 entwickelte der VEB Waggonbau Gotha auch die als Reko- Wagen bekannt gewordenen Zweiachser, welche anfangs unter Verwendung der Bodengruppe der Typs T/B 24 aufgebaut wurden. Dadurch wurden die Reko-Wagen etwas kürzer und höher als die Gotha-Wagen. Man bezog gezielt zunächst T 24 U mit in das Rekonstruktionsprogramm, weil diese Triebwagen wenige Jahre zuvor bereits neue Fahrschalter und Motoren des Typs EM 60 erhalten hatten.
Die ersten Fahrzeuge sind auch noch komplett in Gotha gefertigt worden. Zu ihnen gehörte im Dezember 1959 der Triebwagen Nr. 3912 des Typs TE 59, welcher sich im Juni 1962 mit einem Zug der Linie 49 an der Endstellenanlage Große Präsidentenstraße beim Hackeschen Markt eingefunden hat.

Die Beiwagen Nr. 1884 und 1901 gehören beide zum Typ BE 59, unterschieden sich aber voneinander u. a. dadurch, dass der später gebaute Wagen gegenüber den Einstiegen Oberlichter hatte. Die Aufnahmen erfolgten im Juni 1962 beim S-Bahnhof Friedrichshagen, Fürstendamm bzw. beim S-Bahnhof Jannowitzbrücke.

Nach einer Überholung bringt der Arbeitswagen Nr. A 10^{II} im Oktober 1970 den Reko-Triebwagen Nr. 217 161 vom Raw Berlin-Schöneweide in den Betriebshof Elsenstraße in Treptow. Dieses Fahrzeug dürfte eine der ersten Berliner Straßenbahnen mit einer angeschriebenen EDV-Nummer gewesen sein.

In Karlshorst ist ein Reko-Dreiwagenzug der Linie 69 im September 1972 Richtung Johannisthal unterwegs. Dessen Triebwagen Nr. 217 234 gehörte zur Reihe der ursprünglich mit den Nummern 5001 bis 5107 gebauten Wagen der Typen TE 63/64.

Am 30.04.1976 erwartet ein Reko-Dreiwagenzug der Linie 17 in der Siegfriedstraße in Lichtenberg die Abfahrtszeit Richtung Stadion der Weltjugend. Bei dessen Triebwagen Nr. 217 288 handelt es sich um einen der späten TE 64. Hier sehen wir ihn bereits mit glatten Deck- anstelle der blanken Zierleisten. Lediglich beim letzten Beiwagen sind sie noch vorhanden.

Fünfundzwanzig Triebwagen des Zweirichtungstyps TZ 69 und doppelt so viele Beiwagen BZ 69 bildeten den Abschluss des Rekonstruktionsprogrammes in Berlin. Der Triebwagen Nr. 223 023 befindet sich im Mai 1973 beim Rangieren am Wasserwerk in Friedrichshagen. Man erkennt hier noch, an welchen Stellen seine alte Nummer 5148 angeschrieben war.

Im Jahre 1958 entstand in Gotha ein Musterzug des Großraumwagens T/B 4 nach Konstruktionsunterlagen aus dem Waggonbau Ammendorf. Dessen Fahrzeuge wichen noch recht erheblich von den späteren Serienfahrzeugen ab. Im Juni 1962 wurden die Wagen Nummer 8002 und 3002 an der Haltestelle beim S-Bahnhof Grünau bildlich dokumentiert.

Zu den mehr als 120 Serienfahrzeugen, die nach der Übernahme der Dresdener und Magdeburger Großraumwagen 1970 vom Typ B4 zur Verfügung standen, gehörte der Beiwagen Nr. 3026, hier in der recht häufig eingesetzten Zugkombination mit einem Reko-Einrichtungstriebwagen, aufgenommen im Oktober 1970 an der alten Bahnhofsbrücke in Berlin Lichtenberg.

Auch diese beiden Serienzüge des Großraum-Gothawagens befinden sich an der alten Bahnhofsbrücke in Lichtenberg. Solche Bilder prägten den Alltag für viele Jahre. Die Bildsequenz wurde am 18.12.1971 eingefangen.

Wir möchten zum Abschluss unseres Streifzuges durch mehrere Jahrzehnte Berliner Straßenbahngeschichte zur nun deutlich vergrößerten Endstellenanlage Große Präsidentenstraße beim Hackeschen Markt zurückkehren.
Hier haben sich am 11.04.1972 mehrere Reko-Dreiwagenzüge eingefunden. Vorn erkennt man zwei Triebwagen des frühen Typs TE 59 (ehemalige Nummernreihe 3911 bis 4075, ab 1970 Nr. 217 001 bis 217 164). Solche Bilder konnte man viele Jahre erleben. Kaum einer hat so recht hingeschaut, es war schlicht ein Teil des vertrauten, scheinbar immer wiederkehrenden Berliner Alltages.

O-Bus und KOM Berlin

Zwischen 1882 und 1930 gab es in Berlin eine Reihe von Versuchen, einen elektrisch betriebenen Busverkehr zum Laufen zu bringen, die aber jeweils nur Episoden geblieben sind. Auch der BVG-Linie Bahnhof Spandau-Staaken (1933 bis 1952) blieben nur relativ wenige Jahre. Deutlich länger hielten sich die Linien im Westgebiet zwischen Breitenbachplatz und Marienfelde (1933 bis 1965) und vom Bahnhof Steglitz nach Mariendorf (1942 bis 1961), für die nach 1945 von der BVG West noch einige Fahrzeuge beschafft worden sind. Eine beachtliche Größe erreichte hingegen das zwischen 1951 und 1973 durch die BVG Ost betriebene Netz, welches 1956 mit 45,5 km seine größte Ausdehnung erreichte. Hierfür sind zwischen 1951 und 1956 aus Werdau, Ammendorf und Bautzen Busse der Typen W 601 und W 602 a und Anhänger des Typs W 700 in größerer Zahl beschafft worden und mehrheitlich bis zur Stilllegung 1973 zum Einsatz gekommen. Den Abschluss bildeten 1964 und 1966 insgesamt 17 O-Busse des Skoda Typs 9TR in zwei Ausführungen, wohingegen ein vielversprechender Versuch mit einem doppelstöckigen Sattelschlepper eine Episode blieb. Das Netz reichte von Alt-Marzahn im Nordwesten bis zum Robert-Koch-Platz im Süden und schloss den Ostbahnhof sowie Lichtenberg ein. Letztlich war die Entwicklung immer leistungsfähigerer Gelenkomnibusse vom Beginn der 1960er Jahre an ursächlich für die Stilllegung. Aktuell wird überall in Deutschland über die Einführung von Elektrobussen diskutiert. Greifbare und vor allem belastbare Ergebnisse gibt es bisher allerdings noch nicht. Man tut sich hierzulande schwer mit der Elektromobilität, auch wenn sie ganz sicher eine Alternative sein könnte zu den Dieselbussen unserer Zeit. Sie hat aber derzeit noch keine allzu große Lobby. Doppelstockomnibusse blieben im Ostteil Berlins mit immerhin 150 Neubaufahrzeugen zu den im letzten Krieg übrig gebliebenen Wagen eine Episode, deren Ende ebenfalls von den zulaufenden Ikarus-Gelenkomnibussen besiegelt wurde. Im Westteil der Stadt sind nach dem Zweiten Weltkrieg systematisch immer modernere Doppelstockbusse mehrerer Generationen mit jeweils über 800 Fahrzeugen entwickelt und zum Einsatz gebracht worden, womit die Traditionen aus der ABOAG-Zeit eine konsequente Weiterführung erfuhren und mit modernen Fahrzeugen nun auch im Ostteil der vereinten Millionenstadt wieder deutlich sichtbar ist. Mit einigen Aufnahmen aus Ost und West, zum Teil vor dem Mauerbau entstanden, möchten wir nur einen kleinen Überblick über den Alltag beim Omnibus und O-Bus gewähren, der allerdings in keiner Weise den Anspruch auf Vollständigkeit erhebt.

Wir beginnen mit Aufnahmen vom O-Busverkehr im westlichen Teil Berlins vor dem Mauerbau, welche alle im Juni 1959 beim U-Bahnhof Breitenbachplatz entstanden sind. Den Anfang machen Bilder von den Wagen Nr. 1204 und 1213. Nr. 1204 stammt aus der 1938 bis 1941 bei Daimler Benz mit einer elektrischen Ausrüstung von AEG gefertigten Serie Nr. 1203 bis 1211. 1213 ist ein Aufbau der Werdauer Firma Schumann (Bauzeit 1945/47) auf Daimler Benz-Fahrwerk mit SSW-Ausstattung und gehörte zur Serie Nr. 1212 bis 1217.

Im Jahre 1943 sind die Wagen Nr. 1301 bis 1303 bei der Werdauer Firma Schumann auf Henschel-Fahrgestellen mit einer elektrischen Ausrüstung von AEG aufgebaut worden. Die Motive zeigen Nr. 1302.

Auch der Wagen Nr. 1303 stammt aus der eben beschriebenen Serie.

Zur Serie Nr. 1212 bis 1217 gehört der abgebildete O-Bus Nr. 1217. Aufbauhersteller war wieder die Werdauer Firma Schumann, welche 1945 bis 1947 Daimler Benz-Fahrgestelle und eine SSW-Ausrüstung verwendete.

Zur selben Zeit ist noch eine Anschlussserie mit den Nummern 1218 bis 1226 beim selben Hersteller gefertigt worden. Fahrgestelle und elektrische Ausrüstungen stammten wieder von Daimler Benz und SSW. Die Aufnahme zeigt den Wagen Nr. 1225. Als historisches Fahrzeug ist Nr. 1224 erhalten geblieben.

Lediglich sieben O-Busse wurden von der BVG West nach Kriegsende bestellt und in zwei Serien 1956 und 1957 in selbsttragender Bauart mit Henschel-Achsen und den Nummern 1306 (484) sowie 1307 (485), 486 bis 490 geliefert. Wir erleben den Wagen Nr. 487. Erhalten geblieben ist Nr. 488.

Kommen wir nun zu einigen Kraftomnibussen im westlichen Teil Berlins. 1957 ist der dreiachsige Doppeldecker Nr. 684 bildlich dokumentiert worden. Er gehört zu einer Serie von 39 Bussen, des Typs D3U52, welche 1952 zunächst mit den Nummern 900 bis 938 an den Start ging und ab März 1954 mit den Nummern 660 bis 698 zum Einsatz kam. Basis war der Büssing-NAG 12 000 T, den es auch als Eindecker gegeben hat. Wagen Nr. 685 ist als historisches Fahrzeug erhalten geblieben.

Zehn Wagen umfasste die Serie, aus welcher der 1953 gebaute Büssing E2U53 mit der Nummer 607 stammt. Diese Fahrzeuge verfügten über hintere Plattformen. Die Aufnahme entstand im Juni 1959 am S-Bahnhof Rahnsdorf.

Aus dem Jahre 1955 stammten die Wagen Nr. 611 bis 626 und der Vorführwagen Nr. 628. Es handelt sich um Büssing des Typs E2U55. Der Wagen Nr. 616 wurde 1957 bildlich dokumentiert.

In vielen Serien wurden zwischen 1952 und 1964 mehr als 800 Doppeldecker des Büssing-Typs D2U in Dienst gestellt und blieben fast zwei Jahrzehnte im westlichen Teil Berlins präsent, bevor sie von moderneren Typen abgelöst worden sind. Wagen Nr. 1629 des Typs D2U64 ist als Museumswagen erhalten geblieben. Wir möchten mit Aufnahmen vom Mai und Juni 1959 am Breitenbachplatz und beim Olympiastadion an diesen markanten Omnibustyp erinnern.

Begeben wir uns nun in den Ostteil der Stadt Berlin und beginnen gleich mit einem Exoten. Im Jahre 1966 schuf der VEB LOWA Werdau speziell für Berliner Verhältnisse den Sattelschlepper-O-Bus ES 6 mit doppelstöckigem Auflieger und niedriger Einstiegshöhe. Der Triebkopf lehnte sich stilistisch an den W 602 a an. Zu einer Serienfertigung ist es nicht gekommen. 1966 schied das Fahrzeug aus dem Bestand aus, der Auflieger ist an einen Rennstall verkauft worden, aus der Zugmaschine entstand bis 1967 ein Abschleppwagen.
Wir erinnern an das Fahrzeug mit Aufnahmen vom Juni 1962, dokumentiert am Ostbahnhof.

Der Fuhrpark des O-Busses bei der BVG Ost bestand zum größten Teil aus LOWA 602 a und Bautzener W 700. Beide Fahrzeugtypen blieben bis zur Betriebseinstellung im Straßenbild präsent. Hier eine solche Garnitur mit den Wagen Nr. 1538 (Ammendorf, 1956) und 138 (Bautzen, 1952), aufgenommen im Juni 1961 an der Endstation Einbecker Straße in Lichtenberg.

Die Wagen Nr. 1546 und 107 wurden an einem regnerischen Oktobertag des Jahres 1970 in Lichtenberg aufgenommen. Der Bus ist wieder ein 1956 gebauter Ammendorfer, während es sich bei den Anhängern Nr. 103 und 107 um Werdauer Wagen von 1951 handelt, deren Kotflügel im Rahmen von Instandhaltungsmaßnahmen denen der Bautzener Wagen stilistisch angepasst worden sind.

Noch einmal in Lichtenberg erleben wir hier im Oktober 1970 den Wagen Nr. 132 (Bautzen, 1952) hinter dem O-Bus Nr. 1532 (Ammendorf, 1956).

Am Robert-Koch-Platz wartet im Februar 1972 Nr. 301 037 mit Nr. 351 022. Beide Fahrzeuge fuhren einst mit den Nummern 1546 und 122. Beim Bus handelt es sich um einen Ammendorfer Wagen von 1956, der Anhänger ist 1954 in Bautzen hergestellt worden.

Mit Fahrziel Robert-Koch-Platz erleben wir hier die Wagen Nr. 301 029 (ex. Nr. 1538) und 351 021 (ex. Nr. 121) in der Wilhelm-Pieck-Straße (heute: Torstraße).

Im noch flachen Licht der Aprilsonne des Jahres 1972 zeigen sich die W 700-Anhänger Nr. 351 039 und 351 017 (ex. Nr. 139 und 117 in einzigartigen Motiven in der Wilhelm-Pieck-Straße (heute: Torstraße) und beim Robert-Koch-Platz. Es sind beides Bautzener Anhänger.

Beim Bahnhof Berlin-Lichtenberg steht im September 1972 ein O-Bus-Zug zur Abfahrt Richtung Robert-Koch-Platz bereit. Angeführt wird er von Nr. 301 031 ex. Nr. 1540, hergestellt 1956 in Ammendorf.

In Bürknersfelde steht im September 1972 der Werdauer Wagen Nr. 301 008 von 1951 mit dem ebenfalls 1951 hergestellten Anhänger Nr. 351 015. Beide fuhren einst mit den Nummern 1515 bzw. 115. Der Gebäudekomplex links im Bild gehört zur Maschinenfabrik, heute ein wichtiger Zulieferer für die Firma Knorr.

In der Straße der Befreiung (heute: Alt-Friedrichsfelde) unweit der alten Bahnhofsbrücke in Lichtenberg nimmt dieselbe Garnitur Fahrgäste Richtung Marzahn auf. Man erkennt noch, an welchen Stellen die alte Nummer am Bus angeschrieben war.

Im September 1972 ist der Skoda 9TR5 Nr. 303 003 auf der Linie 40 Richtung Ostbahnhof in der Hannoverischen Straße unterwegs. Er gehört zur sechs Wagen umfassenden Serie, die 1964 mit den Nummern 1101 bis 1106 ihren Dienst antrat.

Bereits im Februar 1972 entstand in der Wilhelm-Pieck-Straße die Aufnahme mit dem aus derselben Lieferung stammenden Skoda 9TR5 Nr. 303 004 ex. Nr. 1104.

Der Fahrer eines O-Busses der Linie 30, welche damals zwischen Ostbahnhof und Robert-Koch-Platz über Lichtenberg fuhr, hängt eine wahrscheinlich herausgesprungene Rute wieder in die Fahrleitung ein. Beim Wagen Nr. 303 002 (ex. 1102) handelt es sich wieder um einen Skoda 9TR5 aus der Lieferung von 1964.

Zum Abschluss der Ostberliner O-Busse noch eine interessante Sequenz mit gleich drei tschechischen O-Bussen, aufgenommen im Februar 1972 am Robert-Koch-Platz. Beim linken Wagen Nr. 303 001 handelt es sich wieder um ein Fahrzeug aus der Lieferung von 1964. Zur 1966 in Dienst gestellten Serie Nr. 1107 bis 1117 des Typs Skoda 9TR8 gehörte der Wagen Nr. 303 007 ex. Nr. 1107. Gut ein Jahr nach dieser Aufnahme war auch im Osten Berlins dieses Kapitel beendet.

Mit ursprünglich offenen Hinterplattformen wurden in Bautzen unter Verwendung von Komponenten des H6B Doppelstockbusse der Typen Do 54 und Do 56 gefertigt. Die meisten von ihnen fuhren im Ostteil Berlins, konkret 85 Wagen des Typs Do 54 und 105 Do 56-Omnibusse. Die Aufnahme vom Mai 1961 zeigt einen Do 56 mit noch offener hinterer Plattform in Grünau.

An der Endstation Einbecker Straße in Lichtenberg wartet am 26.11.1971 ein Do 56 auf seine nächste Fahrt.

Im Februar 1972 wurde ein Do 56 an der Endstation Robert-Koch-Platz aufgenommen. Man erkennt nun Falttüren in der hinteren Plattform.

Noch ein letztes Bild eines Do 56, aufgenommen im September 1972 in der Straße Unter den Linden. Nur wenige Monate sollten auch diesen Ungetümen auf Ostberliner Straßen noch verbleiben, an die sich dennoch viele heute noch gerne erinnern. In Berlin sind sowohl Do 54, als auch Do 56 als historische Fahrzeuge erhalten.

So fristeten viele Berliner Doppelstockbusse ihre letzten Tage. Aus dem Jahre 1934 stammt dieser bereits von der BVG beschaffte Wagen des Typs BüD2 May, von dem ursprünglich 20 Wagen mit den Nummern 680 bis 699 unterwegs waren. Nr. 693 hat es im November 1959 auf eine Baustelle verschlagen. Wagen Nr. 698 ist als historisches Fahrzeug erhalten geblieben.

Nachdem auf der Leipziger Frühjahrsmesse ein Ikarus K 180 ausgestellt war, sind an verschiedenen Orten in der DDR Testwagen zum Einsatz gekommen. Die Aufnahmen vom 25.04.1963 zeigen ein solches Fahrzeug am Ostbahnhof und in der Straße Unter den Linden vor der Kulisse der Universitätsbuchhandlung. Mehr als 1.000 Wagen sollten wenige Jahre später in die DDR kommen und mehrere noch vorhandene O-Bus-Betriebe unter Druck setzen.

In Berlin hatten die Ikarus K 180 und mehr noch die ab 1974 gelieferten Nachfolger des Typs 280 den Berufsverkehr fest in Griff. Als Schienenersatzverkehr für die Straßenbahnlinie 17 steht ein solches Fahrzeug am 30.04.1976 in der Siegfriedstraße und dahinter ein weiteres. Zwischen 1966 und 1972 kamen insgesamt 224 Ikarus K 180 in unterschiedlichen Ausführungen in den Osten Berlins. Eine kleine Anzahl von ihnen hatte nur zwei Einstiegstüren. In den 1980er Jahren waren die meisten von ihnen nicht mehr im Einsatz.

Brandenburg
Brandenburg an der Havel

Zwischen dem 02.10.1897 und dem 12.11.1898 erfolgte sukzessive die Eröffnung des Betriebes auf mehreren Strecken der meterspurigen Brandenburger Pferdebahn. Als deren Betrieb am 16.04.1911 einer elektrisch betriebenen, ebenfalls meterspurigen Anlage weichen musste, hatte das Netz eine Ausdehnung von 8,8 km erreicht, es waren 25 Anhänger und 80 Pferde im Einsatz. Eine Besonderheit stellte der am 24.12.1912 aufgenommene Linienbetrieb der Straßenbahn der Stadt Plaue dar, welcher zuletzt mit einer Streckenlänge von 6,4 km erst mit der Eingemeindung der Gemeinden Plaue und Kirchmöser am 01.10.1951 in die Zuständigkeit der Brandenburger Verkehrsbetriebe kam, bis dahin dem Charakter nach eine Überlandbahn darstellte, aber stets mit Fahrzeugen der Brandenburger Straßenbahn bestritten wurde.

Am 01.02.1955 wurde die farbige Linienkennzeichnung durch arabische Ziffern ersetzt. Die Länge aller damals 6 Linien betrug zusammen 14,27 km. Erst in den sechziger Jahren verschwanden die letzten Vertreter der Anfangszeit aus dem Alltagsbild und sind durch fabrikneue und gebrauchte Zweiachser Gothaer Bauart ersetzt worden. Kurz vor und nach der Wende wies der Fahrplan neun Linien aus, aktuell sind es noch vier. 2010 betrug die Streckenlänge 16,3 km, für den Liniendienst sind zehn KTNF6, sechs MGT6D und zwei KT4D vorhanden. Mit zum Teil einzigartigen Winterbildern aus dem Jahre 1965 möchten wir an frühere Zeiten dieser Bahn erinnern, als sich ihr äußeres Erscheinungsbild viele Jahre nur unwesentlich geändert hat.

1955 kamen von Leipzig die 1935/36 hergerichteten Markthallenwagen Nr. 5636 und 5637 nach Brandenburg und fanden mit den Nummern 121^{II} und 122^{II} bis 1968 Verwendung als Salzbeiwagen. Im Bild ist der Wagen Nr. 121^{II} am 19.11.1965 im Betriebshof zu sehen.

Mit einem 1911 in Ammendorf gefertigten Beiwagen ist Tw 10 ebenfalls aus der Erstausstattung der elektrischen Straßenbahn (Lindner, 1911) stammende Tw 10 am 19.11.1965 in der Ernst-Thälmann-Straße unterwegs.

Am selben Tag entstand diese Aufnahme mit Tw 16, der ebenfalls zur ersten Beschaffungsserie (Tw 1 bis 16) gehörte, vor dem Betriebshof.

An der Endstation Planebrücke ist am 19.11.1965 Tw 28 von 1912 mit Bw 68 etwa derselben Bauzeit vorgefahren und steht bereit zur Rückfahrt Richtung Quenzbrücke. Beide Wagen entstanden in Ammendorf, der Anhänger kam 1956 mit zwei weiteren Wagen aus Leipzig und fuhr dort mit der Nr. 123^{II}. Sein Gnadenbrot verdiente er sich zuletzt als Arbeitswagen.

Beim Stahlwerk ist dieser Dreiwagenzug am 19.11.1965 vorgefahren. Bw 79 und das Zugfahrzeug stammen aus der jeweils ersten Beschaffungsserie, in der Mitte ist Bw 67 eingestellt, der bis 1956 in Leipzig mit der Nummer 166^{II} fuhr.

Ebenfalls an der Haltestelle Stahlwerk wurde am selben Tag ein Dreiwagenzug mit Fahrziel Planebrücke bildlich dokumentiert, dessen Zugfahrzeug Nr. 30 im Jahre 1912 in Ammendorf hergestellt worden ist.

In langer Reihe sind am 19.11.1965 an der Endstation Planebrücke die Anhänger 79, 78, 86, 95, 97 und 87 aufgestellt. Sie sind 1911 bzw. 1913 bei Lindner in Ammendorf hergestellt worden.

Insgesamt je drei LOWA-Triebwagen Werdauer und Gothaer Bauart fanden zwischen 1951 und 1956 den Weg auf Brandenburger Gleise mit den Nummern 39 bis 44. Später sind sie mehrmals umbezeichnet worden. Der Tw 43 – hier an der Spitze eines Dreiwagenzuges, aufgenommen am 19.11.1965 am Bahnhof, stammt aus Gotha.

Winteraufnahmen haben ihren ganz eigenen Reiz. Hier ist am 19.11.1965 der Gotha-Triebwagen Nr. 40^{II} aus dem Jahre 1959 am Puschkinplatz ins Bild gesetzt worden.

Nirgendwo waren sie zahlreich in den Fuhrparks städtischer Straßenbahnbetriebe, die kleinen Omnibusse des Typs Garant 30K, hier der Wagen Nr. 13 der Brandenburger Verkehrsbetriebe während einer Ausfahrt im Jahre 1962.

Was auf den ersten Blick wie ein Skoda 706 RO aussieht, entpuppt sich beim näheren Hinschauen als Neuaufbau auf ein älteres Trambus-Fahrgestell, der äußerlich aber sehr an diesen angelehnt worden ist. Der abgebildete Brandenburger Wagen Nr. 16 fährt hier am 16.11.1965 in der Ernst-Thälmann-Straße.

Die ungarischen Ikarus 55 und Ikarus 66 gehörten ohne Zweifel zu den Stars der ostdeutschen Omnibusgeschichte. Beide fanden sich auch im Fuhrpark der Brandenburger Verkehrsbetriebe. Ikarus 55 Nr. 18 stammt aus der Bauzeit 1964/65 und ist auf einer Ausfahrt des Reisebüros der DDR am 15.08.1967 in Dresden aufgenommen worden.

Auch in Brandenburgs Stadt- und Regionalverkehr prägten Ikarus 66 viele Jahre den Alltag. Diese konnte man dann auch immer wieder bei Sonderfahrten sehen. Der Wagen Nr. 68 aus dem Jahre 1967 ist gut zwei Jahre nach seiner Indienststellung in der Dresdener Heinrich-Schütz-Straße beim Betriebshof Blasewitz dokumentiert worden.

Ein Jahr später konnte auch der Wagen Nr. 82 aus der Bauzeit 1968/69 in Dresden aufgenommen werden.

Auch der Ikarus 66 Nr. 85 der letzten Bauzeit ab 1968 wurde in Dresden aufgenommen.
1969 diente er hier aushilfsweise im Liniendienst und ist in der Stübelallee dokumentiert.

Brandenburg
Cottbus

Die meterspurige Cottbuser elektrische Straßenbahn wurde am 18.07.1903 dem Betrieb übergeben und feiert damit in diesem Jahr ihr 115. Jubiläum. 1928 wurden auf den ca. 16 km damals vorhandenen Strecken 28 Trieb- und 8 Beiwagen zum Einsatz gebracht. Über viele Jahre entwickelte sich das Netz nur unwesentlich und verband die Vororte Ströbitz, Sandow, Schmellwitz und Madlow mit dem Stadtzentrum. Dabei wurden damals bereits zeitweilig vier Linien befahren. Mit der Entstehung größerer Wohnkomplexe an den Rändern der Stadt kam es zur schrittweisen Ausdehnung des Netzes. Heute werden mit 31 modernisierten Gelenkzügen fünf Linien befahren, der neue Betriebshof in Schmellwitz dient seit 2001 zur Unterbringung der Fahrzeuge. Die Betriebshöfe Madlow (1927 bis 1998) und Berliner Straße (1903 bis 2001) hingegen wurden aufgelassen. Die ausgewählten Bilddokumente entstanden mehrheitlich 1957 und wurden durch Aufnahmen von 1969 und 1978 ergänzt.

Tw 18 und 28 beim Rangieren am alten Endpunkt am Bahnhof. Tw 18 von 1903 schied 1959 aus dem Betrieb aus, der fast baugleiche Tw 28 von 1908 diente von 1960 bis 1965 als Arbeitswagen.

An gleicher Stelle zeigt sich hier der Tw 19 von 1903, der zwei Jahre nach dieser Aufnahme aus dem Dienst ausschied.

An der Endstation Schmellwitz ist hier der bis 1955 bei der BVG Ost mit der Nr. 3216 eingesetzte Tw 44 zu sehen.

Tw 41 ex. BVG Nr. 3257 mit Bw 74 ex. Dresden Nr. 234^{II} hat die Haltestelle Zimmerstraße erreicht.

Im Depot werden gerade zwei LOWA-Triebwagen für den Einsatz vorbereitet, möglicherweise die Naumburger 2^{II} und 1^{II}, hier als Nr. 45 und 46 eingereiht. Links ein Arbeitswagen mit offenen Perrons.

Auf der Rückseite des Betriebshofes konnte man noch abgestellte Anhänger mit offenen Perrons sehen. Das rechte Fahrzeug könnte die Nr. 3 sein.

Begegnung von Triebwagen 38 (1914) mit einem ex. Dresdener Anhänger und 21 (1903) an der Haltestelle Berliner Platz.

Tw 20 von 1903 befindet sich im rechten Bild an der Sandower Brücke.

Auf dem Weg zum Altmarkt durchfährt der Tw 17 aus dem Jahre 1903 – hier längst mit geänderter Fensterteilung und geschlossenen Plattformen – die Bahnhofstraße. Zuletzt diente er von 1964 bis 1967 als Atw unter gleicher Nummer.

Am Thälmannplatz befindet sich Tw 21 als Solowagen der Linie 3 auf dem Weg zum Bahnhof. 1960 schied das 1903 in Breslau hergestellte und mehrfach umgebaute Fahrzeug aus dem Bestand aus.

Aus derselben Lieferserie stammt Tw 23, hier am Berliner Platz vor der Kulisse des Postgebäudes aufgenommen. Sein Einsatz endete 1962.

Als Einsatzwagen ist hier der Tw 16 der Erstausstattung (Breslau, 1903) am Berliner Platz dokumentiert. Bis 1965 befand er sich noch im Bestand.

Auch Tw 24 stammt aus der Erstausstattung von 1903, hier am Berliner Platz während einer Zugbegegnung vor der Kulisse des Postgebäudes. Sein Dienst endete 1962.

Der Beiwagen Nr. 75 – hier beim Rangieren an der Endstation in Madlow – wurde 1925 in Dresden gebaut, kam 1949 von dort, wo er die Nr. 41^{II} hatte und schied 1966 aus dem Bestand aus.

An der Haltestelle Berliner Platz entstand dieses idyllische Motiv mit Tw Nr. 32, hergestellt 1914 in Breslau und bis 1965 eingesetzt.

Der Beiwagen Nr. 71 befindet sich hier mit Tw 33 in der Berliner Straße. 1950 kam das 1928 gebaute Fahrzeug aus Dresden und fuhr dort mit der Nummer 238[II]. In Cottbus endete der Einsatz 1966.

Bw 72 – hier mit Tw 32[II] am Berliner Platz – fuhr bis 1950 mit der Nummer 20[II] in Dresden.

Mit dem ehemals Berliner Tw 41 sehen wir hier den ex. Dresdener Anhänger Nr. 74 am Berliner Platz. In Dresden fuhr er bis 1950 mit der Nummer 234^{II}.

Beim Rangieren in Madlow ist der Bw 76 aufgenommen worden. Bis 1949 fuhr er in Dresden mit der Nummer 39^{II} und diente in Cottbus von 1966 bis 1968 als Endstellenfahrzeug.

Duplizität der Ereignisse: Im Juli 1957 befindet sich der Bw 78 mit Tw 42 in der Berliner Straße in einem Zug der Linie 2. 1952 in Werdau gebaut, kam er 1968 zusammen mit Nr. 77 gleicher Bauart nach Gera, wo sie mit den Nummern 226^{II} und 225^{II} fuhren. 1977 kamen noch einmal sieben Werdauer LOWA-Beiwagen von 1950/51 aus Halle (Saale) nach Cottbus und fuhren hier bis 1980. Wir erleben zwei von ihnen – u. a. Nr. 160 – am 21.09.1978 an der vorläufigen Endstation Thierbacher Straße.

Am 06.10.1969 hat der ehemalige Berliner Wagen Nr. 44 auch als Arbeitswagen ausgedient. Am linken Bildrand erkennt man auch Tw 15 als Arbeitswagen und rechts den verunfallten Gothawagen Nr. 47 vor seinem Abtransport ins Raw Berlin-Schöneweide zur Generalreparatur.

Mit unterschiedlichen Lackierungen sehen wir am selben Tag im Betriebshof Berliner Straße die einzigen fabrikneu beschafften LOWA-Triebwagen Nr. 39 und 40, hergestellt 1956 in Gotha. Nr. 40 kam 1974 nach Plauen und fuhr ab 1980 als Nr. 20 in Naumburg.

Die 1951 in Werdau hergestellten LOWA-Triebwagen Nr. 45 und 46 kamen 1957 aus Naumburg und waren dort mit den Nummern 2^{II} und 1^{II} im Einsatz. Auch diese Aufnahmen entstanden am 06.10.1969 im Betriebshof. Nr. 45 zeigt sich hier bereits in einem aufgefrischten Zustand. Beide Fahrzeuge beendeten ihre aktive Zeit als Arbeitstriebwagen.

An der Haltestelle Sportzentrum ist am 06.10.1969 ein Zug der Linie 2 Richtung Madlow vorgefahren. Dessen Triebwagen Nr. 54 mit der älteren Lackierung stammt aus dem Jahre 1960. Stadteinwärts beginnt für einen Zug der Linie 4 hier die Fahrt nach Schmellwitz. Der Beiwagen Nr. 97 stammt aus einer tschechischen Lieferung aus dem Jahre 1967 und trägt bereits die neuere Lackierung. Ab 1980 fuhr er mit der Nummer 117.

An der Wendeschleife Thiemstraße zeigen sich am 06.10.1969 der Tw 59 und der Bw 89, beide 1964 in Gotha hergestellt, in einem Zug der Linie 3, welche damals zwischen Krankenhaus und Ströbitz gefahren worden ist. Auch hier erkennt man noch die ältere Lackierung. Ab 1980 fuhren die Wagen mit den Nummern 61^{II} und 141.

Noch einmal zurück zum Betriebshof. Hier warten am 06.10.1969 Tw 52 (Gotha, 1960) und 68 (CKD, 1967) in der neueren Lackierung auf ihre nächsten Einsätze. Nr. 68 fuhr ab 1980 mit der Nummer 76^{II}.

Tw 36 (1914) ist im Jahre 1957 in der Berliner Straße mit dem Bw 73 ex. Dresden Nr. 48[II] Richtung Madlow unterwegs.

Am 21.09.1978 wurde an der Endstelle Thierbacher Straße der Neubaustrecke nach Sachsendorf rangiert. Die Anhänger waren ein Jahr zuvor von Halle (Saale) gekommen, der Tw 58 diente ab 1981 in Halle (Saale) als Wagen Nr. 723.

Im Juli 1962 wurden die Omnibusse Nr. 13 (Garant 30K, 1956) und 29 (Ikarus 31, 1959) der Cottbuser Straßenbahn während einer Ausfahrt in Königstein bildlich dokumentiert.

Brandenburg
Eberswalde

Die Geschichte des öffentlichen Personennahverkehrs ist vielseitiger als man vermuten würde. Bereits am 01.02.1865 ist der Betrieb einer Pferdeomnibuslinie vom Markt zum Bahnhof eröffnet worden. Für drei Monate bestand ab 23.03.1901 ein Versuchsbetrieb mit Oberleitungsomnibussen. Schließlich eröffnete am 01.09.1910 eine elektrische Straßenbahn mit der Spurweite von 1.435 mm ihren Betrieb. Im Jahre 1928 betrug ihre Netzausdehnung 4,3 km. Für den Linienbetrieb standen sechs Trieb- und ein Beiwagen zur Verfügung. Zu dieser Zeit hatte aber bereits die Reduzierung des Fuhrparks begonnen. Am 03.11.1940 ist der Betrieb schließlich vollständig eingestellt und zeitgleich der O-Busbetrieb eröffnet worden. Der ehemalige Betriebshof der Straßenbahn wurde weiter genutzt. Das Netz erstreckte sich bis Nordend, Ostend sowie Westend und Kleiner Stern. Immer wieder von der Einstellung bedroht, besteht die Anlage bis heute und beherbergt auch eine Anzahl von Historischen Wagen aus anderen Städten. Der anfangs grün/beigefarbene Außenanstrich wich später einer durchgehend beigefarbenen Lackierung. Wesentlich farbenfreudiger zeigten sich dann die Fahrzeuge aus späterer Zeit. Wir möchten mit Bildern vom 30.06.1962 den Hauch vergangener Zeiten lebendig werden lassen.

Wagen Nr. 2^{II} stammt aus dem Jahre 1944, es handelte sich um einen MAN mit Werdauer Aufbau, der kurz nach dieser Aufnahme in Westend ausgesondert worden ist. Der Anhänger ist ein Lindner-Aufbau aus der Vorkriegszeit.

Erneut am Westend ist hier Wagen Nr. 6^{II}, ein W 600 aus dem Jahre 1951 vorgefahren. Kurze Zeit später nur noch als Reserve genutzt, schied er 1968 aus dem Bestand aus. Als Beiwagen auch hier ein Lindner-Anhänger.

Auch Wagen 7 ist 1951 gebaut worden (Typ W 600), hier an der Endstation Ostende mit einen Bautzener W 700. Der Bus diente ab 1963 bis zu seiner Aussonderung 1968 als Reserve.

Der Wagen Nr. 3^{III} von 1960, ein Skoda 8TR, wurde bis 1975 genutzt. Hier bei der Ankunft in Westend.

Aus dem Jahre 1958 stammt der Wagen Nr. 4^{IV}, ein Skoda 8TR, hier ebenfalls am Westend. Im Juni 1971 endete seine aktive Zeit.

Noch einmal Westend: Vorgefahren ist der Wagen Nr. 10^{II} von 1958, wieder ein Skoda 8TR, der bis 1970 im Einsatz verblieb.

Brandenburg
Frankfurt (Oder)

Die nicht sehr große meterspurige Straßenbahn in Frankfurt (Oder) wurde bereits am 01.01.1898 eröffnet und verfügte schon 1928 über einen Autobusverkehr. Die ausgewählten Bilddokumente zeigen mehrheitlich die damals noch allgegenwärtigen und äußerlich sehr ähnlichen Nieskyer, Wismarer und Görlitzer Trieb- und Beiwagen aus den Jahren 1927, 1928 und 1936, deren Gesamtzahl 22 bzw. 8 betragen hat, im Linienverkehr und als Arbeitswagen sowie einige Busse, aufgenommen – sofern nicht anders angegeben – am 26. April des Jahres 1963.

Triebwagen Nr. 48 als Solofahrzeug der Linie 1 am Platz der Republik. Das Fahrzeug gehört zur Nieskyer Serie Nr. 48 bis 52 aus dem Jahre 1928.

Mit Bw 133 und Tw 46 sehen wir hier einen reinrassigen WUMAG-Zug, gebaut im Jahre 1927, an der Endstation Beresinchen.

Drei Wismarer Triebwagen stehen als Einsatzwagen in der Oderstraße beim Platz der Republik bereit. Erkennbar sind die Nummern 54 und 55, beide aus dem Jahre 1929.

Tw 40 der 1936 beschafften Wismarer Nummernreihe 39^{II} bis 41^{II}, die 1973 in der Reihe 55^{II} bis 57^{II} aufging, hier mit einem LOWA-Anhänger an der Endstation Beresinchen.

Auch der Tw 58 stammt aus Wismar. Geliefert wurde er 1936 in der Nummernreihe 58 bis 60. Er ist ebenfalls mit einem LOWA-Anhänger am Platz der Republik unterwegs.

Die Aufnahme mit Tw 56 (Wismar 1929) und dem zwei Jahre älteren WUMAG-Anhänger Nr. 131 im Betriebshof lässt äußerlich nur geringe bauliche Unterschiede erkennen.

Bereits als Dienstfahrzeuge sind die Triebwagen 49 (Niesky 1928)

und 42 (WUMAG 1927) unter gleicher Nummer im Bestand und warten im Betriebshof auf ihre nächsten Einsätze.

Tw 48 am Bahnhof, aufgenommen im April 1963.

Am Zehmeplatz ist am 26.04.1963 ein Zug der Linie 3 vorgefahren, in dem LOWA-Bw 119 eingestellt ist.

Wir erleben am 07.10.1969 einen Rangiervorgang an der Kuppelendstelle Oderallee. Dessen LOWA-Wagen Nr. 36^{II} und 117^{II} sind 1956 in Gotha hergestellt worden.

Am selben Tag begegnen sich zwei Züge der Linie 3 mit den Wagen Nr. 36^{II} und 117^{II} bzw. 59 und 119^{II} am Platz der Republik.
Die Strecke zwischen Platz der Republik und Oderallee wurde wegen ihres schlechten Gleiszustandes und geringen Fahrgastaufkommens am 12.02.1970 aufgegeben.

In der Ernst-Thälmann-Straße fährt ein Gothazug am 07.10.1969 dem Westkreuz entgegen. Dessen Wagen 35^{II} und 113^{II} sind 1957 hergestellt worden. Man achte auch auf die Giebelaufschrift im Hintergrund. Das Baugeschäft Anders und Gehrmann hat mehrere heute noch vorhandene Wohngebäude in Frankfurt (Oder) gebaut.

Ein Zug der Linie 2 mit den Gothawagen Nr. 34^{II} (1961) und 112^{II} (1957) befährt am 07.10.1969 die Wendeschleife an der Endstation Westkreuz.

Die Bilder glichen sich in den frühen 1960er Jahren in den meisten ostdeutschen Städten. Den Alltag auf den Stadtbuslinien prägten H6B (oben), Ikarus der 60er Reihe (Mitte) – hier am Platz der Republik – sowie Ikarus 66 (unten) – in Beresinchen – recht nachhaltig, auch hier im Frankfurt (Oder).

Brandenburg
Potsdam

Am 11.05.1880 begann mit der Inbetriebnahme der ersten Pferdebahnlinie die Geschichte der normalspurigen Straßenbahn. Am 19.07.1888 hatten alle nun drei Linien mit der Fertigstellung der Langen Brücke einen Endpunkt am Bahnhof. In den letzten Betriebsjahren gehörten auch einige Decksitzwagen zum Fuhrpark. Zum Zeitpunkt der Übernahme der Pferdebahn durch die Stadt Potsdam waren 39 Anhänger, 132 Pferde und 6 Arbeitswagen vorhanden. Die Linienlänge betrug 7,16 km. Bis 1907 erfolgte die Elektrifizierung aller Strecken, der am 02.09.1907 die Aufnahme des Betriebes auf drei Linien folgte. Von nun an entwickelte sich das Netz mehr oder weniger kontinuierlich. 1928 betrug die öffentlich genutzte Netzlänge 13,401 km. Es waren 32 Trieb-, 35 Bei- und zwei Turmwagen vorhanden. In Potsdam fuhren ab 1973 die beiden Prototypen des später in der DDR weit verbreiteten tschechischen Typs KT4D. Heute gibt es Erweiterungspläne weit über das Stadtgebiet hinaus. 2014 betrug die Streckenlänge 30 km. Einschließlich zweier Verstärkungslinien zählte man sieben Linien. Im Fuhrpark waren 28 modernisierte KT4D, 17 Siemens-Combinos und 18 Variobahnen im Einsatz, um das wachsende Verkehrsaufkommen zu bewältigen.

Am 1958 noch kriegsbeschädigten, 1753 bis 1755 errichteten alten Rathaus, welches heute als Stadtmuseum dient, vorbei überquert Tw 101 den Alten Markt.
Das Fahrzeug wurde 1926 in Ammendorf gebaut, fuhr bis 1934 als Nr. 30 und ab 1959 als Nr. 111^II.

Im selben Jahr hat sich an der gleichen Stelle Tw 115 eingefunden. 1921 in Hannover hergestellt, kam er zusammen mit weiteren vier Wagen gleicher Bauart von der BVG Ost und fuhr dort mit der Nummer 5595. Ab 1959 fuhr er bis zur Aussonderung mit der Nummer 126^II.

Vom Alten Markt kommend, passiert ein LOWA-Zug der Berufsverkehrslinie 14 mit Tw 133 (Gotha, 1955) an der Spitze im Jahre 1958 den 1830 bis 1837 nach Plänen von Schinkel errichteten Dom St. Nikolai.

Mit einem LOWA-Anhänger erleben wir im Jahre 1958 den Tw 108^{II} in einem Zug der Linie 2 Richtung Bahnhof Rehbrücke vor der Kulisse des 1894 bis 1900 errichteten Hauptpostamtes am Platz der Einheit. Kurz zuvor war der 1908 gebaute Lindner-Triebwagen aus der Nummer 28 hervorgegangen und fuhr von 1961 bis zu seiner Aussonderung 1968 als Beiwagen Nr. 217.

An der Endstation Bahnhof Rehbrücke sind im Jahre 1958 die Triebwagen Nr. 102^{II} und 104^{II} bildlich dokumentiert. Auch sie entstammen der in Ammendorf gebauten Erstausstattung von 1907/08 und waren kurz zuvor aus den Nummern 17^{II} und 19^{II} hervorgegangen.

Ebenfalls am Endpunkt Rehbrücke sehen wir beim Rangieren hier den LOWA-Triebwagen Nr. 141 von 1951 und den LOWA-Beiwagen Nr. 229^{II} aus dem Jahre 1953, beide der Werdauer Bauart. Später ist der Anhänger mehrmals umnummeriert worden und beide Fahrzeuge schieden Ende der siebziger Jahre aus dem Bestand aus.

Gleichfalls im Jahre 1958 trifft hier ein reinrassiger Lindner-Zug der Linie 1 an der Endstation Bahnhof Rehbrücke ein. Der Triebwagen Nr. 115^{II} stammte aus einer sieben Fahrzeuge umfassenden Serie der Jahre 1926 bis 1928 und fuhr bis 1934 mit der Nummer 84 und anschließend als Nr. 105. Der sichtbare Beiwagen Nr. 207 stammt aus einer zeitgleich in Ammendorf hergestellten Serie von 21 Anhängern und fuhr vorher mit der Nummer 66.

Am noch kriegsbeschädigten Brandenburger Tor, 1770 bis 1771 errichtet am Luisenplatz, erleben wir 1959 Tw 117^{II} ex. 107 mit Bw 208 ex. 67 der zweiten Beschaffungsserie von 1926 bis 1928. Hersteller war – wie bereits an anderer Stelle erwähnt – das traditionsreiche Unternehmen Lindner in Ammendorf.

Der Triebwagen Nr. 123^{II} stammt aus einer Serie von sieben 1934 in Niesky hergestellten Triebwagen und fuhr noch kurz vor dieser Aufnahme am Bahnhof (1959) mit der Nummer 113.

Kurz nach einem Wechsel ihrer Betriebsnummer sind 1958 die Triebwagen Nr. 126^{II} und 129^{II} am Bahnhof aufgenommen worden. 1921 in Hannover produziert, liefen sie bis 1956 bei der BVG Ost mit den Nummern 5595 bzw. 5527 und anschließend in Potsdam mit den Nummern 115 bzw. 119. Bis 1962 war die gesamte Serie ausgesondert.

Noch einmal die Szenerie an der Bahnhofsendstation im Jahre 1959, hier mit einem Dreiwagenzug der zweiten Beschaffungsserie. An dessen Spitze steht der kurz zuvor aus dem Wagen Nr. 104 entstandene Triebwagen Nr. 114^{III}.

Ein ausgesprochenes Kuriosum stellt dieses Bild am Bahnhof mit Bw 202 der zweiten Beschaffungsserie von 1926/28 (kurz vorher aus Nr. 61 hervorgegangen), aufgenommen im Jahre 1959.
Auf demselben Gleis erkennen wir einen Zug mit ehemaligen preußischen Abteilwagen und am Zugende einen Gefangenentransportwagen.

Auch in Potsdam prägten die Gotha-Zweiachser für viele Jahre den Alltag bei der Straßenbahn recht nachhaltig. Im Jahre 1959 befindet sich der Tw 153 direkt am Anfang seiner Laufbahn, als am Bahnhof diese Aufnahme entstand. Er war im selben Jahr mit der Fabriknummer 202 im Waggonbau Gotha vom Band gelaufen.

Diese Lindner-Triebwagen der ersten Beschaffungsserie 1907/08 führen 1959 noch mit ihren alten Nummern 22^{II} bzw. 14 in die Endstation Bahnhof Rehbrücke ein. Kurze Zeit später waren sie mit den Nummern 105^{II} bzw. 101^{II} zu sehen. Wagen 14 erleben wir hier als Fahrschulfahrzeug.

Noch einmal zurück zum Bahnhof, wo wir im Jahre 1959 noch einmal den Tw 129[II] beim Rangieren vor einem LOWA-Anhänger erleben. Es ist schon bemerkenswert, wie schnell sein Außenanstrich in nur einem Jahr gealtert ist.

Zu den ganz frühen Werdauer LOWA-Anhängern gehörte der Potsdamer Bw 79[II] aus dem Jahre 1950. Kurz nach dieser Aufnahme am Bahnhof (1959) erhielt er die Nummer 223.

Bilddokumente vom Betriebshof Holzmarktstraße aus dem Jahre 1959. Die Bauten gehörten zur Anfangszeit der elektrischen Straßenbahn und wurden von 1907 bis 2001 genutzt. Auf beiden Bildern sieht man auch den Arbeitswagen Nr. 25. Für ihn wie auch andere erkennbare Fahrzeuge aus der Anfangszeit der elektrischen Straßenbahn in Potsdam waren hier die Tage bereits gezählt.

Zwischen 1960 und 1967 kamen in fünf Lieferungen insgesamt 30 G4 aus Gotha mit den Nummern 151 bis 180 auf Potsdamer Gleise. Ihnen folgten 1984 noch sechs ehemalige Leipziger G4 (Nr. 181 bis 186). Nr. 161 von 1961 wurde am 25.03.1965 am Platz der Einheit, Nr. 178 von 1967 im Oktober 1975 im Holländischen Viertel beim Nauener Tor aufgenommen.

Aus dem damaligen Karl-Marx-Stadt kamen viele Gotha-Einrichtungswagen 1973/75 nach Potsdam, um den ständigen Fahrzeugmangel zu mildern. Nr. 109[III], hier in einem Dreiwagenzug aufgenommen im Oktober 1975, begann seine Laufbahn mit der Nummer 820.

Am 02. und 03.10.1975 fuhren erstmals die beiden Prototypen des KT4D durch Potsdam. Vorher erprobte man sie ab 1973 in Prag mit den Nummern 8001 und 8002. Wir erleben die nun 001 und 002 bezeichneten Wagen auf der Linie 2. Wagen Nr. 002 befindet sich am 1754 bis 1755 erbauten Nauener Tor, heute direkt vor dem Holländischen Viertel gelegen.

Französische Omnibusse in Potsdam

Im Zeitraum von 1957 bis 1978 sind in Potsdam französische Omnibusse im Einsatz gewesen. Sie kamen in kleinen Serien zwischen 1957 und 1964 von der Leipziger Messe und fuhren mit den Nummern 51, 59 bis 62. Im Einzelnen handelte sich um Busse des Typs Chausson APH 522 (Stadt- und Überlandausführung) sowie die Saviem-Typen SC 2 und SC 3.

Vor der Wagenhalle des Betriebshofes wurde am 24.03.1965 der Wagen Nr. 56 von 1959 aufgenommen. Er war der einzige Überlandwagen unter insgesamt fünf Bussen des Typs Chausson APH 522.

Aus dem Jahre 1964 stammt der Wagen Nr. 61 einer Serie von drei ab 1961 übernommenen Saviem SC 2, aufgenommen am Dresdener Theaterplatz im Juli 1965.

Bei der Reinigung im Betriebshof Holzmarktstraße ist am 24.03.1965 der erst wenige Wochen alte Saviem SC 3, Nr. 62 aufgenommen worden.

Vor der Kulisse der Dresdener Musikhochschule fährt der Saviem SC 3 Nr. 62 während einer Sonderfahrt in der Grunaer Straße am Fucikplatz (heute Straßburger Platz) an einem Maitag des Jahres 1967 stadteinwärts.

Oberleitungsbus Potsdam

Bereits 1941 gab es Pläne für einen O-Busbetrieb auf drei Linien in Potsdam. Am 01.10.1949 schließlich konnte der Betrieb auf der Strecke zwischen Babelsberg Goetheplatz und Drewitz feierlich eröffnet werden. 1957 erreichte das Netz eine Länge von 12,8 km darunter 6,3 km zweispurig ausgebaut. Drei Linien wurden befahren. In den folgenden Jahren verschlechterte sich aber aus unterschiedlichen Gründen, letztendlich aber infolge einer Umorientierung in der Verkehrspolitik, der Zustand sowohl des Netzes, als auch der Fahrzeuge. Daran änderte sich grundsätzlich nur wenig mit der Beschaffung immer wieder neuer oder nur wenige Jahre alter Fahrzeuge bis 1990. Am 02.02.1995 endete mit der Aufgabe des elektrischen Betriebes der Duo-Busse auch der Gesamtbetrieb des Potsdamer O-Busses. Drei Aufnahmen vom 20.11.1965 sollen hier nur stellvertretend an diesen Abschnitt in der Potsdamer Verkehrsgeschichte erinnern.

Am Rathaus in Babelsberg ist der Skoda 8TR6 Nr. 12 in die Haltestelle eingefahren. 1958 gebaut, fuhr er wenige Wochen mit der Nummer 22. Bei einer 1969 in Dresden durchgeführten GR diente er lediglich als Ersatzteilspender für ein anderes Fahrzeug, welches seinen Platz einnahm, dessen konkrete Herkunft aber nicht geklärt ist.

Alltagsmillieu zeigt diese Aufnahme in der Karl-Liebknecht-Straße beim Rathaus in Babelsberg. Wir sehen den Skoda 8TR10 Nr. 16 aus dem Jahre 1960, der in Potsdam bis 1975 im Einsatz gewesen ist und anschließend verkauft wurde.

Vor dem Betriebshof in Babelsberg entstand dieses herrliche Motiv mit dem im Januar 1956 in Dienst gestellten Wagen Nr. 6, einem Werdauer LOWA W 602 a aus dem Jahre 1955, der sich bis 1968 im Einsatz befand. Er führt den 1953 in Bautzen gebauten Beiwagen Nr. 36 des Typs W 700 mit, einst unter der Nummer 16[II] gelistet und davor bis 1957 im Dienste des MfS stehend (Tausch gegen den kleineren gleichfalls Bautzener Wagen Nr. 16 des Typs W 701 von 1956).

Brandenburg
Schöneiche

Die 13,5 km lange meterspurige elektrische Bahn zwischen Kalkberge (ab 1934 Ortsteil von Rüdesdorf) - Schöneiche und Friedrichshagen ist am 30. Mai 1914 offiziell dem Betrieb übergeben worden. Sie folgte zwei ebenfalls meterspurigen Benzolbahnen: der 5,6 km langen am 28.10.1910 eröffneten Linie von Friedrichshagen nach Schöneiche, bei der drei Lokomotiven und insgesamt 6 Beiwagen darunter zwei 1910 in Ammendorf gebaute Vierachser zum Einsatz kamen, und der am 05.11.1912 eröffneten Bahn Schöneiche - Kalkberge, bei der es ebenfalls drei Lokomotiven und sechs in Hannover hergestellte zweiachsige Personenanhänger gab.
Der geschilderte Umstand erklärt das Vorhandensein von Betriebshöfen in Schöneiche und Rüdersdorf. Interessant, wie die Entstehungsgeschichte, war auch der Fuhrpark. So fand man dort viele Jahre vierachsige Triebwagen Ammendorfer Bauart und auch von den Benzolbahnen übernommene zwei- und vierachsige Anhänger. Hervorhebenswert sind unter anderem auch die in eigener Werkstatt gebauten Vierachser der späten 1950er bis frühen siebziger Jahre. Düwag-Gelenktriebwagen aus Heidelberg und ehemalige Cottbuser KT4D prägen heute das Alltagsbild der Bahn. Darüber hinaus konnten einige ältere Wagen als Oldtimer erhalten werden.

Der 1928 in Ammendorf gebaute Beiwagen Nr. 25 fuhr einst unter der Nr. 19 und später 101, bis er 1974 ausgesondert wurde, hier eine Aufnahme vom August 1958 in Friedrichshagen.

Von der Benzolbahn Kalkberge - Schöneiche stammt dieser 1912 in Hannover gebaute Anhänger mit der Nr. 14, aufgenommen im Juni 1959 im Depot Schöneiche.

Von der Benzolbahn Schöneiche - Friedrichshagen stammt der 1910 in Ammendorf gebaute vierachsige Anhänger Nr. 21^{II} (ex. 17), bildlich dokumentiert am 15.06.1959.

Der Vierachser Nr. 7 (1956 ex. Tw 31) wurde 1928 in Ammendorf hergestellt und zeigt sich am 15.06.1959 mit dem LOWA-Anhänger Gothaer Bauart Nr. 30 am Endpunkt Friedrichshagen.

Blick in das Depot Schöneiche, aufgenommen im Juni 1962. Der erkennbare Hilfsgerätewagen Nr. A3 (ab 1966: A93) stammt von der BVG Ost und fuhr dort bis 1956 mit der Nr. 3297. 1972 schied er aus dem Bestand aus.

Am 26.04.1963 steht Tw 9^{II} ex. Nr. 33 von 1928 an der Spitze eines gemischten Zuges bereit zur Abfahrt von der Endstation Friedrichshagen.

Tw 5 von 1928 kurz vor der Umzeichnung in Nr. 55 mit zwei ehemals von der Benzolbahn Kalkberge - Schöneiche stammenden Anhängern am 26.04.1963 bei der Einfahrt in die Endstation Friedrichshagen.

Tw 10^{II} (1956 ex. 34), hergestellt 1928 bei der Fa. Lindner in Ammendorf, aufgenommen beim Rangieren an der Endstation Friedrichshagen am 26.04.1963.

Noch einmal die Endstation Friedrichshagen am selben Tag, hier mit zwei LOWA-Anhängern Gothaer Bauart. Rechts ein einst recht weit verbreiteter Skoda RT 706-Wasserwagen.

Der Tw Nr. 71 von 1928 fuhr einst als Nr. 7 und davor als Nr. 31 und wurde hier an der Endstation Friedrichshagen im Juli 1966 bildlich festgehalten.

Legendär geworden sind die in eigener Werkstatt hergestellten Vierachser, insbesondere der 1960er und siebziger Jahre, mit Teilen von Reko-Wagen, von denen keiner dem anderen völlig glich. Die Aufnahmen vom April 1963 zeigen den Triebwagen Nr. 2 (später 52) und den Anhänger Nr. 21^{II} von der ehemaligen Benzolbahn Schöneiche - Friedrichshagen, der einst mit der Nr. 17 fuhr, beide dokumentiert im April 1963 an der Endstation Friedrichshagen.

Drei 1942 in Niesky gebaute Vierachstriebwagen wurden 1964 von Karl-Marx-Stadt (Chemnitz) übernommen. Die Beiwagen Nr. 131 und 132 fuhren dort als Tw 299 und 298. Im Juni 1975 waren nur noch sie im Bestand und blieben es weiterhin bis 1984. Die Bilder zeigen sie im Betriebshof.

Aus Leipzig ist dieser Zug mit Tw 62 und Bw 134 im Jahre 1967 übernommen worden und fuhr dort ab 1956 mit den Nummern 1100^{II} und 2100^{II}. Im Juni 1975 blieben ihm nur noch wenige Wochen bis zur Aussonderung.

Mit dem Zugang der abgebildeten, am 26.06.1975 noch nicht vollständig bezeichneten Reko-Zweiwagengarnitur standen in Schöneiche fünf dieser Zweirichtungszüge im Einsatz. Tw 71^{II} stammt bereits aus dem Jahre 1974. Beide Aufnahmen entstanden vor der Wagenhalle im Betriebshof.

Infolge des voranschreitenden Kalkabbaues erfolgte am 15.10.1977 die Stilllegung des Streckenabschnittes zwischen Rüdersdorf/Post und Karl-Marx-Platz. Eine neue Trasse ging wenige Tage später in Betrieb. Tw 63 durchfuhr mit Bw 132 am 26.06.1977 beim Karl-Marx-Platz eine regelrechte Geisterstadt kurz vor dem Abbruch der letzten Wohngebäude in diesem Abschnitt.

Brandenburg

Strausberg – Strausberger Eisenbahnen AG

Wie im Namen bereits bezeichnet, handelt es sich bei dieser normalspurigen Straßenbahn am Berliner Stadtrand genau genommen um eine Kleinbahn. Ein erster Vorläufer ging am 17.08.1893 als 6,2 km lange dampfbetriebene Bahn mit der Strecke Landhaus-Schlagmühle - Hegermühle in Betrieb. Es gab mit verschiedener Linienführung Personen- und Güterverkehr. Die heute für den Personenverkehr genutzte elektrische Anlage mit einer Streckenlänge von 10,02 km wurde am 18.03.1921 dem Betrieb übergeben und verfügte 1928 über 6 Triebwagen und 4 Beiwagen. Sie erstreckte sich von S-Bahnhof Strausberg im Süden bis zur Wriezener Straße im Nordosten unweit des S-Bahnhofes Strausberg Nord. Der Betriebshof zweigt unweit der Station Lustgarten (nahe dem S-Bahnhof Strausberg-Stadt) von der Strecke ab, seit 1970 nördlicher Endpunkt der Bahn, die letztendlich der kompletten Stilllegung infolge des Treibstoffmangels zu Beginn der 1980er Jahre entging. Heute prägen mehrere tschechische Wagen, die es sonst nirgendwo in ostdeutschen Unternehmen gibt, sowie zwei sechsachsige Flexity-Zweirichtungswagen das Alltagsbild. Die ausgewählten Bilddokumente vom Personenverkehr stammen aus den Jahren 1959 bis 1971.

Tw 9 wurde 1928 in Werdau hergestellt und ist hier im Jahre 1959 in einem Dreiwagenzug an der heutigen Endstation Lustgarten zu sehen.

Anhänger Nr. 4 (ab 1970: 11^{II}) gehört zur Erstausstattung der Bahn und wurde 1921 in Wismar gebaut, hier dokumentiert im Jahre 1959.

Vier Uerdinger KSW-Anhänger von 1944 gehörten zur Strausberger Eisenbahn, von denen drei den letzten Krieg überlebten und ab 1969 alle in Woltersdorf fuhren. Die 1959 am S-Bahnhof Strausberg dokumentierte Nr. 19 ist heute in Woltersdorf mit der Nummer 22II als Oldtimer betriebsfähig.

Mit der Nummer 4305 fuhr der Strausberger Tw 8 bis 1957 bei der BVG Ost. Das im Jahre 1921 bei Falkenried aufgebaute Fahrzeug vom Typ TF 21S – zuletzt in Strausberg als Arbeitswagen verwendet – ging 1980 nach Berlin zurück. Bilddokument von 1959 im Betriebshof.

Tw 3 – hier im selben Jahr im Streckenabschnitt bei der Wriezener Straße dokumentiert – gehörte zur Erstausstattung und ist 1921 in Wismar aufgebaut worden. Der Maximumtriebwagen ging 1971 durch Brand verloren.

Hier noch einmal ein Zug der Erstausstattung – erneut mit Tw 3 an der Spitze – aufgenommen im Juli 1962 am S-Bahnhof Strausberg.

Von der Rheinbahngesellschaft Düsseldorf kam 1940 u. a. der Tw 16 und war dort mit der Nr. 7 unterwegs. Das 1924 in Düsseldorf gebaute Fahrzeug war vorher bis 1938 mit der Nr. 27 in Mettmann unterwegs, hier ein Bild an der Haltestelle Lustgarten, aufgenommen im Juli 1962.

Am 26.11.1971 hat der Triebwagen 2^{III} – gebaut 1929 in Gotha –, 1967 ex. LVB Nr. 1046^{II}, die Haltestelle Hegermühle erreicht. Bei den ab 1971 üblichen Verbundfahrten lief der hintere Triebwagen stromlos mit.

Im Spätsommer 1969 ist der ehemalige BVG-Triebwagen Nr. 8 in einem Zug mit einem Beiwagen der Erstausstattung am Bahnhof Strausberg aufgenommen worden. Der Triebwagen diente von 1971 bis 1980 als Arbeitswagen.

An der Haltestelle Hegermühle trafen die Güterstrecke und die Personenstrecke der Strausberger Eisenbahn aufeinander. Wir begegnen an dieser Stelle am 16.09.1970 Altbauzügen, deren aktive Zeit sich nun unweigerlich dem Ende nähert, und einem von einer Elektrolok gezogenen Güterzug.

Zur selben Zeit werden im Betriebshof weitere ehemalige Leipziger Mitteleinstiegtriebwagen fit gemacht, um den Altwagenbestand sukzessive ablösen zu können.

Ab der Depoteinfahrt (Lustgarten) verlief bis 01.10.1970 beginnend mit einer leichten Linkskurve eine eingleisige Strecke zum Landjugendheim an der Wriezener Straße ab. Hier ist am 16.09.1970 der Triebwagen Nr. 16 unterwegs. Das 1924 in Düsseldorf gebaute Fahrzeug kam 1940 von der Rheinbahngesellschaft und fuhr dort einige Jahre mit der Nummer 7. Ursprünglich war es in Mettmann als Nr. 27 im Einsatz. Es konnte als Traditionsfahrzeug erhalten werden.

Auf der eingleisigen Strecke vom Lustgarten zur Wriezener Straße erleben wir den Triebwagen Nr. 1 von 1921, welcher heute ebenfalls noch als historisches Fahrzeug betriebsfähig ist, in einzigartigen Bildsequenzen, aufgenommen am 16.09.1970, wenige Tage vor der Aufgabe des Gesamtverkehrs auf diesem seit 1926 befahrenen Abschnitt des Strausberger Netzes.

Tw 7 und 9^{II} im Verbund, aufgenommen im November 1971 an der Endstation Lustgarten. Nr. 7 wurde 1929 in Gotha, 9^{II} im selben Jahr in Bautzen hergestellt. Sie trugen die LVB-Nummern 1047^{II} und 1030^{II}.

Mit Tw 5 (1929, Bautzen) an der Spitze ist am 26.11.1971 ein Zug in die Haltestelle Hegermühle eingefahren. Das Fahrzeug fuhr bis 1968 in Leipzig mit der Nummer 1038^{II}.

Beiwagen Nr. 11^{II} ex. 4 und ein weiterer Vertreter der Erstausstattung haben ihre aktive Zeit im November 1971 hinter sich gebracht und erwarten ihre Verschrottung.

Auch Tw 10 (Gotha, 1929), ex. LVB 1038^{II}, musste im November 1971 nach einem Unfall abgestellt werden. Links im Hintergrund wartet mit einem Bautzener Wagen gleichen Baujahres der LVB-Triebwagen Nr. 1031^{II} auf seine Aufarbeitung. Bis 1981 fuhr er mit der Nummer 10^{II}.

Brandenburg
Woltersdorf

Bereits am 19.08.1905 wurde dem Projekt einer Straßenbahn vom S-Bahnhof Rahnsdorf zur Schleuse in Woltersdorf zugestimmt, dieses aber zunächst nicht ausgeführt. Auf der Grundlage einer Hauptgenehmigung – nunmehr vom 20.03.1912 – erfolgte die Errichtung der normalspurigen Anlage und deren Inbetriebnahme am 17.05.1913. Das recht kleine Unternehmen mit einer Streckenlänge von etwas mehr als 5,6 km verfügte 1928 über 5 Trieb-, 6 Beiwagen und 2 Spezialwagen. In späterer Zeit kamen immer wieder gebrauchte Fahrzeuge aus Salzburg, Potsdam, Berlin, Strausberg, Magdeburg, Dessau, Schwerin, Dresden und von der BVG Ost hierher. Heute wird der Linienbetrieb meist mit einer kleinen Zahl völlig modernisierter Triebwagen des Typs T 57 abgewickelt. Diese tragen heute einen blau- beigefarbenen Außenanstrich. Es sind darüber hinaus aber auch einige historische Fahrzeuge im weitgehenden Originalzustand betriebsfähig. Viele Jahre sind im Betriebshof der Woltersdorfer Straßenbahn ausgesonderte Fahrzeuge der BVG Ost – Straßenbahnen und auch Omnibusse – für eine spätere museale Aufarbeitung sichergestellt worden, um sie vor Schäden durch Vandalismus zu schützen. Einige von ihnen kann man heute als meist betriebsfähige historische Fahrzeuge in Berlin wieder bewundern.

Der Tw 7 aus dem Jahre 1944 war der Prototyp des Uerdinger KSW-Triebwagens. Vor seinem Einsatz in Woltersdorf ist er in Berlin mit der Nr. 6221 getestet worden. Hier mit Bw 21 der Erstausstattung 1958 am S-Bahnhof Rahnsdorf. Das Fahrzeug ist als betriebsfähiger Oldtimer heute äußerlich wieder im Originalzustand zu bewundern.

Der 1925 in Niesky hergestellte Tw 5 befand sich bis 1967 im Bestand der Woltersdorfer Straßenbahn, hier mit einem Beiwagen der Erstausstattung im Juni 1959 an der Haltestelle Ernst-Thälmann-Platz.

Der bei MAN 1908 gebaute Salzburger Tw Nr. 2 kam 1941 als Nr. 6 erstmals auf der Woltersdorfer Linie zum Einsatz. Ab 1956 diente er ohne Nummer als Arbeitswagen, war aber zum Zeitpunkt der Aufnahme – Juni 1962 – bereits nicht mehr aktiv. Der Abbruch erfolgte erst fünf Jahre später.

Triebwagen Nr. 1 und Beiwagen Nr. 23 der Erstausstattung zeigen sich im Juni 1962 am Ernst-Thälmann-Platz bzw. beim Rangieren an der Endstelle Woltersdorf Schleuse. Hergestellt wurden beide 1913 bei Orenstein und Koppel in Berlin-Drewitz.

Tw 6^{II} aus dem Jahre 1926 kam 1956 von der BVG Ost nach Woltersdorf, trug dort die Nr. 4362 und ist heute in Berlin als Oldtimer vorgesehen. Die Aufnahme vor der Wagenhalle entstand im Juni 1962.

1959 kam von Potsdam der Tw 107[II] von 1907 nach Woltersdorf und fuhr bis 1965 mit der Nr. 8 und diente anschließend unter gleicher Nummer bis 1967 als Arbeitswagen. Die Aufnahme entstand am 15.06.1959 mit dem Beiwagen Nr. 26 von 1913.

Der Triebwagen Nr. 14 kam mit weiteren vier Triebwagen 1962 von der BVG Ost. Die 1913/14 hergestellten Fahrzeuge wurden nach Umbauten 1964 bis 1967 in Dienst gestellt. Nr. 14 – hier im Spätsommer 1969 – fuhr in Berlin mit der Nummer 5632 und kam ab 1978 kurze Zeit noch mit der Nummer 24 zum Einsatz.

1967 bis1968 kamen die noch vorhandenen KSW-Beiwagen aus Strausberg und Magdeburg nach Woltersdorf und lösten die Beiwagen der Erstausstattung ab. Im Spätsommer 1969 boten drei von ihnen einen jammervollen Anblick unter anderem Nr. 26.

Die 1944 in Uerdingen gebauten KSW-Beiwagen fuhren in Woltersdorf hinter dem Triebwagen 7, aber auch den ex. Berlinern – hier Tw 15 ex. BVG Nr. 5631 – und unterschieden sich äußerlich geringfügig voneinander. Nr. 22[II] kam von Strausberg (dort Nr. 19) und ist erhalten geblieben, Nr. 25[II] fuhr in Magdeburg mit der Nummer 244[II] und erhielt 1978 die Nummer 85. 1979 schied er aus dem Liniendienst aus.

Ein Blick in die Wagenhalle des Betriebshofes, aufgenommen am 15.06.1959. Links und rechts die Triebwagen Nr. 2 und 4 der Erstausstattung. Hinter dem rechten Triebwagen steht der Salzburger Triebwagen, hier bereits ohne Nummer, als Arbeitswagen.

Am 15.06.1959 erleben wir den Beiwagen Nr. 24 von 1913 an der Endstation Rahnsdorf beim Rangieren. An derselben Stelle ist im Mai 1973 ein Zug mit dem aus Berlin stammenden Tw 13^{II} und dem einst in Strausberg eingesetzten KSW-Beiwagen Nr. 22^{II} bereit zur Rückfahrt Richtung Woltersdorf Schleuse.

Diese Aufnahme vom Mai 1973 im Betriebshof der Woltersdorfer Straßenbahn zeigt ausgesonderte BVG-Fahrzeuge für eine optionale Aufarbeitung als Oldtimer.
Im Vordergrund ein Doppelstockbus des älteren DDR-Typs Do 54.

Mecklenburg-Vorpommern
Rostock

Am 14.10.1881 eröffnete in Rostock eine Pferdebahn mit der seltenen Spurweite von 1.440 mm. Bis 1902 erreichte deren Netz seine maximale Ausdehnung von 10,5 km, es waren 22 Wagen und 46 Pferde vorhanden. Am 22.05.1904 wurde – ebenfalls mit der seltenen Spurweite von 1.440 mm – der elektrische Betrieb eröffnet, der den Pferdebahnbetrieb ablöste. Die Statistik von 1928 weist eine Gesamtstreckenlänge von 12,1 km aus, es waren 30 Trieb- und 26 Beiwagen für den Personenverkehr, 3 Spezial- und 1 Autoturmwagen vorhanden. Aber auch das Busliniennetz, auf dem 4 Busse zum Einsatz gebracht wurden, hatte damals bereits eine Ausdehnung von 18,2 km. In den sechziger und siebziger Jahren prägten zunehmend Gothawagen als Solo- und Gelenkwagen das Alltagsbild. Erst Ende 1989 kamen hier die ersten – zuletzt modernisierten – Tatra-Wagen bis zum 24. April 2015 zum Einsatz. Heute fahren in Rostock nur noch fünfteilige Niederflurtriebwagen des Typs Tram Link 6N2, deren Inbetriebnahme ab 2013 erfolgte. Das Stadtgebiet wird heute durch 6 Straßenbahn- und 21 Buslinien erschlossen. Wir möchten mit einigen Aufnahmen an die sechziger und siebziger Jahre dieser Bahn und ansatzweise ihres Stadtbusverkehrs erinnern. Wenn nicht anders angegeben, sind sie im Mai 1960 aufgenommen worden.

Der Hilfsgeräte- bzw. Rangiertriebwagen Nr. 5 entstand 1953 aus dem Atw Nr. 12, der zur Erstausstattung der Bahn gehörte und 1904 unter gleicher Nummer erstmals zum Einsatz gekommen ist. Auch der Werkstattbeiwagen Nr. 114 entstammt dieser Serie. Bis 1949 unter der Nr. 2 als Triebwagen eingesetzt, diente er dann als Beiwagen Nr. 74[II] und ab 1955 Nr. 114, bevor ihm ab 1957 das Gnadenbrot blieb.

Am Steintor ist Tw 18 von 1904 mit Bw 128 vorgefahren. Das zuletzt genannte Fahrzeug ist 1910 bei MAN als Triebwagen gebaut worden und fuhr bis 1946 mit der Nummer 1 in Warnemünde. In Rostock trug dieser als Beiwagen bis 1955 die Nr. 83.

Tw 20^{II} entstand 1937 durch Neuaufbau in eigener Werkstatt aus dem Tw 17 der Erstausstattung. Sein Gnadenbrot verdiente er sich ab 1963 als Arbeitstriebwagen, hier am Hauptbahnhof dokumentiert.

Auch der Triebwagen Nr. 33 musste sich als Arbeitswagen sein Gnadenbrot verdienen, allerdings erst ab 1971. Das 1927 in Wismar gebaute Fahrzeug zeigt sich hier an der Haltestelle „Am Bagehl“.

Der Beiwagen Nr. 115 stammt aus dem Jahre 1912. Zusammen mit fünf weiteren Vertretern dieses Typ kam er 1939 von der Oberkasseler Rheinbahn und trug dort die Nummer 1184 und in Rostock bis 1955 Nr. 50^{III}. 1971 endete sein aktiver Einsatz.

Ein recht bunt zusammengestelltes Gespann zeigt sich mit diesem Zug der Linie 2 Richtung Reutershagen dem Fotografen in der Hamburger Straße. Tw 28 wurde 1926 mit offenen Plattformen in Wismar gebaut und diente ab 1966 als Arbeitswagen.

Zurück zum Steintor. Hier ist Tw 35 von 1940 mit einem älteren Beiwagen vorgefahren. Der in Wismar hergestellte Triebwagen schied 1966 aus dem aktiven Dienst aus.

An der Haltestelle Tiergartenallee ist ein Dreiwagenzug der Linie 11 vorgefahren. Dessen Schlusswagen Nr. 196 fuhr bis 1955 als Tw 9^{II}. 1912 in Köln gebaut, kam er 1953 zusammen mit weiteren vier Triebwagen aus Leipzig und fuhr dort mit der Nr. 984.

LOWA-Trieb- und Beiwagen sowohl Werdauer, als auch Gothaer Bauart prägten ab 1951 fast dreißig Jahre das äußere Erscheinungsbild der Rostocker Straßenbahn recht nachhaltig. Zu den fabrikneu beschafften Wagen kamen 1969 noch einmal vier gebrauchte Anhänger aus Berlin hinzu. Die meisten von ihnen erfuhren später eine grundlegende Aufarbeitung. Bildlich dokumentiert sind hier die Tw 48, 44, 49 und der Bw 155.

Aus dem Triebwagen Nr. 31, hergestellt 1926 in Wismar, entstand 1969 der Fahrschulwagen Nr. 431^{II} (ab 1884: Nr. 551). Die Aufnahme vom Januar 1978 zeigt das Fahrzeug in der Wendeschleife Marienehe.

An der Schiffswerft Neptun sehen wir hier einen mit Fähnchen geschmückten LOWA-Dreiwagenzug, dessen Wagen bereits einer GR unterzogen worden sind. Die Aufnahme entstand am 29.04.1976.

In der Lübecker Straße ist ein Zug, gebildet aus einem Gotha G4 und dem bereits umgebauten LOWA-Beiwagen Nr. 154 am 29.04.1976 bildlich dokumentiert.

Im Betriebshof Fahnenstraße sind am 30.04.1976 mehrere Arbeitswagen bildlich festgehalten worden. Der ATW 435^{II} ist 1974 aus dem Tw 47 von 1955 entstanden und war als Kurvenschmier- und Winterdiensttriebwagen eingesetzt. Nr. 439^{II} fuhr 1975 kurzzeitig als Atw 433^{II} und entstand aus dem Tw 55 von 1955 und ist als Schweißgerätewagen genutzt worden. Am linken Bildrand erkennt man den Atw 430^{II}, bis 1971 Tw Nr. 33 (1927, Wismar), der sich als Schienenschleifwagen sein Gnadenbrot verdiente. Hinten links ist ein weiterer Altbau-Arbeitswagen zu sehen.

Mehr als zwanzig Gelenkwagen des Gotha-Typs G4 wurden zwischen 1961 und 1966 in Rostock in Dienst gestellt und prägten viele Jahre das Alltagsbild in der Hansestadt mit. An der Haltestelle Doberaner Platz ist Tw 11^{III} der Bauzeit 1961 bis 1963 mit einem Gotha-Einrichtungsbeiwagen im Januar 1978 vorgefahren.

An der Haltestelle Schröderplatz wurde am 29.04.1976 der umgebaute LOWA-Anhänger Nr. 140 (Werdau, 1952) hinter einem Gotha-G4 der Bauzeit 1964 bis 1966 bildlich dokumentiert. Derartige Züge gehörten in Rostock viele Jahre zum gewohnten Bild.

Ein Dreiwagenzug mit einem Gotha-Einrichtungstriebwagen und zwei zu Einrichtungswagen umgebauten LOWA-Beiwagen ist hier in der Heinrich-Schütz-Straße im Januar 1978 zu sehen. Bw 144 stammt aus einer der beiden Gothaer Serien, von denen 1955 und 1956 insgesamt 16 Fahrzeuge in den Bestand der Rostocker Straßenbahn kamen.

An der Haltestelle Kröpeliner Tor erleben wir am 30.04.1976 einen Gotha-Einrichtungszug späterer Bauart. Der Beiwagen Nr. 184 am Ende des Zuges wurde 1969 gebaut und gehört zu jener Serie, die nach der Produktionseinstellung in Gotha aus noch vorhandenen Teilen aufgebaut worden ist.

Vier Reko-Triebwagen des Typs TZ 70-1 kamen in zwei Lieferungen 1973 und 1975 mit den Nummern 35^{II} bis 38^{II} in den Bestand der Rostocker Straßenbahn.
Der Wagen Nr. 38^{II} – aufgenommen am 29.04.1976 in der Wendeschleife Marienehe – stammt aus dem Jahre 1973. Die Zweirichtungstriebwagen und die zeitgleich nach Rostock gelieferten Zweirichtungsbeiwagen 115^{II} bis 121^{II} gehören zu den späteren Serien dieses Typs, erkennbar an den runden Rücklichtern.

Die Tw Nr. 39^{II} bis 42^{II} und die Bw Nr. 122^{II} bis 127^{II} der Rostocker Straßenbahn gehören zu den frühen Vertretern des im Raw Berlin-Schöneweide hergestellten Einrichtungstyps TE/BE 70-1 und kamen hier bereits 1970/71 auf die Gleise. Äußerlich konnte man diese frühen Vertreter an den Wartburgrücklichtern erkennen. In der Holbeinstraße ist eine aus derartigen Fahrzeugen gebildete Garnitur am 29.04.1976 zu sehen.

1958 kamen drei Do 56 von der BVG Ost, welche die Nummern 251 bis 253 erhielten, hier Nr. 252 am Bahnhof. Wagen Nr. 251 kam noch 1958 nach Dessau, 1961 kamen zwei Zwickauer Wagen mit den Nummern 203 und 204[II] hinzu. Der Linieneinsatz endete 1970.

Zum Fuhrpark der Rostocker Straßenbahn gehörten ein Ikarus 601 von 1954 und sechs Ikarus 60 von 1955/56, deren Linieneinsatz bereits 1966 endete. Die Aufnahme am Bahnhof zeigt den Wagen Nr. 225 aus dem Jahre 1956.

Zwischen 1969 und 1973 kamen bei der Rostocker Straßenbahn achtzehn Ikarus Gelenkbusse K 180 mit vier Türen in den Bestand, die bis 1987 im Liniendienst standen. Lediglich vier Wagen des Solotyps Ikarus 556 aus dem Jahre 1971 waren auf Rostocker Linien bis 1980 im Einsatz. Der noch recht neue Wagen Nr. 332 zeigte sich hier dem Fotografen bei der Ostseemesse in Schutow am 29.10.1970.

Zwischen 1974 und 1978 wurden in Rostock insgesamt 53 sowjetische Omnibusse in Betrieb genommen. Es waren dies zehn kleine PAZ 672 und 43 LIAZ 677. Die Aufnahmen zeigen den Wagen Nr. 232II am 30.04.1976 im Betriebshof Fahnenstraße und Nr. 258II im Januar 1978 in Marienehe. Omnibusse dieses Typs fuhren vor allem im Norden der DDR, aber auch im Potsdamer Raum konnte man sie einige Jahre in Einsatz erleben.

Vor allem in nördlichen Werken neu aufgebaute Ikarus 66 hatten danach oft abgerundete Frontscheiben wie der abgebildete Rostocker Stadtwagen Nr. 307 von 1968, aufgenommen am 29.04. 1976 in der Helsinkier Straße.

In Rostock gehörten Ikarus-Busse der 200er Reihe von 1974 an zwanzig Jahre lang zum gewohnten Alltagsbild. Der zweitürige Ikarus 280.03, Nr. 357 stammt aus dem Jahre 1974 und ist bis 1991 eingesetzt worden. Die Aufnahme zeigt ihn am 29.04.1976 in Lütten Klein. Die Vierlampenfront hat man ganz sicher nachträglich zum Einbau gebracht.

Mecklenburg-Vorpommern
Schwerin

Der öffentliche Nahverkehr in Schwerin begann 1881 mit einer Pferdebahn auf zwei Linien, die aber bereits vier Jahre später wieder wegen Unrentabilität eingestellt worden ist.
Mit der Eröffnung einer ersten Linie am 01.12.1908 begann in Schwerin der elektrische Straßenbahnverkehr. Wenige Tage später wurden am 06. bzw. 20.12.1908 weitere Linien dem Verkehr übergeben. Die Erstausstattung bestand aus 17 Triebwagen von MAN, denen 1909 noch 6 Beiwagen desselben Herstellers folgten. Nach einer ersten größeren Ausdehnung des Netzes bis Zippendorf mit Wirkung vom 28.05.1921 betrug im Jahre 1928 die Streckenlänge 12,05 km. 26 Trieb- und 18 Beiwagen wurden zum Einsatz gebracht. Insbesondere in den 60er und 70er Jahren dehnte sich das Netz weiter aus und erreichte Lankow, den Großen Dreesch und ganz im Süden Neu Pampow. 1973 beginnt der Einsatz der vierachsigen 2,5 m breiten tschechischen Großraumwagen des Typs T3D/B3D in Schwerin. 1981 konnte der neue Betriebshof in Haselholz seiner Bestimmung übergeben werden. Die Tatra-Fahrzeuge wurden 2001 bis 2003 durch dreißig dreiteilige Niederflurzüge des Typs SN 2001 der Flexity Classic-Reihe von Bombardier ersetzt. Gefahren wird – zum Teil in Doppeltraktion – auf vier Linien.
Die Bilddokumente entstanden in den Jahren 1957 bis 1976.

Im Oktober 1957 ist der in Wismar 1950 neu aufgebaute Tw 12^{III} ex. Serie 15^{II} bis 19^{II} aus dem Jahre 1926 mit einem ehemaligen Dresdener Anhänger in die Haltestelle Freilichtbühne eingefahren.

An der Lennestraße erkennen wir elf Monate später den 1926 in Wismar hergestellten Tw 4^{III}, der bis zu seinem Nachkriegsneuaufbau zur Serie Nr. 15^{II} bis Nr. 19^{II} gehörte und von 1972 bis 1977 als Arbeitswagen – zuletzt mit der Nummer A 1 – sich sein Gnadenbrot verdiente und als historisches Fahrzeug erhalten geblieben ist.

Im September 1958 zeigen sich im Bereich Lennestraße/Stadionstraße die Triebwagen Nr. 7^III^ (rechts oben), 3^III^ (Mitte links) aus Wismar, 1926 gebaut und bis zum Neuaufbau 1946/50 Bestandteil der Serie 15^II^ bis 19^II^, ferner in der Mitte rechts Bw Nr. 60 (bis 1956 Nr. 30), der 1950 zusammen mit sechs weiteren Anhängern aus Dresden kam und dort als Nummer 38^II^ zum Einsatz kam. Diese Beiwagen sind zwischen 1925 und 1929 gebaut worden. Unten schließlich der LOWA-Tw Werdauer Bauart Nr. 13^III^ aus dem Jahre 1952 – nachträglich ausgerüstet mit Scharfenberg-Kupplungen und beschriftet als Pionierexpress sowie mit einem Dresdener Anhänger.

An der Endstation Friedhof wurde im September 1958 der Beiwagen Nr. 52^{II}, 1907 in Hannover hergestellt und 1922 von dort mit drei weiteren Fahrzeugen seiner Art übernommen, zusammen mit einem Wismarer Aufbauwagen bildlich dokumentiert.

Am Abzweig Wismarsche/Wilhelm-Pieck-Straße ist ein Zug der Linie 2 mit Tw 34 an der Spitze am 14.12.1972 zu sehen. Der 1967 in Gotha hergestellte Einrichtungstriebwagen fuhr bis 1969 leihweise in Magdeburg.

Auch der am selben Tag an der Haltestelle Marienplatz vorgefahrene Triebwagen Nr. 33 stammt aus dem Jahre 1967 und fuhr bis 1969 leihweise in Magdeburg.

Beiwagen Nr. 90 gehört zu einer Serie von 38 in den Jahren 1970 bis 1973 in Schwerin in Dienst gestellten Reko-Anhängern in Einrichtungsbauart. Im Dezember 1972 zeigt er sich in der Friedhofstraße dem Fotografen.

Am 30.04.1976 hat ein Gotha-Einrichtungszug der Linie 2 Richtung Freilichtbühne den Platz der Jugend erreicht. Tw 35 von 1967 war ebenfalls bis 1969 leihweise auf Magdeburger Linien unterwegs.

Die Triebwagen Nr. 15^{IV} und 19^{IV} gehörten einer sechzehn Fahrzeuge umfassenden Serie zweiachsiger Reko-Einrichtungstriebwagen der Jahre 1970 bis 1973 an. Die Aufnahmen vom 30.04.1976 entstanden auf der Strecke nach Zippendorf bzw. während einer Zugkreuzung an der Haltestelle Zoo.

Am 30.04. ist ein fast reinrassiger Reko-Dreiwagenzug am Marienplatz vorgefahren. Am Ende ist Bw 42^{III} von 1973 zu sehen. In der Mitte erkennt man den einzigen in Schwerin eingesetzten Reko- Zweirichtungsbeiwagen Nr. 63^{III} von 1975, der 1977 nach Woltersdorf kam. Die in Gotha entwickelten und in Schöneweide vordergründig für die BVG Ost gefertigten Zweiachser waren in der DDR recht zahlreich im Einsatz.

Noch einmal der 30.04.1976, nun mit zwei Tatra-Zügen T3D/B3D. Nr. 201 von 1973 ist mit seinem Zug unterwegs zum Großen Dreesch, Nr. 207 von 1975 hat auf dem Weg nach Lankow den Marienplatz erreicht. Mehr als 30 Jahre prägten die markanten Großraumwagen das Alltagsbild bei der Schweriner Straßenbahn.

Wir kehren noch einmal in die Altstadt und in den September des Jahres 1958 zurück. Eben hat ein Zug der Linie 1 nach Zippendorf die Goethestraße erreicht. An seiner Spitze sehen wir den LOWA-Triebwagen Werdauer Bauart Nr. 14^{III} aus dem Jahre 1952. Als Anhänger dient hier ein ehemals in Dresden eingesetzes Fahrzeug. Der Triebwagen befand sich bis 1972 im Einsatz, die insgesamt sieben 1950 aus Dresden umgesetzten Anhänger schieden 1966 bis 1972 aus dem Bestand aus.

Mecklenburg-Vorpommern
Stralsund

Die Betriebseröffnung der kleinen meterspurigen elektrischen Straßenbahn im Nordosten des Landes datiert auf den 25.03.1900. 1928 betrug die öffentlich nutzbare Streckenlänge nur gut 5 km. Für den Linienbetrieb waren 10 Trieb- und 4 Beiwagen vorhanden. Darüber hinaus gab es 3 Spezialwagen. Das Netz erstreckte sich von der Kniepervorstadt im Norden bis zum Frankenfriedhof im Süden. Zeitweilig bestanden Verbindungen zum Hauptbahnhof und zum Hafenbahnhof. Fahrzeuge aus Esslingen, Stuttgart, Hamborn und Schwetzingen-Ketsch ersetzten zwischen 1931 und 1938 sukzessive die Wagen der Anfangszeit, vereinzelt nur für wenige Jahre. Die letzten Neuzugänge an Fahrzeugen erfolgten 1951, 1955, 1957 und 1959. Am 07.04.1966 endete der Straßenbahnbetrieb in Stralsund. Verwendbare Fahrzeuge kamen – teils nach aufwändigen Umbauten durch die Hauptwerkstatt der Leipziger Verkehrsbetriebe – in Gera weiter zum Einsatz. Die ausgewählten Bilddokumente entstanden am 04.07.1959.

Am Knieperdamm begegnen sich die Tw 1^{III} und 3^{III}, welche 1912 in Ammendorf für die Straßenbahn Esslingen gebaut worden sind.

Tw 3^{III} befindet sich hier am Alten Markt vor der recht schmalen Knieperstraße. Man achte auch auf die alten Schlepper rechts und links der Straßenbahn.

Am Rathaus (links im Bild) mündet die Ossenreyer Straße in den Alten Markt ein, wo für Tw 2^{II} infolge einer Baustelle die Fahrt endet.

Mit unterschiedlichen Fahrzielen streben die LOWA Tw 10^{II} und 12^{II} von 1951 in der Heilgeiststraße der Ostkreuz genannten Einmündung in die Ossenreyer Straße entgegen. Die am vorderen Wagen angeschriebene Zielbezeichnung ist etwas irreführend, denn die Stalinstraße hieß seit 1953 bereits wieder Frankendamm. Rechts erkennt man durch vom Bombenangriff des 06.10.1944 verursachte Baulücken hindurch den mächtigen Turm der bereits 1303 urkundlich erwähnten St. Jakobi-Kirche.

Tw 12^{II} biegt von der Heilgeiststraße Richtung Neuer Markt in die Ossenreyer Straße, um seine Fahrt zum Hauptbahnhof fortzusetzen. Auch hier grüßt wieder die eben bereits genannte St.-Jakobi-Kirche.

Baustellenbedingt hatte die Straßenbahn am Alten Markt direkt vor der Ossenreyer Straße einen Endpunkt, der auch zum Wechsel des Fahrpersonals genutzt wurde. Hier sehen wir die ehemaligen Esslinger Wagen 1^{III} ex. 5^{III} und 3^{III} ex. 6^{II} vor der Baustelle.

Mit der Nummer 10^{III} trat dieses Fahrzeug im Dezember 1939 seinen Dienst in Stralsund an. 1910 war es von MAN an die Straßenbahn Schwetzingen - Ketsch geliefert worden und fuhr dort mit der Nr. 3. Nach Beseitigung von Kriegsschäden fuhr er ab 1949 mit der Nr. 8^{IV}. Hier vor der Kreuzung der Heilgeiststraße mit der Ossenreyer Straße.

Noch einmal an derselben Stelle, die unter Straßenbahnfreunden auch Ostkreuz genannt wird, die LOWA-Triebwagen Nr. 11^{II} (Fahrtrichtung Hauptbahnhof) und 13^{II} von 1951 bzw. 1955.

Der Triebwagen Nr. 14^{II} – ebenfalls am Ostkreuz dokumentiert – fährt hier Richtung Wasserstraße - Frankendamm.

Blick in die enge Knieperstraße mit Tw 1^{III}. Am rechten Bildrand erkennt man das in den zwanziger Jahren auf dem Grundstück des alten Stadttheaters errichtete Gewerkschaftshaus.

Der LOWA-Tw Gothaer Bauart, Nr. 13^{II}, kam 1955 als einzelnes Fahrzeug nach Stralsund. Im Gegensatz zu den Werdauer Tw 10^{IV}, 11^{II} und 12^{II} verfügte er über eine Kleinspannungsanlage. Hier ein Motiv an der Wasserstraße.

Von der Wasserstraße kommt hier Tw 14^{III} Richtung Hauptbahnhof durch die Heilgeiststraße gefahren. Der Gothatriebwagen verfügte werkseitig über eine seltene Außenbeblechung aus Aluminium.

Tw 15 war der letzte fabrikneu angeschaffte Triebwagen in Stralsund. Hier in der Heilgeiststraße erst wenige Wochen alt, erlebte er eine wahre Odyssee und befand sich zeitweilig in Gera, Görlitz und Jena im Linieneinsatz, bevor er als prächtig restaurierter Oldtimer Nr. 37 nun in Naumburg seine Runden dreht.

Der ex. Esslinger Triebwagen Nr. 3^{III} an der Endstation Knieperdamm.

Hier noch einmal ein Blick in den Betriebshof, welcher ab 1936 nur noch durch ein Betriebsgleis in der Hafenstraße erreicht wurde, weil die Strecke zum Hafenbahnhof aufgegeben worden ist.

Sachsen
Bad Schandau - Lichtenhainer Wasserfall (Kirnitzschtalbahn)

Die nur reichlich 8 km lange meterspurige Straßenbahn von Bad Schandau durch das Kirnitzschtal zum Lichtenhainer Wasserfall gehört sicher zu den landschaftlich interessantesten Anlagen in Deutschland. Sie musste seit ihrer Eröffnung am 28.05.1898 mehrere Rückschläge verkraften. Am 26.07.1927 wurden der Betriebshof und der gesamte Wagenpark darunter zwei erst ein Jahr alte Triebwagen bei einem verheerenden Brand völlig vernichtet. Weiter ging es zunächst mit geliehenem Rollmaterial (je 4 Trieb- und Beiwagen) von der Lößnitzbahn bis am 01.04.1928 der reguläre Linienbetrieb mit fünf neuen Triebwagen und sechs Anhängern gleicher Bauart aufgenommen werden konnte. Aufgrund schlechten Zustandes der Gleisanlagen kam es 1969 zu einer schweren Entgleisung, in deren Folge die vorübergehende Einstellung des Linienbetriebes mit Wirkung vom 21.07.1969 und die Aufnahme eines Schienenersatzverkehrs verfügt wurden. Es sollte nicht die letzte vorübergehende Stilllegung bleiben. Ende 1977 wurden die MAN-Triebwagen durch Triebwagen von der stillgelegten Lockwitztalbahn im Linienverkehr ersetzt. Aus Leipzig, Plauen, Zwickau und Jena kamen zwischen 1984 und 2007 Gotha-Zweiachser und ersetzten wiederum diese im Ursprung aus Erfurt stammenden Fahrzeuge. Sie wurden in den 90er Jahren grundlegend aufgearbeitet und modernisiert und sind wie die Woltersdorfer Wagen dieses Typs nicht mehr mit den ursprünglichen Einheitszweiachsern vergleichbar. Nur eine Episode blieb der kurzzeitige Einsatz eines Hallenser Niederflurgelenkzuges vom Typ MGT6D vom 13.07. bis 19.08.1993. Eine Besonderheit ist der 1904 eröffnete Personenaufzug vom Ortsteil Schmilka zum 50 m höher gelegenen Ortsteil Ostrau. Wir erinnern mit den ausgewählten Fotos von 1956 bis 1962 an die große Zeit der MAN-Wagen im Alltagsbild vor oft malerischer Kulisse. Bilder aus den siebziger Jahren und vom 27. September 1981 ergänzen diese Auswahl.

Malerisch kann man diese Motive aus dem Jahre 1956 bezeichnen, welche MAN-Triebwagen (hier noch mit Lyra-Stromabnehmern) mit ihren Anhängern beim Rangieren an der Endstation Bad Schandau im Bereich der Bundesstraße 172 zeigen. Diese Überquerung wurde 1963 wegen des gestiegenen Verkehrs aufgegeben, wodurch fortan mit einem Standtriebwagen rangiert werden musste.

Recht unterschiedliche Beschriftung zeigte sich zuweilen an den eingesetzten Fahrzeugen. Bei Wagen 14 und 16 ist eine recht filigrane Gestaltung der Seitenwände zu sehen. Zur gleichen Zeit – nämlich ebenfalls 1956 – sah man am Anhänger Nr. 15 lediglich den bekannten Schriftzug.

Tw 2 mit den Anhängern 11 und 15 beim Einfahren in die Endstation Bad Schandau an der heutigen B 172. Diese Aufnahme ist 1957 entstanden, hier bereits mit einem Scherenstromabnehmer auf dem Triebwagen.

Nochmal Tw 2, diesmal beim Rangieren am Lichtenhainer Wasserfall, aufgenommen wieder im Jahre 1957.

Zum gleichen Zeitpunkt ist hier der Bw 11 mit gelöschter Seitenbeschriftung an der Endstation Bad Schandau zu sehen.

Tw 5 – heute historischer Triebwagen – mit den Anhängern 16 und 15 und ein weiterer – hier nummernmäßig nicht erkennbarer Triebwagen mit den Anhängern 12 und 13, aufgenommen aus verschiedenen Perspektiven im August 1960 an der Haltestelle Waldhäusl.

Bis 23.06.1969 bestand die malerische Durchführung durch enge Stadtstraßen, bevor sie bis zum heutigen Kurpark (ehemals Stadtpark, davor Stadtmühlenplatz) 350 m zurück verlegt wurde.

Noch einmal Endstation Bad Schandau im Bereich der Bundesstraße 172 mit einem Dreiwagenzug, bestehend aus Tw 2 sowie den Anhängern 14 und 11, aufgenommen im August 1960.

Das Depot der Kirnitzschtalbahn befindet sich direkt am Wald. Hier im August 1960 aufgenommen mit dem kurz vorher von Hohenstein-Ernstthal umgesetzten Fahrleitungsmontagewagen aus dem Jahre 1912 – am Haken von Tw 4, der am 21.07.1969 bei einem Unfall schwer beschädigt und in der Folge ausgesondert werden musste.

Hier noch einige beeindruckende Motive des im Juni 1969 aufgelassenen Stadtstreckenabschnittes, dokumentiert im Juli 1962.

Wir möchten abschließend noch einige Aufnahmen aus den frühen siebziger Jahren mit den inzwischen betagten MAN-Wagen zeigen. Die Aufnahmen u. a. am Stadtpark und am Lichtenhainer Wasserfall lassen noch einige Einblicke in den langjährigen Betriebsalltag erkennen. Triebwagen Nr. 5 konnte als historisches Fahrzeug erhalten werden.

Nach der Stilllegung der Lockwitztalbahn kamen 1977 fünf ehemals in Erfurt eingesetzte Triebwagen nach Bad Schandau. Die 1943/44 in Gotha hergestellten Triebwagen Nr. 240 004 und 240 006 fuhren fortan mit den Nummern 4^{III} und 6^{III}. Wir erleben sie am 27.09.1981 in Zügen an der Endstation Stadtpark und am Lichtenhainer Wasserfall. Inzwischen sind auch diese Triebwagen lange aus dem aktiven Dienst ausgeschieden.

Der Triebwagen Nr. 8^{II} wurde bereits 1938 in Gotha gebaut und fuhr bei der Lockwitztalbahn mit der Nummer 240 008.

Sachsen

Chemnitz (1953 bis 1990: Karl-Marx-Stadt)

Die Geschichte der Chemnitzer Straßenbahn beginnt mit der Eröffnung einer ersten Teilstrecke der nur 915 mm breiten Pferdebahn zwischen dem damaligen Centralbahnhof und der 1,67 km entfernten Nicolaibrücke am 22.04.1880. Die Betriebsstatistik weist für das Jahr 1892 25 Wagen, 59 Pferde, 3 Linien und eine Streckenlänge von 7,15 km aus. Offiziell endet die Geschichte der Pferdebahn 1894, bis längstens 1898 wird noch ein eingeschränkter Parallelbetrieb, vordergründig für innerbetriebliche Transporte, aufrecht gehalten. Die erste elektrische Straßenbahnstrecke wurde am im Dezember 1893 zwischen Altendorf und Bahnhof eröffnet. In den folgenden Monaten kam es zur kompletten Umstellung des Netzes auf elektrischen Betrieb. Noch bis 1917 galt die Spurweite von 915 mm, danach waren es 925 mm. Das Netz entwickelte sich rasch, so dass 1928 eine Streckenlänge von 40,9 km zu verzeichnen war, für deren Betrieb 260 Trieb-, 269 Bei-, 31 Güterwagen sowie eine Anzahl von Turm- und Spezialwagen zur Verfügung standen. Längst waren hier auch die damaligen Gemeinden Schönau und Siegmar eingebunden. Auf 2 Linien mit einer Länge von 12,5 km wurde mit 13 Fahrzeugen zudem auch ein Busverkehr betrieben. Bereits Ende der dreißiger Jahre konnten an den Endpunkten Borna und Siegmar/Reichenbrand Wendeschleifen in Betrieb genommen werden. Ende der fünfziger Jahre begann der schrittweise Übergang zur Regelspur, welcher bis August 1988 komplett vollzogen war. Parallel dazu erfolgte zwischen 1962 und 1969 die komplette Neubebauung des Stadtzentrums, welche zu Einstellungen und Verlegungen von Streckenabschnitten zwang. Sie erschwert aber bisweilen auch die konkrete Zuordnung von Bilddokumenten.

Eine Besonderheit bei der Chemnitzer Straßenbahn möchten wir nicht unerwähnt lassen. Infolge der topografischen Struktur der Stadt mit Zentrum im Tal der Chemnitz bestanden im sternförmigen Netz fünf Steilstreckenabschnitte auf den Linien 4 und 8, für die bestimmte Betriebsabläufe zwingend vorgeschrieben waren. Es durften nur bestimmte Zuggattungen zum Einsatz gebracht werden. Die Triebwagen mussten über Schienenbremsen verfügen und auf den Rampen selbst durften die kleinen Triebwagen nur mit einem Beiwagen fahren. Vor den Rampen gab es Zwangshaltestellen (zum Teil nur innerbetrieblich), an denen eine Bremsprobe durchzuführen war. Beim Befahren der Rampen musste sich der Beiwagenschaffner in der Nähe der Handbremse befinden und hatte das Abkassieren zu unterbrechen.

Die heute in Verwirklichung befindliche Umsetzung des so genannten Chemnitzer Modells, einer Art Tram-Train-System, ist genau genommen bereits in den zwanziger Jahren in ähnlicher Form überlegt, aber infolge des aufkommenden Busverkehrs seinerzeit verworfen worden. Als Pilotstrecke wurde am 15.12.2002 die Strecke Hauptbahnhof über Altchemnitz hinaus nach Stollberg/Sachsen mit elektrischem Betrieb eröffnet. Die daraufhin erfolgte Ausdehnung im Mischbetrieb auf weitere Verbindungen in das Umland nach Burgstädt, Mittweida, Hainichen und Aue bewährte sich sehr und könnte beispielhaft für aktuell in der Planung befindliche Citybahnprojekte in anderen Städten sein. Nach 2020 ist auch die Anbindung von Limbach-Oberfrohna vorgesehen.

Wir möchten mit einer Reihe hochinteressanter Bilddokumente aus der Zeit von 1952 bis etwa 1956 beginnen. Viele von ihnen stammen von Herrn Dönges selbst, aber eine Anzahl weiterer, unserer Meinung nach unverzichtbare Motive befinden sich zwar in seinem Besitz, stammen aber von Wolfgang Schuster, einem ihm seinerzeit gut bekannten Fotografen. Da sich eine klare Abgrenzung hier auch in Bezug auf das konkrete Aufnahmedatum nicht vornehmen lässt, fassen wir diese recht frühen Aufnahmen in einem gemeinsamen Block zusammen, und sortieren sie grob nach den Aufnahmeorten.

Am Hauptbahnhof ist ein Dreiwagenzug vorgefahren, an dessen Spitze Tw 144 steht. Hier handelt es sich um einen Vertreter einer aus elf Triebwagen bestehenden Serie, die 1912/13 in eigener Werkstatt mit elektrischer Ausrüstung von den Siemens-Schuckert-Werken erstellt worden ist. Die letzten Wagen schieden 1969 aus dem Bestand aus. Das Schild zeigt als Ziel Schönau an. Als mittleren Beiwagen erkennt man ein Fahrzeug der Serie Nr. 751 bis 761. Diese Wagen entstanden 1937/38 aus 1898/99 in Köln gebauten Triebwagen der Nummernreihe 49 bis 59. Vier von ihnen gingen im Krieg verloren, die restlichen schieden zwischen 1962 und 1965 aus dem Bestand aus.

Dieses Motiv aus dem Jahre 1961, aufgenommen in der Abstellanlage Reichenbrand, lässt zwei der 1937/38 aus Triebwagen von 1898/99 umgebauten Beiwagen erkennen, unter ihnen Nummer 757.

Gleichfalls am Hauptbahnhof steht hier eine recht interessante Garnitur aus drei verschiedenen Fahrzeugtypen: Der mittlere Bw 532 stammt aus einer dreißig Beiwagen umfassenden Serie von 1925/26 in Niesky hergestellten Anhängern, von denen einige im Krieg verloren gegangen sind. Im Einsatz befand er sich bis 1979. Als letzten Beiwagen sehen wir Nr. 771, 1949 aus Nr. 301^{II} hervorgegangen, gebaut Mitte der zwanziger Jahre in eigener Werkstatt.

Der Stalinplatz heißt heute wieder Johannisplatz, beschreibt aber genau genommen nur noch einen relativ kurzen Straßenabschnitt zwischen Rotem Turm und der Einmündung der Zschopauer Straße. Einst kreuzten sich hier mehrere Straßenbahnlinien, der Platz gehörte zu den verkehrsreichsten in Deutschland. Nicht weit entfernt sind von hier die Theaterstraße, Brückenstraße, Straße der Nationen, und auch das Rathaus ist fußläufig in nur wenigen Minuten zu erreichen.

Ein Verstärkerwagen mit Zielrichtung Ernst-Thälmann-Straße kommt hier vom Markt die Straße der Nationen entlang gefahren, um nach rechts in den Stalinplatz einzubiegen. Das markante Bankgebäude im Hintergrund, welches den Krieg überdauert hat, ziert nun ein Konterfei des russischen Diktators. Tw 190 wurde 1925 in Bautzen hergestellt und lief ab 1975 noch kurze Zeit als Nr. 390.

Wir sehen hier einen Zug der Linie 7 Richtung Gablenz, welcher an der Mittelinsel des Stalinplatzes vorgefahren ist. Tw 200 ist ebenfalls ein Bautzener Wagen von 1925 und fuhr zuletzt mit der Nummer 300.

Tw 246^{II}, ein Bautzener Wagen von 1929, ist hier in einem Zug der Linie 5 Richtung Altchemnitz bildlich dokumentiert.

Tw 263 gehörte zu einer 1924/25 in Düsseldorf hergestellten Serie mit den Nummern 7^{II} bis 16^{II}, aus der 1936 die Serie 259 bis 268 hervorging. In einem Zug der Linie 1 ist er Richtung Siegmar unterwegs. Das Schild am linken Bildrand lässt den Zeitpunkt dieser Aufnahme auf das Jahr 1952 eingrenzen.

Dem Stalinplatz entgegen fährt hier der Triebwagen Nr. 262 als Linie 10. Bei ihm befinden sich die Scheinwerfer im Gegensatz zum Wagen des vorangegangenen Bildes aus derselben Serie noch an den oberen Rändern der Perrons.

Auch der Bautzener Triebwagen Nr. 258 von 1925 (1936 ex. Nr. 6^{II}) trägt hier noch die Scheinwerfer an den Dachrändern. Im Hintergrund rechts wieder das an anderer Stelle bereits erwähnte Bankgebäude, welches zur DDR-Zeit als Filiale der Staatsbank diente – hier noch dekoriert mit dem Konterfei des russischen Diktators Stalin.

Aus der Theaterstraße ist Tw 244^{II} als Linie 5 vorgefahren. Er gehörte zu einer Serie 1929 in Bautzen hergestellter Triebwagen.

Nach Altchemnitz ist der bereits gezeigte Tw 262 in einem Zug der Linie 5 bei der Kreuzung von Theaterstraße und Straße der Nationen dokumentiert.

Nicht weit davon entfernt befindet sich hier ein Zug der Linie 7 mit Fahrziel Gablenz. An seiner Spitze fährt Tw 264 aus derselben Serie.

Mit Aufbauten der Dresdener Firma Liebscher und Pressträger-Laufwerken von MAN sowie einer elektrischen Ausstattung von Siemens-Schuckert entstanden 1908 die Wagen Nr. 118 bis 139 zunächst noch mit offenen Plattformen. Die Aufnahmen zeigen Nr. 127 1961 in der Straße der Nationen beim Einbiegen in den Stalinplatz (Johannisplatz) und ein Jahr später Nr. 137 auf dem Gleislagerplatz in Altendorf. Er verdiente sich ab 1963 als Arbeitswagen Nr. 1437 sein Gnadenbrot.

Die Wagen Nr. 151 bis 162 sind 1914 in eigener Werkstatt mit einer Siemens-Schuckert-Ausrüstung aufgebaut worden. Im Winter 1962 ist Tw 158 in einem Dreiwagenzug der Linie 7 in der Straße der Nationen zwischen Brückenstraße und Stalinplatz (Johannisplatz) mit Fahrziel Gablenz zu sehen. Solche Garnituren waren auf dieser Linie die Ausnahme. Im Hintergrund die Petrikirche und rechts davon das heute nicht mehr bestehende Kaufhaus Hochmuth.

Kleine Beiwagen waren mit Laternen- oder Tonnendächern im Einsatz. Wagen Nr. 750 – hier in einer Aufnahme um 1956 – wurde 1912 gebaut und 1963 zum BKW Thräna verkauft. Mit einem Tonnendach fuhr der Bw 771, zwischen 1923 und 1925 in eigener Werkstatt hergestellt. Die Aufnahme vom Winter 1963 zeigt ihn in einem Verstärkerzug vor dem 1913 errichteten Kunstgewerbehaus in der Dresdener Straße.

Als Einsatzwagen sind die Tw 153, 154, 157 und ein weiterer Triebwagen einer 1914 in eigener Werkstatt hergestellten Serie im Jahre 1956 vor dem Neuen Rathaus für den Berufsverkehr bereitgestellt.

Ein Dreiwagenzug der Linie 1 mit Fahrziel Leninstraße hat das Neue Rathaus kurz vor dem Stalinplatz passiert. Tw 300 wurde 1950 mit sieben weiteren Wagen in Werdau aus kriegsbeschädigtem Material aufgebaut.

Nur drei Vierachser sind 1942 in Niesky gebaut und mit den Nummern 297 bis 299 in den Fuhrpark eingereiht worden. 1964 nach Schöneiche umgesetzt, dienten sie dort noch viele Jahre als Beiwagen. Die Aufnahme zeigt Nr. 297 als Linie 3 nach Rottluff.

In Altchemnitz sehen wir Tw 171, aufgenommen im Jahre 1953. Er gehörte zu einer Serie von zehn 1915 bis 1920 in eigener Werkstatt gebauten Triebwagen dieser Bauart.

In verschiedenen Perspektiven wurden Züge der Linie 5 in der Wendeschleife Altchemnitz dokumentiert. Man erkennt die Triebwagen Nr. 252 (1929), 244^{II}(1929) und 304 (1950).

In der Wendeschleife der Endstation Borna wartet ein Zug der Linie 4 mit Tw 193 an der Spitze auf die Rückfahrt nach Bernsdorf. 1925 in Bautzen hergestellt, lief der Triebwagen zuletzt noch kurze Zeit mit der Nummer 393.

Auf der Strecke nach Furth-Glösa ist mit einem MAN-Triebwagen der Serie Nr. 237 bis 247 von 1908 (1911 in Nr. 129 bis 139 umgezeichnet) der Anhänger Nr. 769 – ein Eigenbau der Zeit 1923 bis 1925 – als Verstärkerzug zu sehen.

An der Endstation Furth-Glösa begegnen wir in einzigartigen Motiven Zweiwagenzügen der Linie 7. Nr. 268 ist zusammen mit weiteren neun Triebwagen als Nr. 7^{II} bis 16^{II} 1924/25 in Düsseldorf vom Band gefahren (ab 1936 Nr. 259 bis 268), Nr. 277 stammt aus der 1925/26 ebenfalls in Düsseldorf gefertigten Serie Nr. 22^{II} bis 44^{II} (ab 1936 Nr. 274 bis 296).

Als Solowagen sehen wir kurz vor der Endstelle Rottluff den Wagen Nr. 185 (Bautzen, 1925) als Linie 3.

An der Endstation Rottluff ist hier ein Dreiwagenzug der Linie 3 mit Fahrziel Bernsdorf aufgestellt. An seiner Spitze sehen wir Tw 261, der in einer Serie Düsseldorfer Wagen mit den Nummern 7^{II} bis 16^{II} in den Jahren 1924/25 erstmals auf Chemnitzer Gleisen rollte.
Die Triebwagen erhielten 1936 die Nummern 259 bis 268.

In der Zwickauer Straße erleben wir einen wunderschönen Dreiwagenzug der Linie 1 auf dem Weg nach Reichenbrand, aber bereits beschildert als Leninstraße (früher Planitzstraße, heute Heinrich-Schütz-Straße) im Yorckgebiet mit dem Tw 290 an der Spitze.

Im Sommer 1962 fährt ein Zug der Linie 4 mit Tw 261 an der Spitze vom Rathaus kommend Richtung Borna. In Bildmitte erleben wir die Instandsetzung der Jakobikirche mit eingerüstetem Dachreiter (hinter dem bis zur Glockenstube wiederhergestellten, frei stehenden Hohen Turm, seit 1335 Glockenturm der Kirche).

Reger Betrieb herrscht vor dem Rathauskomplex am selben Tag. Dem Fotografen zugewandt ist wieder ein Zug der Linie 4 Richtung Borna, diesmal geführt von Triebwagen Nr. 296.

1963 bewegt sich Triebwagen Nr. 219 vor der „Grünen Ecke“ bei der heutigen Zschopauer Straße. Am rechten Bildrand ist hier die Johanniskirche noch in ihrer Gestalt von 1913 zu sehen. Dieses Gotteshaus fand bereits 1264 eine erste urkundliche Erwähnung und ist in den siebziger Jahren in die noch vorhandene, äußerlich völlig schmucklose Gestalt umgebaut worden.

Rangiervorgang an der Endstation Ebersdorf, aufgenommen im Sommer 1961. Beim Tonnendachtriebwagen handelt es sich um ein 1928 in Bautzen gefertigtes Fahrzeug (Serie Nr. 203 bis 207).

Im Winter 1963 erlitt der Tonnendachbeiwagen Nr. 571 aus der 1928 in Niesky gefertigten Serie 571 bis 575 einen Achsbruch vor der Hauptwerkstatt in Kappel Zwickauer Straße und wird mit Hilfe eines Radschleppers vom Typ Pionier Typ RS 01-40 geborgen, von dem 1949 bis 1950 mehr als 2000 Stück im Horchwerk Zwickau gefertigt worden sein sollen, bevor dessen Produktion bis 1958 (ab 1957 in der überarbeiteten Variante mit der Bezeichnung „Harz“) im Schlepperwerk Nordhausen weiter geführt worden ist.

Noch einmal zurück zur Linie 5. Der Werdauer Aufbauwagen Nr. 307 von 1950 fährt als Solowagen aus der Endstation Altchemnitz Richtung Hauptbahnhof.

Mit der abschnittsweisen Umstellung der Linie 5 auf Regelspur kamen Zug um Zug Gotha-Zweirichtungswagen auf den fertiggestellten Streckenabschnitten zum Einsatz. Am 14.09.1961 fuhren im Abschnitt Annaberger Straße bis Uhlestraße Dreiwagenzüge mit Standtriebwagen am Wendepunkt und zwischen Uhlestraße und Altchemnitz Solopendler.
Wir sehen hier die Triebwagen 803 und 805 von 1959.

In der neu gestalteten Straße der Nationen ist im Mai 1963 ein gemischter Schmalspurzug der Linie 1 zu sehen. Der am Ende laufende Anhänger Nr. 600 wurde 1928 in Werdau hergestellt. Die Strecke ist heute normalspurig ausgebaut.

Ebenfalls im Mai 1963 entstand diese interessante Aufnahme vor der Wagenhalle des Betriebsbahnhofes Kappel. Der Tw 287 entstammt im Ursprung der Serie Nr. 22^{II} bis 44^{II}, welche 1925/26 in Düsseldorf hergestellt worden ist.
1936 erhielten sie die Nummern Nr. 274 bis 296. Aus der 1928/29 in Bautzen gebauten Serie Nr. 218^{II} bis 239^{II} sehen wir neben ihm den Tw 221^{II}. Zu diesem gibt es zu vermerken, dass er und der Wagen Nr. 228^{II} die einzigen Triebwagen mit einem Feinstufen-Fahrschalter waren.

Eine fast vergessene Episode bildeten sieben 1957 von der BVG Ost übernommene Triebwagen, von denen bis 1969 sechs nach Umbauten zu Beiwagen bis 1969 im Chemnitzer Schmalspurnetz fuhren. Es waren dies die BVG-Triebwagen 4119, 4121, 4126, 4127 und 4129, hergestellt 1914 für die Berliner Ostbahnen in Köln mit einer AEG-Ausrüstung und zuletzt im Nummernbereich 4116 bis 4125 zusammengefasst sowie die Nummern 4304 und 4303 aus der 1921 bei Falkenried mit einer SSW-Ausrüstung gebauten Serie Nr. 4296 bis 4305. Einige zeigen wir im Bild.

Nr. 636 und 638 ex. BVG Nr. 4127 und 4304, aufgenommen im Januar 1963 in einem Zug der Linie 3 beim Alten Rathaus.

Im Jahre 1964 erleben wir Nr. 637 beim Rangieren vor dem Betriebshof Kappel.

Beim Theaterplatz ist Tw 271 mit einem BVG-Beiwagen der Nummernreihe 633 bis 637 im Januar 1963 als Ringlinie bildlich dokumentiert.

Nur der Bw 638 ist aus der Berliner Serie 4296 bis 4305 auf Chemnitzer Linien gefahren. Er trug einst die Nummer 4304 und steht im Januar 1963 mit Tw 157 als Ringlinienzug am Bahnhof. Nr. 4303 diente als Arbeitswagen Nr. 1076 im Normalspurnetz.

Eine letzte Aufnahme zeigt den Tw 633 ex. BVG Nr. 4119 im März 1966. Er ist hier stadteinwärts unterwegs in der Zwickauer Straße im Bereich der Haltestelle Zwickauer/Kurt-Berthel-Straße (Reichsstraße) und als Einrücker zum Betriebshof Leninstraße gekennzeichnet. Am linken Bildrand kann man das Metropol-Kino erkennen.

1941 kamen von Trier 4 Beiwagen nach Chemnitz. Lediglich der Wagen Nr. 78 – 1905 in Bautzen hergestellt – (in Chemnitz Nr. 785) hatte ein Tonnendach und diente seit 1951 als Büchereiwagen mit der Nr. 1785. Hier befindet er sich 1962 im Betriebshof Kappel kurz vor seinem Verkauf zum Braunkohlenwerk Thräna.

Mit den Nummern 626 bis 632 kamen 1952 und 1955 in zwei Serien insgesamt sieben LOWA-Beiwagen aus Werdau und Gotha. Sie fuhren meistens in Dreiwagenzügen als Mittelwagen oder in Zügen mit kleinen Triebwagen. Am 17.02.1963 war Bw 627 aus der Werdauer Serie mit einem kleinen Triebwagen und stadtauswärts in der Straße der Nationen in Höhe Theaterplatz unterwegs und wirkt hier sehr verbraucht.

Auch der Beiwagen Nr. 628 stammt aus der Serie der 1952 in Werdau gefertigten Beiwagen. 1963 fährt er als Mittelwagen, im Oktober 1969 erlebt man ihn in frisch aufgearbeitetem Zustand beim Sowjetpavillon hinter dem Tw 255 von 1925. Übrigens verfügten die LOWA-Beiwagen nicht über ein separates Fahrgestell.

Zur drei Wagen (Nr. 630 bis 632) umfassenden Gothaer Serie von 1955 gehörte Nr. 630, hier im März 1963 an der Haltestelle Poststraße. Bis 1978 waren alle LOWA-Beiwagen aus dem Einsatz ausgeschieden. Als Ersatz für verschlissenes Rollmaterial erfolgte 1984/85 noch einmal die Übernahme von 9 gebrauchten zweiachsigen Einheitsbeiwagen aus Halle (Saale) und Leipzig sowie deren notdürftige Herrichtung für das schmalspurige Netz. Mit ihm verschwanden auch sie wieder aus dem aktiven Dienst und sind somit eine kaum dokumentierte Episode geblieben.

Am Johannisplatz, den wir bereits als Stalinplatz kennen gelernt haben, erleben wir im September 1963 Alltagsszenen mit Zügen der Linie 7 nach Gablenz bzw. Furth Glösa. Kurze Zeit später sollte sich hier alles ändern so dass der Platz als solcher heute nicht mehr wahrnehmbar ist. Längst wurde das Konterfei Stalins am Bankgebäude durch eine Fewa-Reklame ersetzt. Die Triebwagen 276 und 194 stammen aus den Jahren 1925/26.

An der wenig später abgetragenen Grünen Ecke – das Straßenschild am linken Bildrand verrät, dass wir hier am Beginn der Zschopauer Straße (damals: Juri-Gagarin-Straße) unweit des Johannisplatzes sind – können wir im September 1963 die Betriebsamkeit jener Monate mit den Triebwagen Nr. 205 (Bautzen, 1928) und 268 (Düsseldorf, 1925) erahnen. Zwischen ihnen erkennt man übrigens im Hintergrund den Sowjetpavillon.

Heute vom Aufnahmeort kaum mehr zu erkennen: die Brückenstraße. Hier ist ein Zug der Linie 7 Richtung Furth - Glösa im September 1963 mit Tw 283 an der Spitze dokumentiert worden. Das Fahrzeug ist Bestandteil einer 1925/26 in Düsseldorf produzierten Serie mit den Nummern 22II bis 44II, die 1936 umgezeichnet wurde in 274 bis 296.

Ein Dreiwagenzug der Linie 7 ist hier das Motiv des Fotografen, aufgenommen im September 1963 in der Mühlenstraße. Der letzte Beiwagen 585 wurde 1927 in Bautzen hergestellt.

Aufgrund des sehr hohen Fahrgastaufkommens gab es an der Poststraße gleich drei Abfertigungshäuschen für verschiedene Arten von Fahrscheinen. Dieses seltsame Spektakel ist hier zusammen mit einem Dreiwagenzug der Linie 5 nach Altchemnitz im Jahre 1963 dokumentiert, der angeführt wird vom 1959 mit der Fabriknummer 296 gefertigten Gotha-T 57, Nr. 804.

Im Depot Altendorf ist im September 1963 der Triebwagen Nr. 189 aus dem Jahre 1925 aufgenommen worden. Hergestellt wurde er bei der Firma Busch in Bautzen.

Unschwer anhand von Vergleichsbildern auf das Jahr 1963 zuzuordnen ist diese interessante Winteraufnahme. Der bereits an anderer Stelle beschriebene Aufbauwagen Nr. 300 ist während einer Überführungsfahrt als Einsatzwagen beim Betriebshof Kappel unterwegs.

Ein Gotha-Dreiwagenzug ist an einem Junitag des Jahres 1964 in die Haltestelle Uhlestraße eingefahren. Dessen Anhänger Nr. 915 und 917 gehören zu den insgesamt 26 Beiwagen umfassenden Serien dieser Bauart, die in Chemnitz in den Jahren 1959 und 1960 in Dienst gestellt worden sind.

Wir erleben hier im Juni 1964 in der Scheffelstraße einen aus dem Betriebshof ausrückenden Normalspurzug der Linie 5, der kurz darauf nach links in die Annaberger Straße abbiegen wird. Die erkennbaren Zweirichtungswagen Nr. 902 und 910 dieses Gotha-Dreiwagenzuges stammen aus den Jahren 1959/60 und gehörten zur Nummernreihe 901 bis 926.

1966 erhielt Chemnitz neun Triebwagen des Typs T2-62 in seiner letzten in Gotha gefertigten Modifikation und bezeichnete sie mit den Nummern 827 bis 835. Wir erleben am 10.03.1966 die Ankunft eines dieser Fahrzeuge auf einem Eisenbahnwaggon im Bahnhof Zwönitzbrücke.

Aber auch die Schmalspurwagen waren durchaus im Straßenbild allgegenwärtig. Es ist wohl extrem selten, dass ein Nahverkehrsunternehmen gleichzeitig zwei verschiedene Netze betrieben hat. Dies aber sollte noch viele Jahre so Bestand haben. Hier ein Dreiwagenzug, aufgenommen im Mai 1967 in Gablenz. Der Triebwagen Nr. 243^{II} ist 1929 in Bautzen hergestellt worden und fuhr ab 1975 mit der Nummer 343.

Im Rahmen der schrittweisen Umstellung der Linie 5 auf Regelspur ist im Dezember 1961 ein provisorisches Gleisdreieck an der Poststraße/Annaberger Straße in Betrieb gegangen, in dem die von Altchemnitz ankommenden Züge gewendet werden konnten. Hier sehen wir am 07.04.1968 einen Gotha-Einrichtungszug. Dessen Triebwagen Nr. 821 lief 1965 mit der Fabriknummer 908 in Gotha vom Band.

Seit dem 28.05.1939 besteht in Siegmar-Reichenbrand eine Wendeschleife. Insofern ist der Name Siegmar genau genommen irreführend, denn die vorletzte Haltestelle heißt Brauerei Reichenbrand. Die Anlage diente viele Jahre als Abstellanlage für vier Verstärkerzüge, die morgens vor Regelzügen der Linie 1 nach Siegmar und nachmittags in umgekehrter Richtung zur Leninstraße fuhren. Umgangssprachlich nannte man diese Züge „Schleifenzüge“. Die Aufnahme vom 19.05. 1969 zeigt u. a. den in eigener Werkstatt gefertigten Tw 160 und den Aufbauwagen Nr. 306, hergestellt 1950 in Werdau.

Am 19.05.1969 ist ein Tatra-Zug, bestehend aus zwei Triebwagen des Typs T3D, in die Haltestelle Annaberger Straße eingefahren. Die hier fast noch fabrikneuen Fahrzeuge stammen aus der ersten Serie (Nr. 401 bis 404) dieser ab 1968 beschafften Fahrzeugart.

Am 08.05.1964 warten die drei Vierachser im Betriebshof Altendorf auf ihren Abtransport nach Schöneiche, wo sie noch viele Jahre als Beiwagen genutzt worden sind.

Rangiervorgang am 16.01.1966 an der Endstelle Weststraße der Linie 8 am Kaßberg. Der Beiwagen Nr. 560 gehört zu einer zehn Wagen umfassenden Serie 1927 in Bautzen hergestellter Tonnendachwagen.

Zwischen 1977 und 1983 erlebte man in Chemnitz einen in dieser Form wohl einzigartigen Ablauf der Überführung normalspuriger Fahrzeuge in die schmalspurige Werkstatt in Kappel. Man fertigte schmalspurige Hilfsgestelle (Rollböcke), auf die die normalspurigen Wagen an einer Übergabestelle im Stadtzentrum von Altbauwagen geschoben wurden, deren Drehgestelle auf diesen befestigt und anschließend mit zwei Triebwagen nach Kappel gefahren wurden. Auf den Hubstand in der Werkstatt kamen sie samt ihrer Gestelle.

Die Aufnahmen vom Mai 1978 zeigen die Überführung eines T3D mit den Altbauwagen 324 und 342 und die beiden Rollböcke an der Übergabestelle. Links unten wird der Tw 405 gerade in den Betriebshof geschoben. Hier ist der vordere untergesetzte Rollbock recht gut zu sehen.

Im September 1969 überquert ein Dreiwagenzug mit Tw 160 (Eigenbau von 1914) die neue Trasse im Bereich der Bahnhofstraße, welche damals Philipp-Müller-Straße hieß. Eine Linienbeschilderung ist hier nicht erkennbar. Omnibusse des Typs H6B/L, wie er am linken Bildrand zu sehen ist, gehörten damals und einige Jahre später ebenfalls auch in Chemnitz noch zum gewohnten Alltagsbild.

Im August 1976 kam es am Fritz-Heckert-Platz (bis 1945 und ab 1990: Falkeplatz) durch Achsbruch zu einer spektakulären Entgleisung. Mit dem Arbeitswagen Nr. 1272 ist bereits Hilfe vor Ort. Der entgleiste Anhänger Nr. 606 ist 1928 in Niesky gebaut worden, Tw 346 einer 1928/29 in Betrieb genommenen Bautzener Serie hatte erst ein Jahr zuvor seine Nummer erhalten und war bis dahin als Tw 246[II] unterwegs.

Zwei interessante Arbeitswagen zeigen diese Aufnahmen. Der Wagen Nr. 1456 ist 1958 aus dem ATw 456 hervorgegangen und diente zuletzt als Fahrleitungsmontagewagen. Hier sehen wir den bereits Mitte der 1930er Jahre aus dem Personenverkehr ausgeschiedenen MAN-Triebwagen von 1908 in der Poststraße. Vor dem Depot in Kappel ist der Hilfsgerätewagen Nr. 1462 (1958 ex. ATw 462) derselben Bauserie zu sehen. Die Aufnahmen sind mit großer Wahrscheinlichkeit 1963 entstanden.

Blick auf die Wagenhalle des Betriebshofes Kappel. Hier erkennt man Triebwagen Nr. 191 mit mittiger Nummernlaterne und Nr. 202, nun umgebaut mit Ecknummernfenstern über den Stirnfenstern. Beide sind 1925 in Bautzen entstanden, entstammen aber Serien mit unterschiedlicher elektrischer Ausstattung. Nr. 173 bis 192 hatten SSW-Ausstattung, bei Nr. 193 bis 202 kam eine AEG-Ausstattung zum Einbau.

Interessante Fahrzeuge gab es auch im Chemnitzer Winterdienst, Die Schneefege Nr. 1010 – hier mit Tw 206 an der Haltestelle Höckericht in Schönau (hier trafen 1945 der sowjetische und der amerikanische Sektor aufeinander) – ist 1893 in der Berliner Maschinenfabrik Cyclop aufgebaut worden und erfuhr 1934 einen Umbau. Von ihr gab es drei Fahrzeuge. Der Salzwagen Nr. 1030 entstand 1934 aus einem offenen Güterwagen und war Teil einer vier Fahrzeuge umfassenden Serie, die ab 1971 ausschied. Er ist hier in Siegmar zusammen mit der Schneefege eingesetzt.

Bereits seit 1951 diente der Tw 169 als Fahrschulwagen mit der Nummer 1169. Im Winter 1961 ist er vor der Hauptwerkstatt in Kappel bildlich dokumentiert worden. Aufgrund der mittels eines eingebauten Fahrsimulators durch den Fahrlehrer herbeiführbaren Störungen nannten die Fahrschüler dieses Fahrzeug Hexe. Es konnte erhalten werden, im Moment bedauerlicherweise aber nicht in authentischem äußeren Erscheinungsbild. Insbesondere die nun offenen Perrons stören das äußere Erscheinungsbild.

Im Jahre 1912 erfolgte die Beschaffung eines Schienenreinigungsfahrzeuges bei der Fa. Vereinigte Isolatorenwerke AG Berlin-Pankow. Bis 1925 unter der Nummer 405 eingesetzt und umgebaut im Zeitraum 1927/28, diente es bis zu seiner Ausmusterung 1980 mit der Nummer 1015. Hier in der nur innerbetrieblich genutzten Verbindungskurve von der Augustusburger zur Dresdener-/Hainstraße, aufgenommen am 29.07.1967. Am linken Bildrand erkennt man die Häuser der alten Zschopauer Straße.

Für seinerzeit 29.260,- Reichsmark wurde im Jahre 1940 von der Hannoverischen Firma Schörling im Jahre 1940 der Schleifwagen Nr. 1035 beschafft. Bis 1988 befand er sich im aktiven Einsatz und ist für eine geplante museale Aufarbeitung erhalten geblieben. Am 18.05.1973 ist er bildlich dokumentiert vor dem 1935 errichteten Gemeinschaftsgebäude des Betriebshofes Kappel, in dem heute ein Uhrenmuseum untergebracht ist.

Mit Hilfe eines seinerzeit in ostdeutschen Verkehrsbetrieben recht weit verbreiteten Turmwagens, wie sie beispielsweise die Dresdener Firma Krause auf verschiedene IFA-Fahrgestelle aufgebaut hat, erfolgt im Mai des Jahres 1963 in der Mühlenstraße vor dem heute nicht mehr vorhandenen Friedrichsplatz die Umklemmung der Anlage der Linie 7 Richtung Furth-Glösa. Hervorhebenswert ist auch der Pkw auf dem Parkplatz unter dem sichtbaren Verkehrsschild im Hintergrund. Es handelt sich um einen von ganz wenigen Kübelwagen des Typs F9, welche hauptsächlich für Feuerwehr und Polizei beschafft worden sind.

Natürlich möchten wir auch einige explizite Fahrzeuge aus der Geschichte des Chemnitzer Busverkehrs vorstellen. Manche von ihnen sind zu Legenden geworden. Unvorstellbar aus heutiger Sicht ist der Buswendeplatz an der Moritzstraße, angelegt 1960 auf nur notdürftig geschotterten Trümmerflächen gegenüber der ehemaligen Post und erst 1968 zum Busbahnhof für die Stadtbuslinien umgestaltet und bis zur Neubebauung der Flächen 1995 genutzt.

1938 wurde dieser Krupp OD 4N 232 mit zwei weiteren gleichen Omnibussen mit den Nummern 26 bis 28 in Dienst gestellt. Hier hat im Jahre 1961 der Wagen Nr. 3^{III} ex. 28, aufgenommen im Betriebshof Kappel, seine aktive Zeit hinter sich. Links der Ikarus 602 Nr. 36 von 1958.

1950 wurde dieser Büssing NAG 375 T von 1936 in den Fuhrpark mit der Nummer 5^{II} übernommen und ist bis 1962 – ein Jahr nach dieser Aufnahme im Betriebshof Kappel (hier bereits mit einem neuen Aufbau der Firma Hiller aus Ehrenhain) – im Einsatz gewesen.

Von der Strausberger Eisenbahn kamen 1955 die Büssing NAG des Typs 502 N aus dem Jahre1935 mit den Chemnitzer Nummern 8^{II} und 15^{II}. Bis 1962 hatten beide ihre aktive Zeit hinter sich, hier im Betriebshof Kappel der Wagen Nr. 8^{II} im Februar 1962.

Von den Büssing NAG 900 N der Jahre 1937/38 mit den Nummern 23 bis 25 haben zwei den letzten Krieg überlebt. Wagen Nr. 24 – hier dokumentiert im Betriebshof Kappel im Februar 1962 – zählte zu den spektakulärsten Bussen im Chemnitzer Fuhrpark der fünfziger Jahre. Hier hatte er seine aktive Zeit hinter sich.

In den Jahren 1954 bis 1956 kamen mit den Nummern 25^{II} bis 30^{II} fünf H6B/S und ein H6B/L erstmals zum Einsatz im VEB Nahverkehr Karl-Marx-Stadt. Wir erleben den H6B/S Nr. 27^{II} im September 1963 in der Rudolf-Harlaß-Straße und den nach einer GR prächtig hergerichteten H6B/L Nr. 30^{II} am 19.05.1969 im Betriebshof Kappel, rechts von ihm mit Nr. 19^{II} ein Skoda RO 706 mit Skoda-RTO-706-Jelcz-Aufbau.

1956 kamen mit den Nummern 32 bis 35 vier H3B in den Fuhrpark der Chemnitzer Verkehrsbetriebe. Sie wurden vom Kraftverkehr übernommen und schieden bereits 1962 aus dem aktiven Dienst aus. In Kappel zeigt sich im Februar 1962 Nr. 33 dem Fotografen.

Ein H3B verdiente sich für kurze Zeit als Werkstattfahrzeug sein Gnadenbrot und diente dabei natürlich auch als Einsatzwagen bei Unfällen. Hier ein Bilddokument aus dem Jahre 1968.

1957 traten zwei Omnibusse des Typs Garant 30 K mit dem Originalaufbau des VEB Karosseriewerk Halle und den Nummern 2^{IV} und 4^{III} in den Chemnitzer Dienst und fuhren hier bis längstens 1967. Hier zeigt sich Wagen Nr. 2^{IV} im September 1963.

1957 kamen insgesamt fünf Skoda 706 RO erstmals auf Chemnitzer Stadtlinien zum Einsatz. Sie trugen die Nummern 16^{II} bis 20^{II}. Später erhielten sie neue Skoda RTO 706-Aufbauten von Jelcz und ganz zum Schluss noch einmal von Karosa, zum Teil auch neue Nummern. Wir sehen Nr. 18^{II} im Mai 1963 an der Lange Straße beim Buswendeplatz und Nr. 17^{II} am 15.09.1969 im Betriebshof Kappel.

Wagen Nr. 20^{II} mit einem Jelcz-Neuaufbau der Bauart RTO 706 MEX, aufgenommen am 15.09.1969.

Anfang 1972 kam der auf einem Skoda 706 RO bei Karosa neu aufgebaute Skoda 706 RTO mit Reisebuskarosserie Skoda 606 RTO als Nr. 10^{III} in den Einsatz. Hier in der Werkslackierung kurz nach der Inbetriebnahme, aufgenommen am Buswendeplatz Moritzstraße.

Dasselbe Fahrzeug mit einer nachträglich aufgebrachten Schattenlackierung, aufgenommen im Betriebshof Kappel am 07.06.1972.

Auch hinter diesem Jelcz 043 E mit der Nummer 14^{II} verbirgt sich einer der Skoda 706 RO, der einen neuen Aufbau erhalten hatte. Die Aufnahme entstand im Frühjahr 1975 am Buswendeplatz, kurz vor dem Verkauf des Busses.

Mit den Nummern 36 bis 44 kamen 1958 insgesamt neun Ikarus 602 auf Chemnitzer Linien und hielten sich dort bis 1969. Hier sehen wir im Jahre 1959 den Wagen Nr. 43 an der Haltestelle Schönau, Industriewerke.

Schon gezeichnet vom harten Alltagseinsatz zeigt sich im Februar 1962 der Wagen Nr. 39 im Betriebshof Kappel.

Am Buswendeplatz Moritzstraße und in der Lange Straße erleben wir im Mai 1963 Alltagseinsätze der Wagen 38 und 42, wie man sie hundertfach in gleicher Weise hätte erleben können. Der Buswendeplatz entstand 1960 gegenüber dem ehemaligen Posthof, begrenzt auch durch die rückwärtigen Mauern des damaligen Kaufhauses Tietz.

Auch dieses Zeitdokument, aufgenommen im Mai 1963 in der Ernst-Thälmann-Straße nahe dem Buswendeplatz Moritzstraße, mit dem damals zweifarbig lackierten Ikarus 602 Nr. 39 von 1958 lässt nur ansatzweise erahnen, wie sehr gerade die Busse dieser Reihe im Alltagsbetrieb gefordert wurden.

Vom VEB Kraftverkehr kam 1955 der Wagen Nr. 21[II] und bekam nach einem Unfall 1959 diesen wunderschönen Aufbau der Firma Hiller, mit dem er bis 1970 im Einsatz stand. Es handelte sich um den einzigen Ikarus 60 beim VEB Nahverkehr Karl-Marx-Stadt, hergestellt 1954. Das Bild vom Juli 1969 zeigt ihn im Betriebshof Kappel neben dem Ikarus 31 Nr. 79 von 1960.

1960 kamen aus Ungarn zehn Ikarus 31 mit den Nummern 71 bis 80 nach Chemnitz und verblieben bis 1976 auf Chemnitzer Linien. Wir sehen im Mai 1963 den Wagen Nr. 80 am Buswendeplatz Poststraße und Nr. 78 an der Ludwigstraße.

Am 29.07.1967 zeigt sich der Ikarus 31 Nr. 72 – längst durch eine GR aufgefrischt und mit einem ansprechenden Außenanstrich versehen – während einer Ausflugsfahrt auf dem Parkplatz der damaligen Konsum-Gaststätte Schwarzwassertal in Kühnhaide.

Der Wagen Nr. 49 gehört zur ersten Serie von Ikarus 66 im Bestand der Chemnitzer Verkehrsbetriebe, welche 1958 mit den Nummern 47 bis 54 ihren Dienst antraten und mehrheitlich bei ihrer Indienststellung den abgebildeten zweifarbigen Außenanstrich hatten. Hier ein Bilddokument mit weiteren, später gebauten Ikarus 66, aufgenommen im März 1963 am Buswendeplatz.

Während des ersten Bauabschnittes der Umspurung des Streckenabschnittes Uhlestraße bis Altchemnitz der Straßenbahnlinie 5 ist zeitweilig ein Schienenersatzverkehr eingerichtet worden. Hier steht der Ikarus 66 Nr. 55 in der Uhlestraße im Jahre 1960. Das im Bild linke Haus ist nach 1990 abgerissen worden. Der abgebildete Bus ist fertigungstechnisch entgegen anderslautenden Angaben dem Zeitraum 1959 zu zuordnen, erkennbar an den fehlenden Sputniks an den Dachrändern.

Im Mai 1963 befindet sich hier am noch nicht vollendeten Neubau der Poliklinik in der damaligen Ernst-Thälmann-Straße der Ikarus 66 Nr. 60. Er ist zusammen mit vier weiteren Bussen gleicher Bauart im Jahre 1960 geliefert worden.

Ab 1958 kamen bis 1967 insgesamt 28 Ikarus 66 in der dreitürigen Stadtausführung in Chemnitz zum Einsatz. Im Juni 1963 zeigen sich am Buswendeplatz Moritzstraße die noch in unterschiedlichen Werkslackierungen befindlichen Wagen Nr. 54 und 47.

KOM Nr. 65 gehört zu den 1964 gelieferten Ikarus 66-Stadtwagen und ist hier beim Buswendeplatz im Mai 1964 – wenige Wochen nach der Indienststellung – vorgefahren.

Alltagsszene mit Ikarus 66 von 1958 und 1960 im Betriebsbahnhof Kappel, aufgenommen im Mai 1964.

Charakteristisch für die frühen GR-Wagen des RfG Dresden zeigt sich hier der Chemnitzer Wagen Nr. 47, kurz vor der Aufnahme vom 10.06.1966 beim Buswendeplatz in dieser Werkstatt frisch aufgearbeitet.

Am 19.05.1969 ist hier der eben beschriebene Ikarus 66 in der Ernst-Thälmann-Straße unweit des Buswendeplatzes dokumentiert worden.

Beim 1968 zum Busbahnhof umgestalteten Buswendeplatz Moritzstraße, welcher bis 1995 genutzt wurde, sind am 19.05.1969 die noch fast fabrikneuen viertürigen Ikarus 180 Nr. 102 und 104 zu sehen. In mehreren Serien kamen zwischen 1968 und 1973 insgesamt 49 Ikarus 180.12 und 28 Ikarus 180.32 dieser Bauart in den Bestand und verblieben bis 1978 im Linieneinsatz.

Auch der Wagen Nr. 103 stammt aus der ersten Serie von 1968, hier im Betriebsbahnhof Kappel im September 1969.

Mit den Nummern 31^{II} bis 36^{II} kamen 1971 auch zweitürige Ikarus 180 nach Chemnitz und blieben hier bis 1981 im Einsatz. Die Aufnahme vom 10.02.1972 zeigt den Wagen Nr. 31^{II} an der Endstation Hans-Beimler-Straße.

Insgesamt 227 viertürige Ikarus 280.02 der Baujahre 1974 bis 1990 waren auf Chemnitzer Linien im Einsatz. Dieser endete 1997. Ein Museumsfahrzeug konnte betriebsfähig erhalten werden. Wir zeigen Bilder vom August 1976 mit den 1975 gebauten zweifarbigen Wagen Nr. 161 und 176.

Die 1974 gefertigten, aber fertigungstechnisch bereits zur Serie 1974/75 gehörenden Ikarus 260 Nr. 90 und 94 wenden im Mai 1978 von der Augustusburger Straße in die Adelsbergstraße. Am rechten Bildrand ein Straßenbahnzug der Linie 6.

Noch einmal der Wagen Nr. 94, aufgenommen fast zur selben Zeit wartend in der Pfarrstraße. Von 1974 bis 1989 kamen 28 Solowagen des Typs Ikarus 260.02 in den Bestand der hiesigen Verkehrsbetriebe und verblieben bis 1996 vor allem auf Stadtrandlinien im Einsatz.

Zum Abschluss noch ein einzigartiges Bilddokument. Es zeigt den Ikarus 66 Nr. 58 aus dem Jahre 1960 im März 1963 beim Buswendeplatz Moritzstraße. Diese Fahrzeuge sind von den eben beschriebenen Ikarus 260 abgelöst worden.

Sachsen
Dresden

Straßenbahn Dresden

Die Dresdener Straßenbahn gehört zu den großen deutschen Nahverkehrsunternehmen. Ihre Geschichte begann mit der abschnittsweisen Aufnahme des Pferdebahnbetriebes von Plauen nach Blasewitz durch die Continental-Pferdeeisenbahn AG zwischen dem 26.09.1872 und dem 12.03.1873. Am 09.06.1879 wurde die Linie an die neu gegründete Tramways Company of Germany Limited verpachtet, unter deren Regie am 05.08.1880 eine zweigleisige Linie zwischen Postplatz und Plauen eröffnet wurde. 1890 waren 132 Wagen und 1.038 Zugtiere vorhanden, welche ein Streckennetz mit einer Ausdehnung von 39 km befuhren. Ab 20.12.1889 fuhren auch Pferdebahnen der Roten Gesellschaft (bis 1892: 55,27 km). Danach folgte deren schrittweise Elektrifizierung. Schließlich gab es ab 28.07.1894 auch noch Gasmotorenwagen im Linienbetrieb durch die Deutsche Straßenbahngesellschaft, welche am 24.02.1894 aus der Tramways Company of Germany Limited als Gelbe Gesellschaft hervorgegangen war. 1905 gingen die Gelbe und Rote Gesellschaft in den Besitz der Stadt Dresden über. Bereits 1900 war die vollständige Elektrifizierung des Netzes vollzogen. Die Spurweite betrug 1.450 mm. Es gab aber zwischen 1899 und 1977 auch meterspurige Vorortbahnen. 1928 betrug die Streckenlänge 139,8 km, meist zweigleisig ausgebaut. 618 Trieb- und 613 Beiwagen für den Personenverkehr sowie 157 Güterwagen (darunter 45 Triebwagen) waren vorhanden. Das Netz entwickelte sich immer weiter und mit ihm nahm auch die Mannigfaltigkeit des Wagenparks zu. Eine Besonderheit war, dass ein nicht unerheblicher Teil des Wagenmaterials durch Dresdener Firmen hergestellt oder elektrisch ausgestattet wurde und in eigenen Werkstätten immer wieder modernisiert wurde, wodurch viele Wagen ein hohes Alter erreichen konnten. Heute werden fünf Niederflurtypen (insgesamt 166 Fahrzeuge im Jahr 2013) neben einer kleinen Zahl von modernisierten Tatra-Wagen bei einer Streckenlänge von 134,3 km auf 12 Linien zum Einsatz gebracht. Drei Betriebshöfe sind vorhanden.
Bei den ausgewählten Bilddokumenten wurde größter Wert darauf gelegt, so viele Facetten des Betriebsalltages wie möglich widerzugeben, aber die Vielfältigkeit des Fahrzeugparks und die Größe des Unternehmens lassen an vielen Stellen nur eine beispielhafte Darstellung zu.

Wir beginnen direkt mit einem Paukenschlag. Dieser Zug steht im Jahre 1957 als Ersatz für einen Großen Hecht an der Endstation Bühlau zur Abfahrt bereit. Der Triebwagen ist Teil einer 3 Fahrzeuge umfassenden Serie aus dem Jahre 1906, bestellt noch von der Roten Gesellschaft, und fuhr bis 1952 mit der Nummer 698 und danach mit der Nummer 813. Der Beiwagen 324^{II} wurde 1880 als Decksitzwagen für die Pferdebahn gebaut, erhielt 1907 einen Umbau mit Quersitzen und die Nummer 119^{II}, diente ab 1940 als Marktwagen und ab 01.03. 1954 wieder als Personenwagen. Nach 80 Einsatzjahren schied er 1960 aus dem aktiven Dienst aus.

Fortsetzen möchten wir mit einer nicht minder interessanten Aufnahme vom Februar 1964 an der Haltestelle Fucikplatz (Straßburger Platz) am Beginn der Stübelallee. Tw 585^{II} – hier in einem Dreiwagenzug der Linie 10 nach Übigau mit zwei großen Beiwagen – wurde 1896 von der Roten Gesellschaft beschafft und gehörte einst zur Serie Nr. 170 bis 179. Bis 1962 fuhr er mit der Nummer 685 und schied wenige Wochen nach dieser Aufnahme aus dem Bestand aus.

Zur Serie Nr. 300 bis 310 der Roten Gesellschaft gehörte ursprünglich der Tw 811^{II}, welcher bis 1952 mit der Nummer 529 fuhr. Hier eine einzigartige Aufnahme mit zwei LOWA-Anhängern hinter dem 1902 gebauten Oldtimer, dokumentiert im März 1958 an der Endstation Leubnitz.

Bereits 1947 entstand aus dem 1896 in Görlitz gebauten Triebwagen Nr. 580 der Weichenreparaturwagen Nr. 3142 und blieb bis 1967 im Bestand. Hier eine Aufnahme in der dreigleisigen Rangieranlage am Ende der Stübelallee.

1930 entstand aus den Triebwagen Nr. 533 und 536 von 1906 der Gelenkwagen Nr. 3349. 1947 erhielt der Schienenschleifwagen die Nummer 3122 und verblieb noch bis 1974 im Bestand, zuletzt mit der Nummer 721 022. Hier ein Bilddokument vom September 1965 beim Postplatz.

Zur 750 Jahr-Feier der Stadt Dresden im Jahre 1956 wurde ein Straßenbahnzug für Rundfahrten in das äußere Erscheinungsbild um die Jahrhundertwende zurück versetzt. Tw 761 ist 1895 von der Firma Stoll als Pferdebahnbeiwagen Nr. 154 gebaut und bereits ein Jahr später zum elektrischen Triebwagen (ab 1906: Nr. 815 und ab 1911: Nr. 761) umgestaltet worden. Im Jahre 1886 entstand in der Firma Brill Beiwagen Nr. 106 für den Einspannbetrieb, diente ab 1900 als Beiwagen und ab 1918 als Salzbeiwagen. Beide Fahrzeuge waren viele Jahre als Exponate im Verkehrsmuseum Dresden ausgestellt.

1954 erhielt Dresden vier Triebwagen des Leipziger Typs 27. Es waren dies die Nummern 983, 973, 978 und 979, die hier als Nummern 836 bis 839 fuhren, aber bereits zwischen 1958 und 1960 ausgesondert waren.

Die Aufnahmen zeigen Tw 836 im Jahre 1956 in der Wilsdruffer Straße vor der schemenhaften Kulisse des Albertinums am linken Rand und Tw 839 im Januar 1959 an der Haltestelle Industriegelände. Er hat schon einen roten Punkt unter der Nummer und steht kurz vor der Aussonderung.

Mit über 150 Fahrzeugen waren die kleinen und großen Triebwagen, welche später mit Pressträger-Laufwerken von MAN ausgestattet worden sind, lange Zeit im Dresdener Stadtbild präsent. Triebwagen Nr. 1547 wurde 1909 in Werdau aufgebaut und gehörte zu den vier Prototypen seiner Art. Die Aufnahmen entstanden 1956 an der Haltestelle Fucikplatz (Straßburger Platz) und im Oktober 1959 beim Rangieren an der Endstation Mockritz.

Der große Triebwagen Nr. 1698 mit MAN-Fahrwerk in einem typreinen Zug beim Erreichen der Endstation Altplauen Nöthnitzer Straße im Jahre 1956. Das Zielschild ist bereits gedreht.

Zur selben Zeit zeigt sich mit Tw 1695 ebenfalls ein großer MAN in einem Zug der Linie 9 an der Endstation „Wilder Mann“.

Tw 1629 gehört zu den wenigen großen MAN-Wagen, die mit einem Rollfilm ausgestattet worden sind. Hier ein Bild beim Rangieren an der Kuppelendstelle Cossebaude im Jahre 1956.

Zu den so genannten Herbrand-Wagen gehören die 1896 bzw. 1895 gebauten Arbeitswagen Nr. 3188 und 3429. Bereits in den dreißiger Jahren wurden sie für den Winterdienst als Schneekratze bzw. Salzwagen hergerichtet und blieben bis 1968 im Bestand. Die Aufnahmen entstanden im Juli 1966 beim Rangieren vor dem Betriebshof Pfotenhauer Straße.

Der Schweißgerätetriebwagen Nr. 3136 entstand 1938 aus einem 1900 in eigener Werkstatt hergestellten Triebwagen und fuhr bis 1949 mit der Nr. 3163. 1961 schied er aus dem Bestand aus. Die Aufnahme entstand um 1957 in der Sophienstraße beim Zwinger.

Ebenfalls um 1957 dürfte diese Aufnahme mit dem 1938 aus einem Triebwagen von 1900 umgebauten Sandstreuwagen Nr. 3177 (bis 1949: Nr. 3162) entstanden sein. Das 1958 ausgemusterte Fahrzeug zeigt sich hier beim Hauptbahnhof in einem durch Entgleisung verursachten recht hilflosen Zustand.

Aus einer Serie von nur drei Triebwagen, hergestellt bei Falkenried im Jahre 1905 für die Gelbe Gesellschaft, entstand 1928 dieser Arbeitstriebwagen als Zug- und Sandstreufahrzeug. Ursprünglich als Tw 267 beschafft und später als Nr. 692 unterwegs, trug er nach dem Krieg wohl nur kurze Zeit die Atw-Nummer 3176. Hier ein Bilddokument in der noch unbebauten Ernst-Thälmann-Straße (Wilsdruffer Straße) um 1953.

Dasselbe Fahrzeug fuhr bis 1971 mit der Nummer 3030 und danach noch viele Jahre als Nr. 722 030. Hier ein Bilddokument um 1960 im Betriebshof Tolkewitz. Die Wagen hatten übrigens nach oben und nach unten verschiebbare, mittig geteilte Fenstereinsätze.

Aus den Wagen Nr. 691 und 693 des eben beschriebenen Typs aus dem Jahre 1905 entstand 1929 der Doppeltriebwagen Nr. 3348. Der Schienenschleifwagen fuhr ab 1947 mit der Nummer 3121 und ab 1971 als 721 021. Die Aufnahme zeigt ihn am 04.09. 1965 in der Straße der Befreiung (Hauptstraße). Rechts im Hintergrund das Hauptstaatsarchiv.

Wegen Bauarbeiten erfolgte im Mai 1963 das Umsetzen der Züge beim Gleiswechsel am Dr.-Kurt-Fischer-Platz (heute Olbrichtplatz). Tw 607^{II} stammt aus dem Jahre 1911 und diente ab 1969 als Rangiertriebwagen. Am linken Bildrand erkennt man das frühere städtische Arbeitshaus.

Noch im Februar 1972 waren vereinzelt die kleinen Triebwagen aktiv oder wurden als Reserve vorgehalten. Nr. 885^{II} aus dem Jahre 1910 soll sogar noch die Nummer 201 006 erhalten haben.

Die Beiwagen Nr. 316^{II} und 325^{II} sind 1909/11 in eigener Werkstatt entstanden. Beide Wagen kamen 1957 zur meterspurigen Lockwitztalbahn und fuhren dort mit den Nummern 15 und 12^{II}. Wir erleben die Fahrzeuge in einer Aufnahme von 1956 am Endpunkt Plauen, Nöthnitzer Straße.

Der 1927 in eigener Werkstatt gebaute Beiwagen Nr. 31^{II}, welcher bereits über ein Tonnendach verfügte, lief ab 1953 mit der Nummer 320^{II} bis zu seiner Außerdienststellung. Ab 1959 diente er kurze Zeit noch als Wärmewagen an der Endstation Altplauen, wo ihn der Fotograf dokumentieren konnte.
Der Beiwagen verfügte über eine Fallklotzbremse.

Im heute nicht mehr bestehenden Betriebsbahnhof Tolkewitz entstand im September 1972 dieses seltene Bilddokument mit dem Rangiertriebwagen Nr. 729 017. Triebwagen dieses Typs sind vor dem Ersten Weltkrieg in mehreren Serien in eigenen Werkstätten gebaut worden.

Der vierfenstrige Beiwagen Nr. 399 entstand 1913 in eigener Werkstatt. Hier ein Bilddokument, aufgenommen an der Endstation Coschütz am 17.10.1959. Die letzten Vertreter dieser Serie schieden 1967 aus dem Liniendienst aus.

Aus einer 1911 in Weimar gefertigten Serie stammt der Bw 299, den wir hier beim Rangieren an der Endstation Mockritz um 1956 erleben. Dieses Fahrzeug erhielt seine geschlossenen Perrons in eigener Werkstatt. Es wurde 1962 als Aufenthaltsraum nach Schwarze Pumpe verkauft.

Tw 748 wurde 1913 in Bautzen gebaut und gehörte zu einer fünfundzwanzig Fahrzeuge umfassenden Serie. Hier erleben wir ihn im September 1957 am Postplatz. Hinter ihm erheben sich die Ruine der wenige Jahre später abgebrochenen Sophienkirche und links davon der Stumpf des Schlossturmes und die Katholische Hofkirche.

Aus derselben Serie stammt auch der Triebwagen Nr. 733, welcher an einem Junitag des Jahres 1964 in einem Dreiwagenzug der Linie 18 den Körnerplatz Richtung Pillnitz verlässt. Am linken Bildrand H6B/L Nr. 54 als Linie R nach Rochwitz.

Der Beiwagen Nr. 373 wurde 1913 in Werdau gebaut und verblieb im Einsatz bis 1960. Hier in einem Zug der Linie 9, aufgenommen um 1957 auf der Ammonstraße zwischen Freiberger und Schweriner Straße vor der Kulisse des Westkraftwerkes (heute Heizwerk Mitte).

Aus einer Serie 1908 in eigener Werkstatt geschaffener Triebwagen stammt der Schweißgerätewagen Nr. 3131. 1933 umgebaut, fuhr er bis 1947 zunächst mit der Nummer 3096^{II}. Er ist im März 1964 beim Fucikplatz (Straßburger Platz) im Einsatz dokumentiert worden.

Der 1910 in eigener Werkstatt hergestellte Beiwagen Nr. 311^{II} fuhr bis 1952 mit der Nummer 89^{II} und kam 1957 zur Lockwitztalbahn, wo er mit der Nummer 16 im Einsatz stand. Im Jahre 1956 gehörte er mit seiner Vierklotzbremse zu jenen Wagen, die diese Strecke noch befahren durften. Dies wurde nach einem Unfall auf dem Hirschberg so verfügt.

Der Salzbeiwagen Nr. 3441^{II} entstand 1964 aus dem 1913 in Werdau gebauten Beiwagen Nr. 367. Im Juli 1966 zeigte er sich im Betriebsbahnhof Pfotenhauerstraße dem Fotografen.

Einzigartige Motive vom Winter 1963 zeigen die Schneekratzen Nr. 3181 und 3182 im Einsatz in der Reicker Straße bzw. mit einem Salzbeiwagen in Reick.

Die Dresdener Verkehrsbetriebe verfügten über eine fahrbare Arztstation, mit der nach einem bestimmten Plan die kleineren Betriebshöfe abgefahren wurden. Diese bestand aus dem Arzttriebwagen Nr. 3160 (umgebaut 1949 aus dem 1925 in Görlitz gebauten Triebwagen Nr. 1660), dem Wartezimmerbeiwagen Nr. 3440 (1957 aus dem Beiwagen Nr. 314^{II} von 1911 umgebaut und als Museumsbeiwagen Nr. 87 erhalten) sowie dem Zahnarztbeiwagen Nr. 3400 mit hohem Tonnendach (1956 aus dem 1911 in Weimar hergestellten Bw 293 umgebaut). Hier befindet sie sich im August 1959 in der Kesselsdorfer Straße.

Mit Atw 3022 an der Spitze sehen wir 1956 einen Marktgüterzug am Endpunkt Bühlau. Der Umbau aus dem bereits vor 1900 von der Firma Liebscher hergestellten Triebwagen Nr. 1511 erfolgte im Jahre 1935. Bis 1947 fuhr das Fahrzeug mit der Nummer 3304^{II} und schied 1964 aus dem Bestand aus. Beiwagen Nr. 3312 entstand 1942 aus einem 1927 gebauten Personenwagen, fuhr bis 1947 mit der Nummer 3082^{II} und schied 1957 aus dem Bestand aus.

Am 04.09.1965 diente der Atw 3027 als Güterwagen zum Transport von Essenkübeln. Das ebenfalls vor 1900 in Köln gefertigte Fahrzeug erhielt 1971 sogar noch die Nummer 722 027. Umgebaut wurde es bereits 1920 und befindet sich hier beim Postplatz. Rechts die Ruine des Palasthotels an der Ostraallee, links die Gaststätte Gambrinus an der Schweriner Straße mit einem Selbstbedienungsrestaurant im Erdgeschoss, die beide 1968 abgebrochen wurden.

Mit dem rückwärts angehängten Gotha-Beiwagen Nr. 1421 von 1960 sehen wir hier den mit Scharfenbergkupplung ausgerüsteten Rangiertriebwagen Nr. 3173 um 1960 in der Ernst-Thälmann-Straße (Wilsdruffer Straße) in Höhe des Verkehrsmuseums am Neumarkt (links im Bild). Am rechten Bildrand ist das eingerüstete Landhaus zu erkennen.

Im schweren Winter 1963 mussten Dienstfahrzeuge aufgrund zahlreicher witterungsbedingter Ausfälle von Triebwagen auf den Dresdener Straßenbahnlinien mit eingesetzt werden. Obwohl in diesen keine Fahrgäste mitgenommen werden durften, konnte mitunter nur ein Beiwagen angehängt werden. Wir erleben im März 1963 Aw 3022 als Zugfahrzeug der Linie 5 ...

... Atw 3099 als Linie 14 mit Fahrtrichtung Postplatz am Altmarkt und den Fahrschulwagen Nr. 3100 mit einem Aufbauwagen auf der Berufsverkehrslinie 51 an der Haltestelle Fucikplatz (Straßburger Platz) bei der Stübelallee.

Der Winter 1962/63 war sehr lang und hartnäckig. Besonders im März 1963 zwang er zu einer Reihe von heute nicht mehr vorstellbaren Improvisationen, um die witterungsbedingten Ausfälle im Dresdener Straßenbahnverkehr wenigstens teilweise ausgleichen zu können. Neben dem Einsatz von Omnibussen aus anderen Städten kamen auch Dienstfahrzeuge im Personenverkehr mit zum Einsatz. Vier Arbeitswagen zogen jeweils zwei Beiwagen, durften aber selbst keine Fahrgäste aufnehmen und benötigten Betonteile als zusätzlichen Ballast, damit sie die schweren Beiwagen überhaupt bewegen konnten. Arbeitswagen mit Salzbeiwagen prägten damals das Alltagsbild, wie auch Schlepper im Winterdienst, welche nicht selten für diese Aufgabe zu schwach motorisiert waren. Die ausgewählten Bilddokumente beim Fucikplatz (heute: Straßburger Platz) mögen für sich sprechen.

Die nachfolgenden Aufnahmen aus den Jahren 1966 und 1967 mögen beispielhaft verdeutlichen, wie viele verschiedene Bauarten großer Beiwagen damals noch auf Dresdener Linien zu sehen waren. Diese ergaben sich insbesondere durch wiederholte Um- und Aufbauten, aber auch durch die Verwendung verschiedener Federungssysteme bei den im Grundsatz sehr ähnlichen Fahrwerken. Beiwagen Nr. 1103 stammt aus einer Serie von fünf Beiwagen, hergestellt 1914 in eigener Werkstatt und schied bald nach der Aufnahme aus dem aktiven Dienst aus. In Ammendorf wurden 1925/26 die Beiwagen Nr. 1010, 1285 und 1291 auf- oder umgebaut, von denen viele zuletzt als Einrichtungswagen fuhren.

Bw 1285 (2. Reihe links) gehörte zu den fünf Beiwagen, die für die beiden Aussichtszüge umgebaut wurden und dabei etwas niedrigere Einstiege bekamen. Diese sind nicht zu Einrichtungsfahrzeugen umgebaut worden.

In Werdau ist 1926 der Bw 1247 in einer dreißig Beiwagen umfassenden Serie aufgebaut worden. Im letzten Einsatzzustand erleben wir ihn als Einrichtungsbeiwagen.

In der Gleisschleife Übigau treffen sich im Mai 1967 ein Dreiwagenzug der Linie 5 und der Linie 10. Die Streckengleise und die Einfahrt sind hier auf dem Damm der Kaditzer Flutrinne verlegt. Der 1925 in Ammendorf gebaute Beiwagen Nr. 1057 stammt aus einer 75 Wagen umfassenden Serie, von denen 32 zwischen 1955 und 1960 zu Einrichtungswagen umgebaut wurden. Ein Jahr später ist der Beiwagen Nr. 1308 ebenfalls in Ammendorf (Nummernreihe 1280 bis 1309) hergestellt worden und diente 1937 bis 1939 als Aussichtswagen mit 33 Klappsitzen. Auch aus dieser Serie sind einige Wagen zu Einrichtungsfahrzeugen umgebaut worden.

Am Postplatz sind hier um 1956 noch einmal zwei der kleineren Triebwagen als Dienstfahrzeuge zu sehen. Nr. 3150 ist 1902 in eigener Werkstatt hergestellt worden und entstand 1950 aus dem Triebwagen Nr. 528. Als Weichenreparaturwagen verdiente er sich bis 1962 sein Gnadenbrot. Im Hintergrund erkennt man den Zwingergraben und das Kronentor des Zwingers.

Auf dem Dr.-Külz-Ring ist Tw 953 mit Bw 308 als Zug der Berufsverkehrslinie 56 im Jahre 1958 zu sehen. Am rechten Bildrand erhebt sich die Kreuzkirche. Der 1900 gebaute Triebwagen gehörte ursprünglich zur Serie Nr. 491 bis 500 der Gelben Gesellschaft und verfügte über eine Fallklotzbremse. 1965 schied er aus dem Bestand aus.

Mit Bw 1092 ist der Triebwagen Nr. 1609 im Jahre 1959 in der Freiberger Straße an der Haltestelle Ammonstraße vorgefahren. Er gehörte zu den wenigen Wagen, die bei der Generalreparatur in Gemischtbauweise als Zweirichtungswagen entstanden.

Im Mai 1963 ist der Tw 648 an der Spitze eines Zuges der Linie 14 in die Haltestelle Neustädter Markt beim Reiterstandbild Augusts des Starken eingefahren. Am rechten Bildrand sind das Hauptstaatsarchiv und die Lutherkirche zu sehen.

Vor dem Einfahrtsdreieck in den Betriebshof Naußlitz zeigt sich im Juni 1964 ein Dreiwagenzug der Linie 17 mit Tw 766 an der Spitze in der Kesselsdorfer Straße. Im Hintergrund fährt der Großraumwagen Nr. 1738 solo hinterher.

Im Mai 1973 befinden sich an der Gleisschleife Hainsberg zwei Züge der Linie 3 mit den Triebwagen Nr. 203 728 und 203 661 an der Spitze. Den hoch betagten und mehrmals umgebauten Triebwagen blieben nur noch wenige Monate im Liniendienst.

Gegen Ende der 1950er Jahre ist der 1928 in Görlitz gebaute Gelenkwagen Nr. 2501 in der Paul-Gruner-Straße (heute Könneritzstraße) vor dem Bahnhof Dresden Mitte als Zug der Berufsverkehrslinie 53 und in der Stübelallee beim Fucikplatz (Straßburger Platz) bildlich dokumentiert.

In der Leubener Straße zeigen sich im Mai 1961 sowohl der Görlitzer, als auch der Nieskyer Gelenkzug Nr. 2501 und 2502 dem Fotografen. Die beiden konstruktiv unterschiedlichen Einzelgänger schieden 1965 aus dem Bestand aus.

Mit Beiwagen Nr. 1310 begann die Serie der 1929 bis 1930 in Niesky hergestellten Stahlbeiwagen.
Für damalige Verhältnisse machten sie einen recht modernen und komfortablen Eindruck. Hier ein Foto aus dem Jahre 1956, aufgenommen an der Endstation Bühlau.

In zwei Serien sind in Niesky 1929 und 1930 insgesamt 25 zweiachsige Stahlbeiwagen gebaut worden, welche anfänglich vor allem im Zugverband mit dem Großen Hecht zum Einsatz kamen. Beiwagen Nr. 1323 der ersten Serie zeigte sich an einem Wintertag in der alten Gleisschleife in Wölfnitz. Bei Ausfällen großer Hechtwagen mussten auf der Linie 11 kleine Triebwagen zum Einsatz gebracht werden. Da diese mit den Stahlwagen dort nicht fahren durften, kam es zum vorübergehenden Tausch mit anderen Betriebshöfen gegen etwas kleinere Beiwagen mit Fallklotzbremsen, um die großen Stahlwagen auf anderen weniger kritischen Linien einsetzen zu können.

Der Beiwagen Nr. 1334 gehörte zu den beiden in M-Zügen (Versuchszüge mit Mehrfachsteuerung) als Triebwagen eingesetzten Wagen dieser Reihe und besitzt deshalb deutlich längere und spitzere Plattformen. Hier ist er im Jahre 1959 beim Rangieren an der Endstation Coschütz zu sehen.

Blick in den Fahrgastraum des Beiwagens Nr. 1334, der übrigens zur fünf Wagen umfassenden Serie von 1930 zählte.
Die Aufnahme von 1960 lässt noch die originalen Deckenleuchten erkennen, während die Messinggriffe bereits durch solche aus Aluminium ersetzt worden sind.

In einem Dreiwagenzug der Linie 16 ist Beiwagen Nr. 1330 von 1930 in der Antonstraße beim Platz der Einheit (Albertplatz) in den späten fünfziger Jahren aufgenommen worden.
Der Abzweig nach links führt in die Königsbrücker Straße.

Im Juni 1963 ist ein Dreiwagenzug der Linie 16 in der Blasewitzer Straße stadteinwärts fahrend in die Haltestelle Fetscherstraße eingefahren. Auch der Stahlbeiwagen Nr. 1331 ist 1930 geliefert worden.

Dreiwagenzug der Linie 16, aufgenommen im Juni 1963, beim Betriebsbahnhof Tolkewitz. Auch der Beiwagen Nr. 1333 von 1930 ist im Versuchsbetrieb mit Mehrfachsteuerung als Triebwagen gefahren und verfügt über längere und spitzere Plattformen.

1958 wurde ein neuer zweigleisiger Gleisbogen von der Bautzner in die Otto-Buchwitz-Straße (Königsbrücker Straße) für die Berufsverkehrslinie 53 Laubegast-Industriegelände gebaut. Hier sehen wir beim Platz der Einheit (Albertplatz) mit Nr. 1702 einen der beiden 1930 in Niesky gebauten Vorauswagen des Großen Hecht in einem Zug der Linie 11 Richtung Coschütz.

Begegnung zweier Triebwagen des Typs „Großer Hecht“ um 1957 an der Endstation Bühlau. Beide Triebwagen sind 1931 geliefert worden, Nr. 1708 in der Serie Nr. 1703 bis 1714 aus Niesky, Nr. 1719 als Vertreter der Serie Nr. 1715 bis 1724 aus Bautzen. Die Serie reichte einst bis zur Nummer 1733 und 1954 sind in Görlitz noch zwei Wagen (Nr. 1726^{II} und 1727^{II}) nachgebaut worden.

Faszinierende Winteraufnahmen zeigen Züge der Linie 11 auf der Fahrt nach Coschütz am 18.01.1960 mit Tw 1720 auf dem Westendring an der Haltestelle Kotteweg vor der Kulisse des 1896 als Bismarckturm errichteten Fichteturmes ...

... und Tw 1713 in der Haarnadelkurve am Übergang vom Plauenschen Ring zum Westendring mit dem Fußweg nach Kaitz am rechten Bildrand.

In der Paul-Gruner-Straße (Könneritzstraße) beim Bahnhof Dresden Mitte ist Tw 1709 mit dem Beiwagen Nr. 1320 im Mai 1963 in einem Zug der Linie 11 mit Fahrziel Coschütz zu sehen.

Tw 1724^{II} wurde 1932 in Niesky mit der Nummer 1733 hergestellt, Nr. 1726^{II} gehört zur zwei Triebwagen umfassenden Görlitzer Nachbauserie aus dem Jahre 1954. Beide Fahrzeuge sind 1956 in der Endschleife Bühlau bildlich dokumentiert worden.

Auch der Triebwagen Nr. 1727^{II} stammt aus der Nachbauserie von 1954, hergestellt in Görlitz. Hier befindet er sich im Jahre 1960 in einer hilflosen Situation vor der Endstation Bühlau, nachdem sein Stromabnehmer wohl an der Luftweiche zwischen Straßenbahn- und O-Bus-Fahrleitung abgerissen ist. Man achte auf die damals gebräuchliche Abreißbremse zwischen Trieb- und Beiwagen.

Im Oktober 1960 erleben wir mit Tw 1827 und Bw 1177 jenen Zug, welcher 1938 auf der Fahrzeugausstellung in Düsseldorf zu sehen war. Tw 1827 wurde 1934 als Prototyp des kleinen Hechts in Niesky gebaut, erhielt zunächst die Nummer 1801 und zur Ausstellung drei Seitenfenster. Bw 1177 ist 1920 in Ammendorf hergestellt worden und erfuhr 1938 anlässlich der Ausstellung einen Umbau in einen Schwebeachswagen.

Am Fucikplatz (Straßburger Platz) ist der kleine Hecht Nr. 1824^{II} (1952 ex. Nr. 1817^{II}) von 1938 (Bautzen) in einem Zug der Linie 14 um 1956 zu sehen. Er verfügt hier noch über umlaufende, das Fahrgestell bedeckende Schürzen.

Zur gleichen Zeit ist Tw 1808^{II} ex. Nr. 1813 (1936, Niesky) mit dem Beiwagen Nr. 400^{II} (1952 ex. 300^{II}) von 1913 am Endpunkt Bühlau vorgefahren.

In der Haltestelle Canalettostraße beim Fucikplatz (Straßburger Platz) sehen wir 1961 den Tw 1806^{II} (1950 ex. Nr. 1810) von 1936 bei einer Zugkreuzung der Linie 2 mit der Berufsverkehrslinie 58.

Auf der Fahrt von Loschwitz, Gleisdreieck Calberlastraße, zum Schlachthof hat im Jahre 1956 Tw 1812^{II} (1954 ex. Nr. 1822), hergestellt 1936 in Niesky, die Haltestelle Blasewitzer Straße/Fetscherstraße in Johannstadt erreicht. Bw 1155 gehört zu den 29 Beiwagen der Serie Nr. 1149 bis 1219 von 1920 bis 1925, aus denen 1938 bis 1940 Schwebeachswagen für die kleinen Hechtwagen gebaut wurden.

Tw 1814^{II} (1954 ex. 1826), hergestellt 1936 in Niesky, wartet im Gleisdreieck Calberlastraße als Stadtrundfahrtwagen auf die Rückkehr der Fahrgäste von der nahegelegenen Schwebebahn. Sobald diese wieder talwärts fuhr, wurde in der Bergstation ein Scheinwerfer eingeschaltet, der das Signal gab, dass die Fahrgäste an der Abfahrtstelle Körnerplatz wieder aufgenommen werden konnten.

Durch einen noch fast fabrikneuen H6B/L wurde 1959 beim Hauptbahnhof diese Entgleisung in der Parkplatzeinfahrt verursacht. Solche Zwischenfälle hat es dort öfter gegeben. Hier hat es den Triebwagen 1805^{II} ex. Nr. 1808 (Niesky, 1936) in einem Zug der Linie 2 erwischt.

In der Bautzner Landstraße erleben wir im Mai 1963 den kleinen Hecht Nr. 1825^{II} mit dem Beiwagen Nr. 400^{II} ex. 300, 1913 als Nr. 187 in Dienst gestellt, als Einzelstück im Bestand und 1969 noch als Aufenthaltsraum verwendet. Dahinter ebenfalls in einem Zug der Linie 11 ein großer Hecht.

Am 04.12.1966 verfügte der Wagen Nr. 1821^{II} bereits über eine Kleinspannungsanlage, als er in einem Zug der Linie 2 beim am Hauptbahnhof gelegenen Gleisdreieck Reitbahnstraße (Wiener Platz) dokumentiert worden ist. Am linken Bildrand entsteht gerade eines von später vier Hochhäusern.

1944 sind die Dresdener KSW-Triebwagen Nr. 1511^{II} bis 1513^{II} gebaut worden. Die Aufnahmen aus dem Jahre 1956 zeigen Nr. 1511^{II} mit LOWA-Bw 1357 in einem Zug der Linie 16 beim Betriebsbahnhof Tolkewitz gegenüber dem Johannisfriedhof und Nr. 1512^{II} mit LOWA-Bw 1355 als Linie 13 in der Güntzstraße, Haltestelle Fucikplatz (Straßburger Platz).

Seit 1957 fuhren die KSW-Triebwagen mit den Nummern 1501^{II} bis 1503^{II} und ab 1959 als Einrichtungstriebwagen. Nr. 1502^{II} hat mit einem LOWA-Anhänger im Januar 1960 als Linie 7 auf der Fahrt nach Weixdorf den Abzweig Hellerau erreicht.

Im Mai 1963 ist der Triebwagen Nr. 1501^{II} ex. 1511^{II} mit dem modernisierten und zu Einrichtungswagen umgebauten LOWA-Beiwagen Nr. 1355 bei der Einfahrt in die Gleisschleife beim Bahnhof Dresden-Neustadt bildlich dokumentiert worden. 1970 endete die Zeit der KSW-Triebwagen in Dresden mit deren Verschrottung.

Auch in Dresden waren Aufbaubeiwagen mehrere Jahrzehnte Bestandteil des Alltages. Die Schwebeachsbeiwagen Nr. 1342 bis 1344 gehörten zur Serie Nr. 1341 bis 1350 (bis 1950: 1401 bis 1410), hergestellt 1947/48 in Werdau und liefen ab 1969 unter den Nummern 591^{II} bis 500^{II}. Einige von ihnen verdienten sich ab 1970/71 ihr Gnadenbrot bei der meterspurigen Lockwitztalbahn. Die Aufnahmen entstanden im Mai 1958 beim Bahnhof Dresden Mitte, im September 1965 bzw. im März 1966.

Einige Dresdener Aufbauwagen verdienten sich ihr Gnadenbrot bei der meterspurigen Lockwitztalbahn. Nr. 290 003 und 290 006 im Dresdener Nummernschema trugen einst die Nummern 493^{II} und 496^{II} (Nummernreihe 491 bis 500). Die Aufnahmen vom 09.05.1977 entstanden beim Rangieren am Endpunkt Niedersedlitz.

Acht ehemalige Erfurter Triebwagen, hergestellt 1938 bis1944 in Gotha, dienten ab 1968 mit den Nummern 850 bis 857 im Dresdener Nummernschema bei der meterspurigen Lockwitztalbahn und erhielten 1971 die Nummern 240 001 bis 240 008. Fünf von ihnen fuhren nach der Betriebseinstellung noch bei der Kirnitzschtalbahn. Wir erleben am 09.05.1977 Nr. 240 003 am Sanatorium und 240 005 bzw. 240 007 beim Rangieren am Endpunkt Niedersedlitz.

Zu den vier 1951 an die Dresdener Straßenbahn gelieferten Werdauer LOWA-Triebwagen gehört der Wagen Nr. 1551^{II}, der sich hier gegen Ende der 1950er Jahre in der Gleisschleife Wilder Mann eingefunden hat. 1963 erfolgte sein Umbau in einen Einrichtungswagen.

Mit dem 1913 mit der Nummer 187 als Einzelstück gefertigten und bis 1952 mit der Nummer 300^{II} eingesetzten Beiwagen Nr. 400^{II} ist der LOWA-Triebwagen Nr. 1552^{II} in einem Zug der Linie 11 an deren Endpunkt Bühlau im Jahre 1956 vorgefahren. Auch dieser Triebwagen stammt aus der Werdauer Serie von 1951. Hinter dem Zug erkennt man einen Großen Hecht mit Stahlbeiwagen.

Sechzehn LOWA-Triebwagen aus Gotha kamen 1954 mit den Nummern 1555^II bis 1570^II in den Bestand der Dresdener Verkehrsbetriebe. 1956 ist Nr. 1555^II mit Beiwagen Nr. 1370 aus demselben Baujahr vor den Mauern der Katholischen Hofkirche am Theaterplatz bildlich dokumentiert worden.

In der Münchener Straße hat im Winter 1957 ein stadtwärts fahrender Zug der Linie 15 die Haltestelle Nürnberger Platz erreicht. An der Spitze des Dreiwagenzuges erleben wir den Triebwagen Nr. 1554^II aus dem Jahre 1951.

Dasselbe Fahrzeug, hier solo fahrend auf der Einsatzlinie S 11, aufgenommen ebenfalls im Winter 1957 am Bahnhof Dresden Neustadt.

Der 1951 in Werdau gebaute LOWA-Beiwagen Nr. 1354 zeigte sich wie die anderen Wagen dieses Zuges der Linie 15 im November 1965 bereits in generalrepariertem Zustand in Einrichtungsbauart. Im Hintergrund der Aufnahme an der Haltestelle Postplatz erkennt man die 1956 gegenüber dem Zwinger errichtete und erst 2005 abgerissene Spätkauf-Baracke.

Aus der Nummernreihe 1361 bis 1390 stammt der 1954 in Gotha gebaute LOWA-Beiwagen Nr. 1366, welcher am 15.08.1967 bereits als Einrichtungswagen beim Betriebshof Mickten bildlich dokumentiert worden ist.

Der 1954 in Gotha gebaute LOWA-Triebwagen Nr. 1556^{II} fuhr seit 1966 mit der Nummer 1529^{II} und verkörpert das typische Erscheinungsbild der Dresdener LOWA-Triebwagen nach deren Umbau in Einrichtungswagen. Hier hat er am 11.03.1968 in einem Zug nach Weinböhla die Haltestelle zwischen den Brücken am Hauptbahnhof erreicht.

Aus dem ebenfalls 1954 in Gotha gebauten LOWA-Triebwagen Nr. 1562^{II} entstand 1966 der Wagen Nr. 1539^{II}, welcher hier am 07.04.1968 als Einrichtungszug der Linie 15 nach Weinböhla mit Girlandenschmuck vor der Kulisse des im Hof des zerstörten Hauptpostamtes behelfsmäßig wieder errichteten Fernmeldeamtes an der Marien-/Ecke Annenstraße am Postplatz vorgefahren ist. Am linken Bildrand ein Zeitungskiosk, wie es ihn damals überall im Lande gegeben hat.

Die Wagen dieser Garnitur der Linie 15 mit Tw 1553^{II} (Werdau, 1951) an der Spitze sind wenige Wochen vor dieser Aufnahme vom Mai 1963 zu Einrichtungsfahrzeugen umgebaut worden. Im Hintergrund erkennt man den Glockenspielpavillon des Zwingers und rechts davon die Ruine des Residenzschlosses.

Blick über den Postplatz im Mai 1967 mit den vier Schornsteinen des 1895 beim Wettiner Platz errichteten und 1926 umgestalteten Kraftwerkes West (heute Kraftwerk Mitte) am rechten Bildrand, im Volksmund Aurora nach dem Panzerkreuzer – aufgrund seiner ebenfalls vier Schlote – in Petrograd (heute St. Petersburg) genannt, von dem das Signal für die Oktoberrevolution in Russland abgegeben wurde.

Aus der ersten Bauserie von 1957 stammen diese Gotha-Wagen, aufgenommen 1959 in der Kesselsdorfer Straße am ehemaligen Endpunkt Wölfnitz beim später abgebrannten gleichnamigen Gasthof.

Vom Platz der Einheit (Albertplatz) fährt dieser Gothazug mit Zweirichtungswagen aus dem Jahre 1957 im Winter 1959 über die Antonstraße zur Gleisschleife beim Bahnhof Dresden-Neustadt. Am linken Bildrand erkennt man das Hansa-Hotel.

Vom Freiberger Platz kommt aus Richtung Wölfnitz dieselbe Garnitur, wohl auch im Jahre 1959, die Freiberger Straße entlang dem Postplatz entgegen gefahren. Am rechten Bildrand wieder der überaus markante Baukomplex des Westkraftwerkes.

Aus den Serien von 1959/60 stammen die Gotha-Zweirichtungswagen des am 06.03.1967 in der Nürnberger Straße stadteinwärts fahrenden Zuges der Linie 6, welcher eben die Haltestelle Nürnberger Platz erreicht hat.

Der Zweirichtungsbeiwagen Nr. 1462, ebenfalls 1960 gebaut, verfügt bereits über die höheren Oberlichter in den Seitenfenstern. Hier ist er am 04.12.1966 vor der Kulisse des Zwingers am Postplatz aufgenommen worden.

Ein Dreiwagenzug der Linie 8 mit Gotha-Wagen erreicht im September 1965 aus Hellerau durch die Dresdener Heide kommend den Abzweig Hellerau. Das rechte Verbindungsgleis führt nach Klotzsche.

Die am Postplatz im September 1965 und im August 1967 bildlich dokumentierten Gotha-Einrichtungsbeiwagen Nr. 1439 und 1469 wurden 1963 bzw. 1967 gebaut und zeigen sich hier jeweils im Werkszustand.

Nur ein Einzelstück blieb der Gotha G4, welcher 1959 gebaut wurde und bis 1970 mit der Nummer 2500 fuhr. Meist sah man ihn auf der Linie 7. Wenige Wochen nach seiner Indienststellung hat er aber in einem Zug der Linie 20 den Endpunkt Johannstadt erreicht. Am rechten Bildrand erkennt man ein altes Akzise-Einnehmerhaus, die 21. Hebestelle an der früheren Stadtgrenze.

Vor dem Einfahrtsdreieck in den Betriebshof Naußlitz sehen wir in der Kesselsdorfer Straße im Mai 1964 den erst ein Jahr alten, hier als Jugendwagen beschilderten Großraumtriebwagen Nr. 1738.

Ein Großraumzug der Linie 7 hat von Klotzsche kommend an einem Septembertag des Jahres 1965 den Abzweig Hellerau in der Dresdener Heide erreicht. Dessen Triebwagen Nr. 1743 wurde 1963 gebaut. 1968 bis 1970 sind alle Dresdener Großraumwagen nach Berlin umgesetzt worden.

Von der Ernst-Thälmann-Straße (Wilsdruffer Straße) kommend hat am 14.08.1967 ein Großraumzug der Linie 17 Richtung Wölfnitz mit Tw 1736 von 1963 an der Spitze den Postplatz erreicht. Wenige Jahre später wurden diese Garnituren durch Tatra-Großraumwagen ersetzt und verdienten sich ihr Gnadenbrot auf Ostberliner Linien.

Auf der Ernst-Thälmann-Straße (Wilsdruffer Straße) ist im Dezember 1964 der noch fast fabrikneue Prager T3 Nr. 6402 auf Probefahrt unterwegs. Mit ihm beginnt offiziell am 24.12.1964 der Probebetrieb in Dresden. Im Januar 1965 kommen zwei weitere T3 hinzu. Im Hintergrund das Restaurant Szeged. Am rechten Bildrand ist die Wiederherstellung des bei den Bombenangriffen im Februar 1945 schwer beschädigten Landhauses in vollem Gange.

Begegnung von alter und neuer Großraumwagengeneration am 22.04.1965 am Heller. Der Beiwagen Nr. 2010 entstand 1963 in Gotha, der Prager T3 Nr. 6401 wurde 1964 gebaut und weilte einige Monate zusammen mit zwei weiteren Vertretern dieser Reihe zu Testfahrten in Dresden.

T3-Traktion, aufgenommen am 22.04.1965 vor dem Betriebshof in Klotzsche. Einen Monat später wurden die drei Prager Wagen zurückgegeben. In Auswertung der Versuchsreihe kam es zur Entwicklung des etwas schmaleren T4D und später eigens für die DDR auch eines entsprechenden Beiwagens.

Im Betriebshof Tolkewitz wird mit dem Wagen Nr. 2000 am 27.10.1967 der erste Dresdener T4D vorgestellt. Vor seinem Linieneinsatz wurde der tschechische Stromabnehmer gegen einen Scherenstromabnehmer aus DDR-Produktion getauscht.

Am Tag nach der bildlich dokumentierten öffentlichen Vorstellung zeigt sich der erste T4D bei Fahrschulfahrten an der landwärtigen Haltestelle Grunaer Straße. Rechts der Großraumbeiwagen Nr. 2008, hinter dem sich das Gebäude der Musikhochschule erhebt.

Am 09.04.1977 fährt ein Tatra-Zug T4D/B4D aus der Robert-Blum-Straße kommend am Karl-Marx-Platz (heute: Palaisplatz) stadteinwärts. Dessen Triebwagen Nr. 222 639 stammt aus der Lieferung des Jahres 1976. Am linken Bildrand erkennt man das Denkmal für Kurfürst August I. (1526 bis 1586).

Für die Bienert-Mühle in Plauen entstand 1926 aus einem 1918 gebauten gedeckten Gütertriebwagen der Schüttgutwagen Nr. 3322, welcher ab 1947 mit der Nummer 3011 fuhr und 1965 ausschied. Hier sehen wir ihn im Jahre 1956 mit dem Beiwagen Nr. 3302.

Zwischen 1917 und 1921 wurden in eigener Werkstatt weitere gedeckte Gütertriebwagen gebaut. Der Wagen Nr. 3013 fuhr bis 1947 mit der Nummer 3323 und erhielt 1971 sogar noch eine EDV-Nummer zugeordnet. Hier erleben wir ihn bei der Rückwärtsfahrt mit einer offenen Güterlore (Nr. 3274) in das Kraftwerk West durch das Gleisdreieck Fritz-Heckert-Platz (Wettiner Platz). Am rechten Bildrand erkennt man die Schweriner Straße mit der Eisenbahnbrücke.

An der Einmündung der Ernst-Thälmann-Straße (Wilsdruffer Straße) in den Postplatz ist vor der Ruine der Sophienkirche und des Residenzschlosses um 1956 der 1925 gebaute kleine Krantriebwagen Nr. 3102 zu sehen, welcher bis 1947 mit der Nummer 3350 fuhr, im EDV-Nummernplan von 1971 und 1984 erfasst worden ist und noch 1988 einen weiteren Umbau erfuhr.

Zwei 1955 gebaute Handkipploren wurden 1958 vom Kraftwerk West übernommen und erhielten die Nummern 3007 und 3008. Direkt nach der Übernahme erfolgte deren Umbau in Motorkipper für den Aschetransport. Vor der Kulisse des notdürftig wieder aufgebauten Palasthotels mit Schnellrestaurant im Erdgeschoss und des Schauspielhauses direkt dahinter ist im September 1965 Nr. 3007 in den Postplatz eingefahren.

Zwei 1927 bei der Firma Schörling hergestellte Schienenreinigungswagen liefen bei den Dresdener Verkehrsbetrieben mit den Nummern 3341 und 3340 und seit 1947 als Nr. 3111 und 3112. Der am 04.12.1966 bildlich dokumentierte Wagen Nr. 3111 ist 1967 nach Zwickau abgegeben worden und fuhr dort mit der Nummer 10.

Einen kleinen Exkurs möchten wir zur Industriebahn Freital machen, die viele Jahre ebenfalls unter der Regie der Dresdener Verkehrsbetriebe betrieben worden ist. 1906 als meterspurige Straßenbahn vor allem für das Elektrizitätswerk Plauenscher Grund errichtet, betrieb man die Anlage bis zum November 1972 mit zwei 1905 bei Henschel in Kassel hergestellten Lokomotiven, die glücklicherweise beide erhalten geblieben sind.
Die Bildsequenzen zeigen Rangierfahrten im Mai 1963 an der Einmündung der Poisentalstraße in die Dresdener Straße unweit des Betriebshofes Freital sowie Wintermotive vom Februar 1972, wenige Wochen vor der Betriebseinstellung, beim Betriebshof Freital. Zwei Aufnahmen zeigen rechts eine Dampfspeicherlok.

Kommen wir nun zu einigen der vielen einst in Dresden eingesetzten Fahrleitungsmontagewagen. Nr. 352 ist ein Dixi aus dem Jahre 1923 und hier mit einem neuen Aufbau im Februar 1957 an der Fahrleitung der O-Bus-Anlage am Fritz-Förster-Platz vor der Kulisse des 1910 bis 1913 errichteten Beyer-Baues der TU Dresden während des Wiederaufbaues des Observatoriums zu sehen.

Bereits im November 1956 entstand die Aufnahme des Wagens Nr. 355 während Montagearbeiten an der Einfahrtsweiche zur O-Busschleife Fritz-Förster-Platz. Auch dieser Dixi stammt aus dem Jahre 1923 und fährt mit neuem Aufbau.

Beim Platz der Einheit (Albertplatz) sehen wir den auf dem Fahrgestell eines H3A aufgebauten Turmwagen Nr. 363 im Februar 1957.

Im Februar 1960 ist ein ganz früher Dispatcher-Kraftwagen am Hauptbahnhof vorgefahren. Es handelt sich um einen P 70-Kombi, dem unmittelbaren Vorgänger des später zur Legende gewordenen Trabant.

Zum Abschluss noch eine Aufnahme vom September 1968. Mit moderner Technik werden Großverbundplatten in der Bautzner Straße bei der Ecke Löwenstraße verlegt. Im Hintergrund erhebt sich der Turm der Dreikönigskirche. Die Großverbundplattenmontage sparte viel Zeit, setzte aber auch eine sehr gute Vorbereitung des Untergrundes voraus.

Verkehrsbetriebe Dresden, Omnibusse

Am 01.04.1914 begann der Stadtbusverkehr in Dresden mit der Eröffnung einer Linie zwischen Nürnberger Platz und Neustädter Bahnhof. 1925 konnten drei Linien in Betrieb genommen werden. Die Statistik für das Jahr 1928 wies 6 Linien mit einer Länge von 37,6 km aus, für deren Betrieb 51 Omnibusse vorhanden waren. Heute werden auf einer Gesamtlänge von 308,2 km 27 Buslinien betrieben, auf denen moderne Fahrzeuge verschiedener Hersteller zum Einsatz gebracht werden. Wir möchten einen Blick in die Zeit Mitte der fünfziger bis Ende der siebziger Jahre werfen und haben eine Anzahl einzigartiger Alltagsmotive ausgewählt, um diese Zeit lebendig werden zu lassen. Natürlich kann die Auswahl nur beispielhaft sein, weil ansonsten der Rahmen dieses Buches gesprengt werden würde. Für die ausgewählten Motive könnte also eine Vielzahl anderer stehen, die diesen in nichts nachstehen würden. Wir beziehen uns auf die Nummerierungen bei der Wiederherstellung des Omnibusparks nach dem Ende des Zweiten Weltkrieges.

Um 1953 ist dieses interessante Motiv am Fritz-Förster-Platz entstanden. Hier übernahmen die Richtung Lockwitz fahrenden Busse der Linie D die Anhänger der in der Gegenrichtung nach Mockritz fahrenden Busse, weil in diesem Abschnitt zu große Steigungen waren und das Fahrgastaufkommen für Solowagen zudem ausreichte. Beim Wagen Nr. 24 handelt es sich um einen kurz vorher mit neuem Aufbau versehenen Büssing VI Gln aus dem Jahre 1928. In der Nummernreihe 23 bis 25 fuhren sie längstens bis 1961. Der abgekuppelte Anhänger ist im Hintergrund rechts zu erkennen.

Mit einem Anhänger befindet sich der Wagen Nr. 7 in der Teplitzer Straße zwischen Caspar-David-Friedrich-Straße und Zellerscher Weg mit Fahrziel Mockritz, welches er aber ab Fritz-Förster-Platz solo anfahren wird.
Das Fahrzeug gehört zu einer Serie 1933 bei Falkenried für die Hamburger Hochbahngesellschaft aufgebauter Busse des Typs Büssing VI Gln/80, von denen bis 1961 noch die Wagen Nr. 7 bis 9 im Linienverkehr zum Einsatz kamen.

Wir erleben den Anhängerwechsel am Fritz-Förster-Platz um 1956 vor der Kulisse der Ruinen zwischen Berg- und Hochschulstraße. Beim Anhänger handelt es sich hier um einen in Bautzen hergestellten W 700, erkennbar an den nicht erhaben ausgeführten Kotflügelrändern. Bei den Omnibussen handelt es sich wieder um Büssing VI Gln/80 mit Aufbauten von Falkenried.

Der Wagen Nr. 8 ist hier im Mai 1957 am Schillerplatz zu sehen. Unterwegs ist er Richtung Fritz-Förster-Platz (bis 1946: Sedanplatz). Auch hier wieder ein Büssing VI Gln/80 mit Aufbau von Falkenried.

Zu einer aus fünf Fahrzeugen bestehenden Serie des Typs Büssing 802 N, aufgebaut im Jahre 1935 bei der Firma Busch, Bautzen, gehörte das abgebildete Fahrzeug. Die verbliebenen Busse sind 1949 mit den Nummern 5 und 6 versehen worden und verblieben längstens bis 1962 im Liniendienst. Nr. 6 erleben wir hier in einer Aufnahme vom Juni 1960 in der Heinrich-Schütz-Straße beim Betriebshof Blasewitz.

Hier befindet sich dasselbe Fahrzeug als Linie D mit Fahrtrichtung Luga im Jahre 1956 am Bayrischen Platz (seit 1962: Friedrich-List-Platz). Am rechten Bildrand wird ein Gebäudeteil des damaligen VEB Energiebezirk Ost an der Fritz-Löffler-Straße gerade renoviert.

Zu den zwölf 1939 bis 1944 zu Niederrahmenbussen umgebauten Büssing VI GL aus dem Jahre 1926, gehörte der um 1955 in Bühlau abgebildete, 1949 mit der Nummer 17 versehene Omnibus. Bis zu seiner Aussonderung 1960/61 behielt er seine Rechtslenkung und fuhr auch mit einem Dreizylinder-Doppelkolbenmotor der Firma Junkers. Die beiden noch vorhandenen Wagen – Anfang der 1950er Jahre in Werdau mit neuen Aufbauten versehen – schieden 1955 bzw. 1957 aus dem Bestand aus.

Aus dem Jahre 1931 stammt dieser MAN S1 N 6, der sich 1955 als Fahrschulwagen beim Ausrücken aus dem Betriebshof Blasewitz mit einem 1950 im VEB LOWA Werdau hergestellten Aufbau zeigt. Als Nr. 16 fuhr er seit 1949 und ist 1956 verschrottet worden.

Auf einem älteren Fahrgestell von 1934 wurde 1938 der Wagen Nr. 11 (bis 1949: Nr. 92) aufgebaut und ist somit ein Opel 2,5 t. Bis zu seiner Aussonderung 1962 ist er ab 1958 noch dreimal umgezeichnet worden. Hier steht er um 1956 vor dem ehemaligen Pferdestall der Ausflugsgaststätte Heidemühle in der Dresdener Heide.

Mit 1950 in Werdau neu erstelltem Aufbau ist im April 1957 der Büssing Gln Nr. 25 in der Schlüterstraße abgelichtet worden. Die verbliebenen Fahrzeuge dieses Typs schieden bis 1961 aus dem Bestand aus.

Auch beim Wagen Nr. 120, aufgenommen im Oktober 1959, handelt es sich um einen Opel aus den späten dreißiger Jahren. Die Wagen dieses Typs waren bis 1962 aus dem Bestand ausgeschieden.
Bis 1958 fuhr das Fahrzeug mit der Nummer 12.

1942 ist der abgebildete Gräf & Stift vom Typ 120 DL zusammen mit drei weiteren Wagen für Dresden hergestellt worden, fuhr bis 1949 mit der Nummer 100 und anschließend bis November 1958 mit der Nummer 14. In der Heinrich-Schütz-Straße entstand das Motiv im November 1959, genau ein Jahr vor der Außerdienststellung. Hervorheben möchten wir, dass mit diesem Fahrzeug nach der Einstellung der Straßenbahn-Pendellinie Bühlau - Weißig 1949 einige Wochen in diesem Abschnitt gependelt wurde, bis am 01.11.1949 der O-Bus-Verkehr hier aufgenommen worden ist.

Hier erleben wir den Wagen 4 mit einem Schumann-Anhänger im Jahre 1956 beim Ausrücken von der Caspar-David-Friedrich-Straße kommend kurz vor der Einmündung in die Teplitzer Straße. Es handelt sich um einen Büssing NAG 900 N aus dem Jahre 1938.

Auch der Wagen Nr. 1 – hier um 1955 am Fritz-Förster-Platz bildlich dokumentiert – ist ein Büssing NAG mit WUMAG-Aufbau, hergestellt 1938/39.

Bei den im Oktober 1960 aufgenommenen Wagen Nr. 3 und 4 handelte es sich um 1938/39 bei der WUMAG in Görlitz aufgebaute Büssing NAG 900 N. Insgesamt gehörten zur Serie neun Fahrzeuge, von denen 1949 noch vier wieder im Linienverkehr genutzt werden konnten. Nr. 4 beendete seine aktive Zeit im Fahrschuleinsatz und ist heute als betriebsfähiges historisches Fahrzeug wieder aktiv.

Im Oktober 1959 wartet der Omnibus Nr. 119 bei der Villa Eschebach am Platz der Einheit (Albertplatz) auf seinen nächsten Einsatz. Der 1940 aufgebaute MAN vom Typ E 2 fuhr von 1949 bis Anfang 1959 mit der Nummer 19 und ist im März 1962 verschrottet worden. Am rechten Bildrand erkennt man einen Skoda 706 RO.

Beim Hauptbahnhof ist 1960 der Büssing VI Gln Nr. 24 mit LOWA-Aufbau von 1950 mit einem Anhänger W 701 bildlich dokumentiert. Ein Jahr später waren alle Busse dieser Reihe aus dem aktiven Dienst ausgeschieden.

Im März 1960 befindet sich der Omnibus Nr. 5 (Büssing NAG Typ 802 N, 1935) mit einem Anhänger W 701 als Linie D mit Fahrtrichtung Lockwitz an der Haltestelle Friedrich-List-Straße südlich des Hauptbahnhofs. Links rangiert ein Straßenbahnzug der Linie 6 – wahrscheinlich wegen verkürzter Linienführung. Im Hintergrund entsteht das Hauptgebäude der Verkehrshochschule (heute Hochschule für Technik und Wirtschaft) direkt neben dem bereits vollendeten Seminargebäude.

Im August 1962 und im März 1963 ist der zum Fahrschulwagen Nr. 575 umfunktionierte Büssing NAG vom Typ 900 N aus dem Jahre 1938 bildlich dokumentiert, welcher als historisches Fahrzeug mit der Nr. 4 erhalten geblieben ist.

Noch einmal ein Blick auf den Büssing NAG vom Typ 80 N, Nr. 5, aufgenommen 1956 an der Dohnaer Straße (Am Galgenberg). Aus dieser Perspektive wird die unglaubliche Größe dieser Fahrzeuge vorstellbar.

Mit den Nummern 103 bis 105 kamen 1944 drei Büssing Trambus vom Typ 4500 T mit vereinfachtem Kriegsaufbau in den Bestand, fuhren aber zunächst als Lastwagen. Erst 1949 kamen sie mit den Nummern 20 bis 22 in den Linieneinsatz bis zum Beginn der 1960er Jahre. Wagen Nummer 21 fuhr seit 1951 mit einem neuen Aufbau aus dem VEB LOWA Werdau und steht 1956 in Leubnitz an der Spitzwegstr. vor der Gaststätte (heute: Ristorante) „Edelweiß".

Wagen Nr. 22 erhielt seinen Aufbau ebenfalls 1951 im VEB LOWA Werdau und ist im April 1958 beim Einbiegen vom Körnerplatz in die Grundstraße in Loschwitz zu sehen. Am rechten Bildrand befand sich damals vor den großen Wohngebäuden das Schnellrestaurant „Bräustübl" und zwischen beiden der Eingang zur Standseilbahn.

Zur gleichen Zeit erleben wir den Wagen Nr. 20 in der O-Bus-Schleife in Loschwitz. Dessen Aufbau ist 1953 in Werdau hergestellt worden. Im Hintergrund erhebt sich der Schlauchturm der Loschwitzer Feuerwache und rechts öffnet sich der Körnerplatz.

Dasselbe Fahrzeug von hinten abgelichtet vor der Ruine der Villa Eschebach am Platz der Einheit (Albertplatz), wenige Monate vor der Aussonderung. Das Gebäude beherbergte bereits 1924 die Verwaltung der Sächsischen Dampfschiffahrt und später der Weißen Flotte und ist 1994 bis 1998 nach denkmalpflegerischen Gesichtspunkten saniert und zur Zentrale der Dresdener Volksbank umgestaltet worden.

Infolge des durch die Kriegsauswirkungen vielerorts schadhaften Schienennetzes beschaffte die Niederländische Staatsbahn ab 1946 annähernd 400 Notsattelschlepper für den Schienenersatzverkehr, denen kurz darauf weitere folgten. Bereits nach wenigen Jahren erfolgte deren Verkauf. Die Zugmaschinen stammten von Crossley, die Auflieger von DAF. Man geht heute davon aus, dass etwa einhundert in den Jahren 1949/50 von der SDAG Wismut erworben wurden. Ein Teil von ihnen ist später erneut verkauft worden. Die Dresdener Verkehrsbetriebe übernahmen von den Industriewerken Dresden im Jahre 1956 sieben Züge und setzten sie nach erfolgter Umgestaltung der Auflieger vor allem auf der Buslinie nach Klotzsche ein. Mit den Nummern 32 bis 38 sind diese Fahrzeuge im Einsatz gewesen, wobei die Auflieger durchaus auch untereinander getauscht worden sind. 1964 schieden drei, ein Jahr später die restlichen vier dieser 15 m langen Sattelschlepper aus dem Bestand aus.

Crossley-Schlepper der SDAG Wismut, aufgenommen im November 1956 auf dem Dresdener Theaterplatz.

Im Jahre 1956 hat der Wagen Nr. 38 die Endstation der Linie D vor „Wilhelms Restaurant am Plan“ (heute: Residenz am Schloss) erreicht. Einsätze auf dieser Linie waren für die Sattelschlepper damals die Ausnahme.

Im April 1959 sehen wir den Wagen Nr. 35 in der Löbtauer Straße am Gleisdreieck Hirschfelder Straße. Er ist hier im Schienenersatzverkehr eingesetzt.

In der Nähe des Bahnhofs Dresden-Mitte fährt zur selben Zeit der Wagen Nr. 32.

Als Schienenersatzverkehr für die Linie 11 ist im April 1959 der Wagen Nr. 34 an der Endstation Bühlau angekommen.

An der Haltestelle Friedrich-List-Platz beim Hauptbahnhof ist im Jahre 1960 der Wagen Nr. 38 bildlich dokumentiert.

Wagen Nr. 36, wahrscheinlich beim Einrücken von der Linie K in den Betriebsbahnhof Blasewitz, aufgenommen im März 1962 beim Fritz-Förster-Platz.

Der Wagen Nr. 37 erhielt nach einem Zusammenstoß ein H6-Fahrerhaus auf die Crossley-Zugmaschine gesetzt. Die Aufnahmen entstanden im März 1962 am Platz der Einheit (Albertplatz) vor der Kulisse der kriegsbeschädigten Dreikönigskirche und fünf Monate später im Betriebsbahnhof Blasewitz.

Im Juni 1964 hatte der Wagen Nr. 37 seine aktive Zeit auf Dresdener Stadtlinien fast hinter sich, während Nr. 33 noch ein knappes Jahr verbleiben sollte. Beide Motive sind am Platz der Einheit (Albertplatz) entstanden.

Crossley-Schlepper auf dem in der Nähe des Betriebshofes Blasewitz geschaffenen Abstellplatz in der Ferdinand-Avenarius-Straße in unmittelbarer Nachbarschaft zum Kanuclub, aufgenommen im Juni 1964. Die Zeit ihres aktiven Einsatzes auf Dresdener Linien näherte sich unaufhörlich dem Ende. Die meisten von ihnen fanden neue Eigentümer und blieben vereinzelt noch bis zum Ende der 1980er Jahre betriebsfähig.

Im Mai 1960 entstand dieses einzigartige Alltagsbild in der Tolkewitzer Straße beim Schillerplatz. Hier sind Straßenbahnen, Omnibusse und auch der O-Bus Bestandteil der Szene gewesen. Der H6B/L war erst wenige Jahre im Einsatz und sollte die meisten Jahre noch vor sich haben. Auch ein EMW 340 aus Eisenach fehlt nicht. Am linken Bildrand erkennt man die Drogerie Weigelt, welche von 1913 bis 1991 in der Tolkewitzer Straße 6 ihre Räumlichkeiten hatte.

H6B/S mit Anhänger W 701, aufgenommen im weitgehenden Originalzustand im September 1957 auf der Bautzner Landstraße hinter der Endstelle Bühlau Richtung Weißig. Wagen 40 gehörte zu den sieben im Jahre 1956 gebauten Wagen (Nr. 40 bis 46). Weitere drei (Nr. 47 bis 49) kamen fast neu im selben Jahr aus Berlin und verfügten über eine abweichende Bestuhlung mit mehr Sitzplätzen.

Sechs der zehn 1958 von den Industriewerken Dresden und der Flugzeugwerft übernommenen H6B/L stehen an einem winterlichen Februartag des Jahres 1959 am Straßenrand in Blasewitz. Einige von ihnen haben noch den rot-weißen Außenanstrich.

Wagen Nummer 56 gehört zu den vierzehn 1955 beschafften H6B/S und wartet im Januar 1961 bei der Werkstatt des Betriebshofes Blasewitz auf seinen nächsten Einsatz.

Im Betriebshof warten Anfang 1962 die H6B/L Nr. 10 und 11 auf ihre nächsten Einsätze.

Im August 1962 erleben wir die Präsenz der H6B/S mit gleich fünf von ihnen vor dem Betriebshof Blasewitz.

Schauen wir uns noch einmal das Pullman-Heck der H6B an. Der Stadtwagen 62 ist im Februar 1963 im Schienenersatzverkehr auf der Linie 11 eingesetzt. Vier Monate später erleben wir den Wagen Nr. 61 während einer Ausfahrt auf dem mittelalterlichen Markt der Burgstadt Stolpen.

Im Juni 1964 überquert der Wagen Nr. 54 von 1955 als Linie C den Körnerplatz. Am rechten Bildrand wieder das Schnellrestaurant Bräustübl und links davon der schmale Durchgang zur Talstation der Standseilbahn.

Die Aufnahmen vom Mai 1963, September 1965 und vom 7. März 1966 zeigen H6B/L im Einsatz als Stadtrundfahrtwagen mit und ohne Anhänger. Der Wagen Nr. 18 erhielt im Rahmen einer Auffrischung ein Panorama-Heck mit umlaufender, dreigeteilter Verglasung – hier mit einer mittig am Heck angeordneten Leiter zum Dachgepäckträger und steht in der Reitbahnstraße beim Hauptbahnhof. Dieses Heck erreichte auch viele andere H6B. Im Spätherbst 1966 ersetzten zwei Skodabusse mit neuem Kafa-Aufbau die H6B/L in dieser Funktion. Die Busreihe H6B schied 1969 bis 1971 aus dem Dresdener Liniendienst aus. Viele Wagen konnten verkauft werden.

Noch im Januar 1961 bot der Betriebshof Blasewitz eine unglaubliche Typenvielfalt. Unter den Bussen mehrerer Generationen ist auch ein Skoda 706 RO mit der Nummer 31 zu sehen.

1957 kamen fünf 1956 gebaute Skoda 706 RO in die Elbestadt, welche eigentlich für den Tropeneinsatz vorgesehen waren, vom Auftraggeber aber nicht abgenommen wurden. Im März 1958 trugen sie noch die Nummern 101 bis 105, erhielten aber wenige Monate später die Nummern 27 bis 31. Am Albertplatz wartet Nr. 103 auf seine nächste Fahrt.

Vor der Ruine der Villa Eschebach beim Albertplatz ist im Oktober 1959 der Wagen Nr. 30 ex. Nr. 104 hinter dem Wagen Nr. 119 ex. 19 vorgefahren. Er trägt am Heck kein Reserverad.

Am 29.03.1963 trug der Wagen 103 die neue Nummer 29 und ist hier während einer Pause beim Albertplatz bildlich dokumentiert.

In der Spitzwegstraße vor der Gaststätte (heute: Ristorante) „Edelweiß“ in Leubnitz hält am 12.04.1963 der Wagen Nr. 27, der bis 1958 mit der Nummer 101 fuhr. 1966 erhielt er einen Kafa-Aufbau.

Heckansicht des Wagens Nr. 31 ex. 105 mit einem Reserverad, aufgenommen am 14.08.1967 an der Endstelle Leubnitz als Linie 75 nach Goppeln. 1970 schieden die Skodabusse bis auf die Nummern 27 und 28 aus dem Bestand aus und wurden verschrottet.

Die Firma Kafa fertigte 1966 neue Aufbauten für die Wagen Nr. 27 und 28, welche fortan bis 1972 fast ausschließlich für Stadtrundfahrten Verwendung fanden. Am Theaterplatz sind sie am 04.12.1966 vorgefahren.

Im Jahre 1956 übernahmen die Dresdener Verkehrsbetriebe vom Berliner Kraftverkehr fünf gebrauchte Ikarus 30 aus dem Jahre 1952. Diese Reihe war der erste in die DDR eingeführte Ikarus-Typ. Immerhin 662 Wagen sind zwischen 1952 und 1957 Bestandteil ostdeutscher Busflotten geworden. Die Dresdener Wagen erhielten die Nummern 65 bis 69, fuhren bis Anfang der sechziger Jahre im Linienverkehr und dienten anschließend einige Jahre als Weichen- und Streckenreparaturwagen, um zwischen 1966 und 1970 endgültig aus dem Bestand auszuscheiden. Hier Fotodokumente zweier unterschiedlich lackierter Wagen mit den Berliner Nummern 257 und 272, aufgenommen 1956 beim Albertplatz.

Wagen Nr. 66 zeigt sich um 1957 mit der Dresdener Stadtlackierung, während zur selben Zeit am gleichen Ort Nr. 67 mit einer Zweifarbenlackierung zu sehen ist. Als Zubringer zum IWD warten sie am Platz der Einheit (Albertplatz).

Im Januar 1963 befährt Wagen Nr. 68 die Bühlauer Schleife und ist hier ganz sicher als Verstärker im Schienenersatzverkehr unterwegs. Im Einsatz auf stark frequentierten Linien sind diese Busse wegen ihrer geringen Größe nicht gern genommen worden.

Ihr Gnadenbrot verdienten sich die Ikarus 30 bei innerbetrieblichen Einsätzen als Strecken- und Weichenreparaturwagen. Hier ein solches Gefährt, aufgenommen im Mai 1963 am Neustädter Bahnhof. Hier handelt es sich um den Dispatcherwagen Nr. 585, der kurz vorher aus dem Omnibus Nr. 68 entstanden war.

Zwischen 1954 und 1956 traten in mehreren Serien insgesamt 26 Ikarus 60 und fünf Ikarus 601 ihren Dienst bei den Dresdener Verkehrsbetrieben an. In der Heinrich-Schütz-Straße beim Betriebshof Blasewitz warten 1955 Ikarus 60 auf ihren ersten Einsatz. Sie tragen die werkseitige Zweifarbenlackierung.

Die Ikarus 601 verfügten nur über eine Einstiegstür, weshalb die Stadtvariante ab Werk mit einer Nottür im Heck ausgestattet war. Wagen Nr. 30 aus dem Jahre 1954 trug zum Zeitpunkt der Aufnahme (1956) noch einen graugrünen Anstrich unterhalb der Fenster. Nach mehrmaliger Umzeichnung fuhr er zuletzt mit der Nummer 98.

Während einer Ausfahrt begegnen wir um 1957 Dresdener Ikarus 60 und 601 in drei verschiedenen Lackierungen. Am linken Bildrand Nr. 28 in der Stadtlackierung.

1956 kamen mit den Nummern 90 bis 94 noch einmal fünf Ikarus 60 in den Bestand der Dresdener Verkehrsbetriebe. Sie hatten bereits ab Werk die Stadtlackierung. Wenige, aber sehr wichtige äußere Unterscheidungsmerkmale kann man recht gut erkennen. Nr. 76 von 1955 befindet sich 1957 in der Koblenzer Straße in Naußlitz. Der gerade in Dienst gestellte Wagen Nr. 92 ist 1956 am Schillingplatz in Löbtau zu sehen. Im Gegensatz zu den Bussen vom Vorjahr mit feststehenden Seitenfenstern verfügt diese Serie über senkrecht geteilte seitliche Schiebefenster.

1957 fuhr der Wagen Nr. 72 von 1955 noch in der zweifarbigen Werkslackierung. Das Fahrzeug steht in Leuben als Linie E an der Pirnaer Landstraße/ Stephensonstraße bereit zur Abfahrt nach Heidenau. Wenige Jahre später waren die Ikarus 60 und auch die Ikarus 601 in den Dresdener Stadtfarben unterwegs.

In der Königsberger Straße (damals: Kaliningrader Straße) in Richtung heutiger Bundesstraße 6 vor der Endstation Bühlau entstand an einem Februartag des Jahres 1959 diese malerische Aufnahme mit dem Wagen Nr. 86 aus dem Jahre 1955, hier bereits umlackiert. Die Beschilderung ist irreführend, weil sie nicht zum Aufnahmeort passt.

Auf dem Platz der Einheit ist im Juni 1964 der Ikarus 60 Nr. 80 von 1955 unterwegs.

Der Wagen Nr. 79 stammt aus derselben Lieferung und befindet sich am 20.10.1967 bei der Endstation Wölfnitz.

Wagen Nr. 96 fuhr einst mit der Nummer 28 und ist am 24.04.1954 in Dienst gestellt worden.
Am 28.10.1967 befindet er sich auf dem unglaublich gut besetzten Theaterplatz.

1964 beschafften die Dresdener Verkehrsbetriebe für den Flughafenverkehr drei Ikarus 630 und setzte sie mit den Nummern 67 bis 69 bis 1975 ein. Nicht selten sind sie im Gelegenheitsverkehr – mitunter zusammen mit einem Gepäckanhänger – genutzt worden. Nach ihrer Außerdienststellung erfolgte ihr Verkauf an kleinere Unternehmen. Hier zeigen sich die Wagen Nr. 68 und 69 im Juni 1964 beim Platz der Einheit (Albertplatz).

Ebenfalls im Gelegenheitsverkehr sind Reisebusse des Typs Ikarus 55 verwendet worden. Die ersten drei kamen 1962 mit den Nummern 1 bis 3 in den Bestand und verfügten über eine vordere und hintere Schlagtür, vier Nebelscheinwerfer sowie eine Dachrandverglasung. Am 04.09.1965 ist Wagen Nr. 3 am Theaterplatz vorgefahren, umringt hier vor allem von Reisebussen des Typs Skoda RTO Lux 706 aus tschechischer und polnischer Produktion. Ganz links erkennt man den für Stadtrundfahrten eingesetzten H6B/L Nr. 14.

1971 erhielten die Dresdener Verkehrsbetriebe noch einmal sechs Ikarus 55 mit vorderer und mittlerer Schlagtür, nur zwei Nebelscheinwerfern und fehlender Dachrandverglasung. Am 01.06. 1972 ist der Wagen Nr. 460 001 mit einem deutlich älteren Gepäckanhänger beim Hauptbahnhof zu sehen. Die Ikarus 55 sind zwischen 1973 und 1977 ausgesondert worden.

Wo immer in den sechziger Jahren die Ikarus 55 auftauchten, waren sie die Stars, zumal sie überwiegend im Gelegenheitsverkehr fuhren, häufig zweifarbige Außenanstriche hatten und nicht selten – wie der abgebildete Dresdener Wagen Nr. 1 – über damals weit verbreitete und dem Zeitgeschmack entsprechende Schattenlackierungen verfügten. Die Aufnahmen entstanden 1963 beim Kyffhäuser und auf dem Theaterplatz.

Zwischen 1958 bis 1966 sind 62 Omnibusse des Typs Ikarus 66 in den Bestand der Dresdener Verkehrsbetriebe gekommen. Da sich unter diesen Fahrzeugen nahezu alle Spielarten dieser heute in ihrem Kult kaum von einem anderen Bustyp getoppten Reihe wiederfanden, haben wir uns zu einer etwas ausführlicheren bildlichen Darstellung entschlossen, zumal sie im ursprünglichen Konzept des vorliegenden Bildbandes sogar ein eigenes Kapitel hätten bilden sollen.

Der Wagen Nr. 102 gehört zur ersten, 1958 gebauten Serie (Nr. 100 bis 102), welche ab Anfang 1959 in den Einsatz gekommen sind. Diese Fahrzeuge verfügten noch über Sputniks an den Dachrändern. Hier befindet er sich in grauer Werkslackierung im Einsatz auf der Linie Bühlau - Fernsehturm und ist im Mai 1959 am Endpunkt Bühlau aufgenommen worden.

Zur selben Serie gehörte der Wagen Nr. 101, welcher im Mai 1959 im Sonderverkehr Bühlau - Ullersdorf ebenfalls in Bühlau bildlich festgehalten wurde. Dieses Fahrzeug erleben wir bereits in der Dresdener Lackierung.

Im November 1959 fuhr der Wagen Nr. 100 in der grauen Werkslackierung auf der Linie B Mickten - Kaditz und befindet sich in der Wurzener Straße in Mickten.

Vom Albertplatz biegt der Wagen Nr. 100 im Juni 1964 am Hochhaus, welches damals die Verwaltung der Verkehrsbetriebe beherbergte, in die Königsbrücker Straße ein. Noch hat das Fahrzeug Dachrandverglasung, nur die Sputniks sind nicht mehr vorhanden.

Im April 1963 fuhr der Wagen Nr. 102 noch mit Sputniks und Dachrandverglasung in der Königsbrücker Straße am Nordplatz (rechts das Arsenal und davor das ehemalige Postamt der Albertstadt), im November 1965 fährt er ohne beidem am Riegelplatz in Mickten vor der Kulisse der Lommatzscher Straße, gefolgt von einem als Streckenwagen umgebauten Ikarus 30.

Am 27.10.1967 ist der nun ohne Dachrandverglasung fahrende Wagen 100 im Betriebsbahnhof Blasewitz als Fahrschulwagen dokumentiert. Bereits im Juli 1966 sah man den Wagen Nr. 102 ebenfalls als Fahrschulwagen, allerdings mit der Nummer 596 beim Fucikplatz vor der Güntzstraße, links flankiert von der Musikhochschule.

Im Jahre 1960 begann der Zulauf von Ikarus 66 in größeren Stückzahlen, nicht nur in Dresden. Hier wartet ein Dresdener Wagen noch mit Überführungskennzeichen beim Betriebshof Blasewitz auf seinen ersten Einsatz. Die Busse hatten nun keine Dachrandverglasung mehr und eine andere Hinterachse.

Am Albertplatz sehen wir im Oktober 1960 den Wagen Nr. 107. Er war der letzte dieses Baujahres, der mit drei Türen bei den Dresdener Verkehrsbetrieben zum Einsatz gebracht worden ist. Charakteristisch für die Busse dieser Serien waren die Schiebe-Oberlichtfenster.

Wahrlich winterlich kann man diese Aufnahme vom Januar 1963 im Villenviertel Weißer Hirsch bezeichnen. Sie zeigt den Wagen Nr. 105 auf der Fahrt zur Endstation Bühlau.

Einen Monat später fährt Wagen Nr. 108 als Schienenersatzverkehr für witterungsbedingt ausgefallene Hecht-Triebwagen auf der Linie 11 und zeigt sich hier an der Endstation Bühlau. Er gehört zu den drei 1960 gebauten Ikarus 66 der Dresdener Verkehrsbetriebe mit nur je einer Tür vorn und hinten.

Am 29.07.1967 sehen wir dasselbe Fahrzeug an der damaligen Konsum Gaststätte – heute Gaststätte & Pension – Schwarzwassertal in Kühnhaide, deren Bauten 1912/13 errichtet worden sind. Der Omnibus bekam nach der Generalreparatur Frontscheiben mit abgerundeten Ecken.

Ab 1961 fuhren Ikarus 66 mit einer veränderten Gestaltung der Zierleisten und hatten Klappoberlichtfenster anstelle der Schiebefensterleiste. Die Zierleisten im Heck waren nach wie vor aufgelötet. Ein wichtiges Merkmal dieser Serie stellte auch das lange Lüftungsgitter in der türlosen Seitenwand dar. Hier ist Wagen Nr. 113 am 11.07.1965 an der Haltestelle Industriegelände zu sehen.

Im Frühjahr 1963 erreicht der ebenfalls 1961 gebaute Wagen Nr. 117 in der Königsbrücker Straße die Haltestelle Dr.-Kurt-Fischer-Allee (heute: Stauffenberg-Allee). Hier sind die hängenden Wischer dieser Serie gut zu sehen. Am rechten Bildrand erkennt man das 1876 bis 1878 errichtete Städtische Arbeitshaus.

Am Wagen Nr. 115 von 1961 zeigt sich ein weiteres Merkmal vieler früher Ikarus 66: ein zusätzliches Lüftungsgitter in Trapezform in der rechten Heck-Klappe. Der Bus befindet sich im April 1963 in der Königsbrücker Straße. Links wieder das ehemalige Postamt der Albertstadt.

Am Dreyßigplatz fährt hier der 1961 gebaute Wagen Nr. 116 im April 1963 in einem Kurs der Linie B.

Im Februar 1963 wurde der Wagen Nr. 122 des Baujahres 1962 in der Wurzener Straße in Mickten bildlich dokumentiert. In Dienst gestellt am 09.01. 1963, ist er hier erst wenige Wochen im Einsatz.

Als Wagen Nr. 132 am 10.02.1963 am Bahnhof Dresden Neustadt vorgefahren ist, war er gerade fünf Tage zugelassen. Auch er stammt aus dem Jahre 1962.

Am Neustädter Bahnhof ist der Wagen Nr. 123 von 1962 als Schienenersatzverkehr der Linie 7 im Juni 1963 bildlich dokumentiert.

Im März 1963 sehen wir den Wagen Nr. 125 von 1962 im Schienenersatzverkehr Richtung Wölfnitz an der Haltestelle Postplatz. Ab 1962 hatten die Ikarus 66 keine hängenden Wischer mehr.

Am 24.07.1965 hat der Wagen Nr. 127 des Baujahres 1962 die Endstation Kaditz erreicht. Die Zierleisten im Heck sind nun nicht mehr aufgelötet, sondern eingeschraubt. Auf der Nichteinstiegseite hat eine Lufthutze das Gitter ersetzt.

In der Justinenstraße ist vor dem Postamt Blasewitz im Sommer 1963 der Wagen Nr. 135 Richtung Lockwitz vorgefahren. Auch dieses Fahrzeug gehört zu den mehr als zwanzig Ikarus 66 der Baujahre 1962/63, die 1963 ihren Dienst auf Dresdener Stadtlinien antraten.

Am 02.03.1963 zeigen sich die fabrikneuen Ikarus 66 Nr. 142 und 143 am Neustädter Markt. Gut drei Jahre später sehen wir den Wagen Nr. 140 derselben Bauserie am Fetscherplatz.

Besonders die 1962/63 gebauten Busse – welche zudem helle, schnell verwitternde Fenstergummis hatten – neigten zu recht schneller Abnutzung. Risse an den Dachrundungen des Hecks zeigten sich oft nach wenigen Einsatzjahren bei fast allen dieser Ikarus 66.

Die Bilder mit den Wagen Nr. 136 und 126 im Juni 1964 bzw. Oktober 1966 am Dreyßigplatz in Mickten sowie Wagen Nr. 139 am 04.12.1966 in der Tolkewitzer Straße beim Schillerplatz belegen dies recht überzeugend.

Von Ende 1964 bis Mitte 1965 sind wenige Ikarus 66 mit drei Einstiegstüren und Sputniks an den Dachrändern in verschiedenen DDR-Städten in Dienst gestellt worden. Zu ihnen gehörten die Dresdener Omnibusse Nr. 145 und 144. Wir sehen sie in Bilddokumenten vom 25.07.1965 in der Tolkewitzer Straße am Schillerplatz sowie als Linie 78 am 15.08.1967 in der Heinrich-Schütz-Straße.

Im Jahre 1966 erfolgte wieder ein Facelifting der Ikarus 66. Aus dieser Lieferung sehen wir den Wagen Nr. 147 im März 1967 am Fritz-Förster-Platz (bis 1946 Sedanplatz)/Bergstraße und den Wagen Nr. 102 im August desselben Jahres in der Wurzener Straße in Mickten.

Zum Fertigungsjahr 1967 gehörten die Wagen Nr. 152 und 154, aufgenommen im Oktober 1967 und am 09.04.1968 vor der Semperoper am Theaterplatz. Bei den dreitürigen Ikarus 66 der Baujahre 1966 bis 1969 war die doppelte Luftschlitzreihe hinter der letzten Tür charakteristisch.

Die Wagen Nr. 156 bis 160 wurden 1967 geliefert und waren die einzigen Überlandwagen dieses Typs bei der Dresdener Straßenbahn und zugleich die letzten Ikarus 66, welche hierher geliefert worden sind. Manche Details entsprechen allerdings noch dem Fertigungsjahr 1966. Dazu gehören die liegend angeordneten, tropfenförmigen seitlichen Fahrtrichtungsanzeiger. Die Aufnahme entstand am 01.02.1968 am Dreyßigplatz vor der Kulisse des Betriebshofes Mickten.

54 Wagen des Typs Ikarus 180 sind ab 1968 bis 1975 in den Bestand der Dresdener Verkehrsbetriebe übernommen worden und waren bis 1986 im Einsatz. Zwischen 1970 und 1972 sind 32 Ikarus 556 beschafft worden und fuhren ebenfalls bis 1986. Die Aufnahmen entstanden im September 1972 und am 30.04.1976.

Die Beschaffung von Ikarus 260.02 durch die Dresdener Verkehrsbetriebe begann 1972. Insgesamt 115 Omnibusse dieses Typs kamen bis 1989 in die Elbestadt, unter ihnen einige Wagen aus Berlin und Zittau. Mitte der 1990er Jahre schieden die letzten Fahrzeuge aus dem Bestand aus. Ein Vertreter ist als historisches Fahrzeug erhalten geblieben. Die Aufnahmen mit Vertretern der Jahre 1973 und 1975 entstanden am 05.09.1977.
Die parallel beschafften 148 Gelenkzüge des Typs Ikarus 280 in zwei Ausführungen schieden bis 2001 aus dem Bestand aus.

O-Bus-Verkehr in Dresden

Zwischen 1903 und 1904 betrieb Carl Stoll die 5,2 km lange Dresdner Haide-Bahn zwischen dem Arsenal in der Albertstadt und Klotzsche. Aus zwei Serien sind fünf von Carl Stoll patentierte Wagen zum Einsatz gebracht worden. Ein sechster, meist Versuchszwecken dienender Wagen ergänzte den Fuhrpark. Finanzielle Schwierigkeiten führten zur Einstellung des Betriebes. Nach dem Ende des Zweiten Weltkrieges sicherte sich der damalige Direktor der Dresdener Verkehrsbetriebe, Alfred Bockemühl, für einen optionalen O-Bus-Betrieb in der Elbestadt Henschel-Fahrgestelle der Bauart KEO II und italienische elektrische Ausrüstungen von Ansaldo, welche bei Kriegsende in den Werdauer Schumann-Werken vorhanden waren. Aus diesen entstanden später die ersten O-Busse für Dresden. Am 08.11.1947 erfolgte die Inbetriebnahme der Strecke Körnerplatz - Striesen - Strehlen - zur Technischen Hochschule. 1949 wurde der Straßenbahnpendelverkehr Bühlau - Weißig durch einen Omnibuspendel (mit Wagen Nr. 14) und kurze Zeit später durch eine O-Bus-Linie ersetzt. Nun bestanden kurzzeitig zwei Netze, die erst mit der Vollendung des Streckenabschnittes im Bereich der Grundstraße ab 16.05.1950 wieder zusammengeführt wurden. Jeder zweite Kurs fuhr nun durch bis Weißig. Auch nun kam es infolge der steilen Anstiege wiederholt zu Getriebeschäden an den Fahrzeugen, wenn die Anhängerzüge voll besetzt waren. Als genügend Fahrzeuge verfügbar waren, konnte ab 02.01.1958 bis zur Nürnberger Straße gefahren werden. Mit der Eröffnung des Verkehrs zum Willi-Ermer-Platz erreichte das Netz mit 16,8 km Streckenlänge seine größte Ausdehnung. Die zunehmende Leistungsfähigkeit von Kraftomnibussen und eine Reihe von technischen Schwierigkeiten in der Betriebsabwicklung, wie die stets vorhandenen Schwachstellen an Kreuzungspunkten der Fahrleitung mit jener der Straßenbahn, sowie der sich verschlechternde Zustand der Fahrleitungsanlage führten am 28.11.1975 zur Aufgabe des Gesamtbetriebes. 1976 verschwanden die Fahrleitungen, während die letzten Masten erst viele Jahre später abgebaut worden sind. Wir möchten mit interessanten Bildmotiven an diese Anlage erinnern und dabei auch die Anhänger nicht vergessen.

Wieder beginnen wir mit einem Paukenschlag. Hier biegt im Oktober 1957 ein O-Bus-Zug von der Grundstraße in die Bautzner Landstraße ein. Da hier Gleisbauarbeiten die Durchfahrt behindern, müssen erst die Ruten auf die Fahrleitung der Gegenrichtung umgesteckt werden. Der Wagen Nr. 155 stammt aus der ersten Serie von 1947.

Ebenfalls im Jahre 1957 begegnen sich auf dem Körnerplatz in Loschwitz ein Straßenbahnzug der Linie 18 Richtung Pillnitz und ein O-Bus-Zug nach Weißig, der hier – wahrscheinlich wegen Bauarbeiten – die linke Fahrbahnseite benutzt.

An der Haltestelle Fritz-Förster-Platz (bis 1946 Sedanplatz) Richtung Bühlau ist im April 1958 wieder der Wagen Nr. 155 vorgefahren, der hier den Anhänger Nr. 213 mitführt, der 1950 in Werdau gebaut wurde und ursprünglich als Nr. 113 fuhr.

Am Zelleschen Weg begegnen wir ebenfalls im April 1958 vor der Kreuzung Ackermannstraße/Paradiesstraße den Wagen Nr. 153 in einem Zug Richtung Bühlau. Auch dieses Fahrzeug ist 1947 hergestellt worden.

Im Januar 1960 fährt der Wagen Nr. 157 an der Endstation Südvorstadt, im Volksmund „Nürnberger Ei" genannt. Wahrscheinlich aufgrund der Witterung ist das 1947 gebaute Fahrzeug hier solo unterwegs.

Einen Monat später werfen wir hier einen Blick auf das Heck des Wagens Nr. 159 aus dem Jahre 1949, der sich gerade in der O-Bus-Schleife Bühlau befindet.

Im März 1963 wird der Aufbau des kurz zuvor ausgesonderten und nun verkauften Wagens Nr. 162 mit einem Kran verladen. Das Fahrzeug war 1950 eines der zuletzt in Dienst gestellten dieser Serie.

Im April 1958 ist ein O-Bus-Zug mit Wagen Nr. 159 auf der Nürnberger Straße zwischen Fritz-Förster-Platz und Nürnberger Platz bildlich dokumentiert worden. Nach einem Unfall hatte der Bus die Vorderfront vom Büssing Trambus Nr. 20 mit deutlich höheren Stirnfenstern erhalten.

Im Juli 1960 verunglückte der O-Bus Nr. 157 wegen eines technischen Defekts am Taubenberg zwischen Bühlau und Weißig.

Wir sehen das schwer beschädigte Fahrzeug während seiner Bergung durch ein Halbkettenzugfahrzeug, das sich damals offenbar in Bestand der Dresdener Verkehrsbetriebe befand, aber eher an die letzten Kriegsjahre erinnerte, in denen dergleichen Fahrzeuge sich bei den am Krieg beteiligten Truppen im Einsatz befanden.

Im April 1963 wird zwischen Grundstraße und Bühlau ein O-Bus-Zug um ein wegen eines Fahrleitungsschadens stehendes Fahrzeug herum geschleppt. Bei diesem handelt es sich um den W 602 a Nr. 172, hergestellt 1956 in Ammendorf. Im Hintergrund steht ein weiterer Zug.

Wiederholt sind in Dresden von der KTA auch O-Busse getestet worden, die nicht in den Bestand übernommen worden sind. Bei diesem Fahrzeug könnte es sich aber um jenen Skoda 8TR handeln, der als Nummer 174 in den Bestand der Dresdener Verkehrsbetriebe übergegangen ist. Hier befindet er sich im April 1958 auf einer Testfahrt in der Tolkewitzer Straße beim Schillerplatz.

Der Skoda 8TR blieb in Dresden ein Einzelstück. Das 1957 gebaute Fahrzeug erwies sich für den Betrieb mit voll besetztem Anhänger als zu schwach. Bis 1962 fuhr er mit der Nummer 174 und ist anschließend nach Weimar umgesetzt worden, wo es mit der Nummer 18 zum Einsatz kam. Hier eine Aufnahme vom Februar 1959. Der Einsatz mit einem großen Anhänger blieb die absolute Ausnahme.

Ab Februar 1960 weilte mehrere Wochen ein weiterer Skoda 8TR in Dresden zu Testfahrten unter der Regie der KTA. Man benutzte lediglich die bestehende Anlage. Eine Übernahme dieses Busses durch die DDR konnte bisher nicht belegt werden.

Mit der Nummer 174^{II} kam 1963 ein LOWA W 601 Werdauer Bauart aus dem Jahre 1951 aus Potsdam in die Elbestadt. Er war hier der einzige seiner Art und fuhr bis 1970. Im April 1963 befindet er sich mit einem Bautzener W 700 beim Endpunkt Bühlau und wird kurze Zeit später von einer Zugmaschine abgeschleppt.

Im Februar 1957 stehen die kurz vorher gelieferten Ammendorfer W 602 a zu ihren ersten Einsätzen beim Betriebshof Blasewitz bereit, unter ihnen der Wagen Nr. 167.

Nach Befahren einer Gleisbaustelle in der Bautzner Landstraße im Oktober 1957 werden die Ruten des O-Busses wieder auf die richtige Seite umgehängt. Der Wagen Nr. 173 war der LOWA 602 a mit der höchsten Nummer und wurde 1956 in Ammendorf gebaut.

Im April 1958 begegnen wir an der Haltestelle Zellescher Weg dem Wagen Nr. 168 von 1956 mit dem Anhänger 217, der 1952 in Bautzen gebaut wurde und einst mit der Nummer 117 unterwegs war.

Bis zur Errichtung einer O-Bus-Schleife in der Oehmestraße mussten aus dem Betriebshof Blasewitz ausrückende Züge – hier mit Wagen Nr. 167 im April 1958 in der Berggartenstraße – auf die Strecke geschleppt werden.

Im Januar 1960 fuhr der 1955 in Werdau hergestellte Wagen 165 die Strecke witterungsbedingt ohne Anhänger und ist hier am Endpunkt Südvorstadt bei der Gaststätte „Nürnberger Ei“ vor der Nürnberger Straße eingetroffen.

Im Februar 1960 wurde der W 602 a Nr. 169 (Ammendorf, 1956) mit dem Anhänger Nr. 215 beim Endpunkt Bühlau bildlich dokumentiert. Der Anhänger begann seine aktive Laufbahn 1950 mit der Betriebsnummer 109 und ist in Werdau hergestellt worden. Die Werdauer Wagen – in Dresden Nr. 214 und 215 – unterschieden sich nicht nur durch die erhabenen Kotflügel von den später hergestellten Bautzener Wagen, sondern auch darin, dass sie im Gegensatz zu diesen nicht über eine Achsschenkel-, sondern über eine Drehschemellenkung verfügten.

In der Tolkewitzer Straße hat im Mai 1960 ein Zug mit Wagen Nr. 166 an der Spitze die Haltestelle Schillerplatz Richtung Fritz-Förster-Platz erreicht.

Dieser Zug wird gleich von der Bautzner Landstraße in die Grundstraße abbiegen. Wir schreiben April 1963. Zugfahrzeug ist der Ammendorfer Wagen Nr. 167 von 1956, während der Anhänger Nr. 310 ex. 210 ex. 110 im Jahre 1950 in Werdau vom Band lief.

Im September 1965 entstand am Schillerplatz diese Aufnahme mit Wagen Nr. 170 und einem Werdauer Anhänger.

Am Schillerplatz befindet sich am 27.10.1967 ein O-Bus-Zug mit Wagen Nr. 271 ex. Nr. 171 an der Spitze in der Tolkewitzer Straße. Sein Fahrziel lautet Willi-Ermer-Platz.

Der Skoda 9TR1 Nr. 181 gehört zu den acht im Jahre 1962 gelieferten Wagen dieses Typs und ist im August 1962 vor dem Betriebshof Blasewitz neben dem Crossley-Schlepper Nr. 37 – der hier ein H6-Fahrerhaus trägt – bildlich dokumentiert.

Zur gleichen Zeit erleben wir den Wagen Nr. 179 aus der selben Lieferserie vor dem Einrücken in den Betriebshof über die Berggartenstraße.

In der winterlichen Bautzner Landstraße ist an einem Januartag des Jahres 1963 eine Stromabnehmerstange herausgesprungen und wird wieder eingehängt, während die Fahrgäste bereits einsteigen.

Ein malerisches Motiv, aufgenommen im April 1963 in Loschwitz mit der Bergstation der Schwebeseilbahn am oberen Bildrand zeigt den Wagen Nr. 180 mit einem W 701-Anhänger beim Einbiegen von der Grundstraße in den Körnerplatz.

Am 14.09.1965 begegnen sich in der Schleife am Fritz-Förster-Platz (bis 1946 Sedanplatz) der älteste und der jüngste Dresdener O-Bus. Nr. 188, ein Skoda des Typs 9TR5 auf dem Weg nach Weißig, ist erst seit Dezember 1964 im Einsatz. Für den Wagen Nr. 151, der hier Richtung Bühlau beschildert ist, kam genau einen Monat später das Aus.

Von der Bautzner Landstraße biegt im September 1965 ein O-Bus-Zug mit Wagen Nr. 187 und einem W 701 in die Grundstraße ein. Er ist allerdings falsch beschildert, denn er fährt nicht Richtung Weißig, sondern stadteinwärts zum Fritz-Förster-Platz.

Am 06.03.1967 befindet sich der Wagen Nr. 175 der Serie von 1962 mit einem W 701-Anhänger an der stadtauswärtigen Haltestelle Fritz-Förster-Platz (bis 1946 Sedanplatz). Am linken Bildrand erkennt man das Auditorium Maximum der Technischen Hochschule. Kurze Zeit später wird der Bus mit der Nummer 275 fahren.

Nahezu an derselben Stelle fährt im August 1967 der nun als Nr. 283 bezeichnete Wagen Nr. 183 von 1964 mit dem W 701-Anhänger Nr. 340 in die Haltestelle ein.

In der recht steil ansteigenden Grundstraße zwischen Loschwitz und Bühlau ging es zuweilen eng zu, vor allem dann, wenn es wieder einmal Betriebsstörungen gab, wie an einem Oktobertag des Jahres 1960. Im Bild Nr. 158 in einem O-Bus-Zug nach Weißig. Nicht unerwähnt bleiben soll, dass damals der Verkehr im Bereich dieser Engstelle durch beidseitig angebrachte Richtungsampeln geregelt wurde.

Ein Jahr später stand der Verkehr wegen einer Störung in der Bautzner Landstraße. Hier erkennt man im Hintergrund das elterliche Wohnhaus des Bildautors.

Auf der Grundlage eines Überlassungsvertrages vom 09.01.1952 kamen die Leipziger O-Bus-Anhänger Nr. 502, 506 und 507 nach Dresden. Nur die beiden erst genannten blieben auch hier und fuhren einige Jahre mit Zugmaschinen. Nr. 502 wurde 1953 in der Strehlener Straße beim Hauptbahnhof als Linie D von Christian Väterlein aufgenommen, Nr. 127 ex. 27 ex. 506 drei Jahre später vom Bildautor selbst als Aufenthaltswagen beim Hauptbahnhof.

Im Zelleschen Weg fährt ein Skoda 9TR mit dem W 701 Nr. 337 in eine hinter der Ackermannstraße beginnende Baustelle ein. Der Anhänger wurde 1958 in Weimar gebaut und kam 1964 aus Gera, wo er mit der Nummer 502 unterwegs war.

Eine Sonderstellung nahm der Anhänger Nr. 101 ein, der bis zu seiner Aussonderung noch vier weitere Nummern erhalten hat. Hier zeigt er sich im April 1957 als Nr. 214. Bereits 1944 in Werdau gebaut, kam er erst 1948 erstmalig zum Einsatz. Seine Herkunft ist nicht bekannt.

Bereits 1944 gab es bei den Dresdener Verkehrsbetrieben mindestens drei Schumann-Anhänger, die aber alle Opfer des Bombenangriffes wurden, bei dem der Omnibusbetriebsbahnhof Naußlitz zerstört worden ist. Der Wagen Nr. 215 dieser Bauart fuhr ab 1951 mit der Nummer 109, ist 1950 in Werdau hergestellt oder aufgebaut worden und wurde aus Leipzig, nicht aber von den LVB, übernommen. Seine Außerdienststellung und der Verkauf erfolgten im Jahre 1963.

1948 sind die Wagen Nr. 102 bis 107 in Werdau vom Band gelaufen. Bis auf Nr. 107 (201 bzw. 301) wurden sie 1956 und 1963 bis 1967 jeweils um 100 nach oben nummeriert. Die Aufnahmen zeigen Nr. 205 im November 1957 beim Betriebshof und Nr. 306 im September 1965 in Bühlau.

Winterliche Atmosphäre strahlen diese beiden Motive vom Jahresende 1956 in der Bautzner Landstraße mit drei O-Bus-Zügen und vom Januar 1960 in Bühlau aus. Bei den Anhängern Nr. 211 und 212 handelt es sich um 1950 in Werdau produzierte Fahrzeuge. Bis 1956 liefen sie mit den Nummern 111 und 112.

Auch der Anhänger Nr. 209, welcher im Mai 1960 in der Bautzner Landstraße einen Achsbruch erlitt, ist vom Baujahr 1950. Er lief allerdings bis 1956 mit der Nr. 114. Hervorhebenswert ist der überholende Zug. Er wird angeführt vom einzigen Skoda 8TR in Dresden, dem Wagen Nr. 174.

Die Anhänger Nr. 222 und 318, aufgenommen beim Betriebshof im November 1957 bzw. im Januar 1963, gehören zur 1952 in Bautzen gefertigten Nummernreihe 116 bis 123. Nr. 222 fuhr ursprünglich mit der Nummer 122, 318 mit der Nummer 118 und ab 1956 Nr. 218.

Geduld brauchte man zuweilen beim O-Bus-Verkehr. Im Oktober 1961 stand in der Bautzner Landstraße zwischen Grundstraße und Endpunkt Bühlau wieder einmal alles still. Der letzte Anhänger mit der Nr. 220 stammt aus der Serie Nr. 116 bis 123 von 1952 und fuhr bis 1956 mit der Nr. 120.

Im Zelleschen Weg ist oberhalb der Ackermannstraße ein LOWA W 602 a am 04.09.1965 mit dem W 700-Anhänger Nr. 321 ex. 221 ex. 121 aus dem Jahre 1952 unterwegs nach Bühlau.

Im Jahre 1959 fuhr der ein Jahr zuvor von den Industriewerken Dresden übernommene W 701 Nr. 231 noch in der rot-weißen Lackierung seines früheren Eigentümers. Hergestellt wurde der Anhänger 1956 in Bautzen.

Auch hinter den Skoda 706 RO waren W 701 ein durchaus alltäglicher Anblick. Hier sehen wir den KOM Nr. 31 ex. 105 mit dem Anhänger Nr. 229 im Oktober 1960. Auch dieser Busanhänger ist 1956 in Bautzen hergestellt worden.

Bei Schneeglätte blieben die Anhänger der O-Busse im Außenbereich des Betriebshofes stehen. Sie säumten dann in langer Reihe die umliegenden Seitenstraßen. Die Aufnahmen entstanden im Januar 1961.

Am 06.03.1967 zeigt sich der W 701 Nr. 339 am Fritz-Förster-Platz (bis 1946 Sedanplatz) bei der Technischen Hochschule. Das Fahrzeug ist 1956 in Weimar gebaut worden und kam ein Jahr vor der Aufnahme aus Hoyerswerda.

Seit 1963 sind im Karosseriewerk Altenburg W 700 und W 701 mit modernen Aufbauten versehen worden. Die Aufnahmen vom Oktober 1969 zeigen die W 701 Nr. 335 und 325 mit solchen Karosserien. Hier handelt es sich um Vertreter der späteren Ausführung, erkennbar unter anderem an den untereinander stehenden Rücklichtern.

Mit den Nummern 341 bis 353 wurden 1969 dreizehn Jelcz-Anhänger des in der DDR recht seltenen Typs PO46 mit einer Falttür in den Bestand übernommen und meist hinter den Skoda 9TR eingesetzt. Bereits 1974 endete ihre aktive Zeit in Dresden. Die Aufnahme vom Wagen Nr. 342 entstand am 09.04.1971 an der Endstation Dorfteich in Weißig.

Zum Abschluss noch ein kleines Schmankerl: Im Januar 1960 kam es in Bühlau wieder einmal zu einer Störung der Fahrleitungskreuzung zwischen Straßenbahn- und O-Bus-Oberleitung. Der Montagetrupp ist bereits am Fahrdraht, während eine Zugmaschine den O-Bus-Zug mit Wagen Nr. 171 um die Baustelle herum schleppt.

Sachsen
Görlitz

Am 25.05.1882 mit 1.435 mm Spurweite als Pferdebahn eröffnet und mit insgesamt 12 Wagen aus zwei Lieferungen der Fa. Herbrand in Köln ausgestattet, erfolgte 1896/97 die Umspurung auf 1.000 mm und ab Dezember 1897 der elektrische Betrieb mit zunächst 26 Triebwagen vom hiesigen Waggonbauunternehmen, denen 1899 weitere 4 folgten. Auch die nächste Generation mit 16 Triebwagen kam in mehreren Baulosen 1926-28 direkt aus Görlitz. Zeitlebens mussten ab 1905 Fremdfahrzeuge den Fuhrpark ergänzen, um den Linienbetrieb zu gewährleisten. Das Streckennetz umfasste in seiner größten Strukturierung bis zu 5 Linien, einschließlich einer bereits in der Pferdebahnzeit befahrenen und nach dem Ersten Weltkrieg aufgegebenen Ringbahn durch die Innenstadt. Heute werden die Landeskrone sowie die Ortsteile Weinhübel und (mit sogar zwei Streckenästen) Königshufen mit zwei Linien der Straßenbahn erreicht. Im Fuhrpark stehen dafür vierzehn KT4D zur Verfügung. Die ausgewählten Aufnahmen stammen aus den Jahren 1956 bis 1978.

Zwei Generationen Görlitzer Wagen

Die Görlitzer elektrische Straßenbahn erhielt zwischen 1897 bis 1928 insgesamt 46 Triebwagen fabrikneu vom ortsansässigen Waggonbau Lüders bzw. WUMAG. Diese verblieben in zum Teil stark verändertem Zustand bis 1964 bzw. 1979 im Liniendienst. Als Arbeitsfahrzeuge konnten sich einige von ihnen noch bis längstens Anfang 1987 nützlich machen. Erhalten sind von ihnen die Wagen Nr. 24^II^ von 1928 mit dem Laufgestell von Tw 35^II^ aus dem Jahre 1925 und der Wagen Nr. 23^II^ aus dem Jahre 1928.

Zur Erstausstattung gehörte dieses Fahrzeug, hier an einem regenreichen Tag Anfang Juni 1965 als Schleif- und Spülfahrzeug Nr. 106 beim Postplatz aufgenommen. Bis 1956 fuhr das Dienstfahrzeug unter der Nr. 6^II^. Leider konnte die ursprüngliche Nummer bis heute nicht ermittelt werden. Auch gelang es nicht, das Fahrzeug für eine spätere museale Aufarbeitung sicherzustellen, womit ihm letztendlich nur die Zerlegung blieb, welche im Spätsommer 1969 vollzogen worden ist.

Bereits als Anhänger Nr. 41^{III} ist hier der ehemalige Umbautriebwagen Nr. 13^{II} hinter dem Tw 26^{II} beim städtischen Theater im Jahre 1956 im Einsatz. Die insgesamt 15 Umbautriebwagen sind 1928/29 aus Triebwagen der Anfangsserien entstanden. Zehn von ihnen, die weiter als Triebwagen im Einsatz verblieben, bekamen 1935/36 neue Nieskyer Laufgestelle.

Tw Nr. 14^{III} ex. 9^{II} bzw. 12^{II} sind hier auf der kurzen Stadthallenlinie 5 1956 am Postplatz bzw. Linie 3 zwei Jahre später beim Stadttheater am Demianiplatz aufgenommen worden.
Der Linieneinsatz der umgebauten Triebwagen endete im Jahre 1964. Als Arbeitswagen verdienten sich noch drei von ihnen bis 1967/68 mit weitgehend identischem Aussehen und gleicher Ausstattung ihr Gnadenbrot: Nr. 11^{II} als Nr. 105, 13^{III} und 14^{III} als Nr. 101 und 102.

Tw 35^II von 1925/26 als Solowagen im Jahre 1958 am Grünen Graben. Sein Laufgestell von 1925 ist noch heute im Cottbuser Oldtimer Nr. 24 mit einem Aufbau von 1928 aktiv, während der Aufbau selbst im Herbst 1979 den Weg allen alten Eisens gehen musste.

Mit einem Dresdener Anhänger ist Anfang 1965 WUMAG-Tw 29^II von 1927 in der Berliner Straße vor der Dr.-Friedrichs-Straße als Linie 2 auf dem Wege zur Landeskrone. Als Hilfsgerätetriebwagen Nr. 103^II blieb ihm vom Herbst 1968 bis zum Sommer 1981 das Gnadenbrot. Der Abbruch allerdings war erst vier Jahre später vollendet.

Tw 27^II als Solowagen im September 1966 an der Haltestelle Demianiplatz als Linie 1 mit Fahrtrichtung Rauschwalde. Nach einem Zusammenstoß im Jahre 1970 abgestellt, erfolgte im Oktober 1972 die Verschrottung.

Die in eigener Werkstatt 1957 bzw. 1964 (nach einem Unfall) modernisierten Triebwagen Nr. 34^{II} und 33^{II} sind 1967 bzw. 1968 fast identisch zu Arbeitswagen Nr. 101^{II} und 102^{II} umgebaut worden und zeigen sich hier im bzw. vor dem Betriebshof im Mai 1971. Sie schieden 1975 (102) bzw. 1979 (101) aus dem Bestand aus und wurden zerlegt. Eine Besonderheit beim Wagen Nr. 101^{II} ex. Tw 34^{II} waren die beim Umbau nach links gestellten Fahrschalter, welche beim Fahrpersonal infolge des nun deutlich größeren Abstandes von Fahr-, Schalt- und Bremskurbel keine rechte Freude aufkommen ließen.

Blicke auf das Görlitzer Netz

Viele Abschnitte der Strecken im Stadtgebiet von Görlitz atmeten noch bis weit in die 1970er Jahre weitgehend das unverstellte Flair der zwanziger Jahre. Das machte auch die Fotodokumentation immer wieder interessant. Dieser Hauch ist heute leider weitgehend verflogen, wenngleich sich die meisten Gebäude in vorbildlich restauriertem Zustand zeigen. Ein vom Umfang eher überschaubarer Busverkehr ist seit 1938 betrieben worden, welcher in den späten achtziger Jahren mit mehr als 40 Fahrzeugen seine größte Ausprägung hatte.

Diese Aufnahme vom Juni 1965 im unteren Teil der Berliner Straße spricht Bände und könnte so ähnlich auch dreißig Jahre vorher entstanden sein.

Fahrt eines WUMAG-Tw mit dem ex. Hoerder Anhänger Nr. 58 vom Demiani- zum Postplatz als Kurs der Linie 1 Richtung Weinhübel im Jahre 1958.

Als im Jahre 1956 Tw 31^II von 1927 an der Haltestelle Demianiplatz mit dem erst wenige Wochen alten LOWA-Beiwagen Nr. 55^II vorfährt, gab es in Görlitz noch keine LOWA-Triebwagen. Alle nun sechs Anhänger fuhren also hinter Altbautriebwagen. Der abgebildete Triebwagen wurde 1963 bei einem Zusammenstoß mit Tw 33^II schwer beschädigt. Die bereits begonnene Wiederherstellung ist 1967 gestoppt und die letztendlich erforderliche Verschrottung bis zum 31.08.1970 vollendet worden, womit der erste WUMAG-Triebwagen aus dem Bestand ausgeschieden war.

Zwei Jahre später erleben wir den LOWA Tw Gothaer Bauart Nr. 2^III von 1956 mit dem gut ein Jahr älteren Bw Nr. 52^III vor dem im Ursprung spätmittelalterlichen Kaisertrutz am Übergang vom Demianiplatz in den Grünen Graben.

Zehn Jahre war die Behängung von LOWA-Triebwagen mit Dresdener Anhängern auf Görlitzer Linien alltäglich. Hier Tw 3^III mit Bw 67 am verregneten 05.06.1965 vor der Kulisse von Stadtsparkasse und Amtsgericht am Postplatz, der damals Platz der Befreiung hieß.

Der 1970 im Raw Berlin Schöneweide instandgesetzte Tw 3^III war zwar ein Zweirichtungswagen, ist in Görlitz aber zu keiner Zeit im Zug so gefahren. Anfangs nur mit Gotha-Zweirichtungswagen, zuletzt vereinzelt auch mit Reko-Zweirichtungswagen sah man ihn bis zu einem Fahrschalterbrand im November 1979 ausschließlich auf der Linie 2. Hier eine Aufnahme vom Mai 1971 an der Haltestelle Demianiplatz.

Wenige Monate vor der Betriebseinstellung der Linie 3 zur Stadthalle wartet Tw 36[II] im Juni 1965 am Postplatz auf die Rückfahrt zur Stadthalle. Nach einem Auffahrunfall auf ein Fuhrwerk zwischen Sonnenland und Zeltgarten am 01.05.1973 schwer beschädigt, erfolgte bis Ende September desselben Jahres sein Abbruch.

Viele Jahre konnte man die Haltestelle am Bahnhof so erleben, wie auf diesem Regenbild vom Juni 1965. Eingefahren ist der noch fast fabrikneue Tw 10[III] mit Bw 63[III] Richtung Krankenhaus. Auf dem anderen Gleis ein Zug der Linie 1, angeführt von Tw 3[III] mit Fahrziel Weinhübel.

Der nun fast 10 Jahre alte LOWA-Tw 3[III] im September 1966 beim Rangieren an der Endstation Weinhübel. Zwei Jahre später führte ein Unfall zur vorrübergehenden Stilllegung, welcher 1970 die Generalreparatur im Raw Berlin-Schöneweide folgte. Die im Hintergrund erkennbaren Hochbauten des Schweizerhauses – einst ein bekanntes Restaurant – sind 1973 abgerissen worden.

Dasselbe Fahrzeug – inzwischen generalüberholt – im Juni 1974 als Solopendel der Linie 2 am Abzweig südlich des Bahnhofes. Im Bahnhof selbst ist eine Lok der Baureihe 52 zu sehen.

Einen interessanten Blick auf die Türme in der Altstadt gewährt dieses Bild vom 16.06.1974 kurz vor der Endstation Virchowstraße, die heute leider nicht mehr besteht. Der abgebildete Solowagen Nr. 20[IV] trat 1959 seinen Dienst als Tw Nr. 15 in Stralsund an und fuhr von 1966 bis 1973 mit der Nr. 150[II] in Gera, verbrachte seinen Lebensabend in Jena und ist heute weitgehend im Originalzustand als Oldtimer Nr. 37 in Naumburg betriebsfähig.

Der ehemals Plauener Tw 7[III] von 1957 am 16. Juni 1974 als Solopendel an der Ausweiche Elektroschaltgerätewerke der im März 1986 stillgelegten Rauschwalder Strecke. Teile der Hochbauten dienten einst einer stadtbekannten gut besuchten Lokalität: dem Café und Restaurant Schillerschlösschen.

Beim Rangieren des Tw 4^{IV} von 1957 am selben Tag vor dem Postplatz öffnet sich mit dem Blick in die Schützenstraße ein Stück Görlitzer Straßenbahngeschichte in Gestalt der ehemals dort zuletzt nur noch bis zur Stadthalle verkehrenden Moyser Strecke.

Der heute als Oldtimer erhaltene Tw 23^{II} von 1928 zeigte sich im Juni 1974 dem Fotografen im letzten Umbauzustand als Solopendel oberhalb des Jakobstunnels auf dem Weg zur Landeskrone.

Auch im August 1976 waren WUMAG-Triebwagen noch vereinzelt im Liniendienst zu erleben, hier Nr. 28^{II} mit dem Reko-Anhänger Nr. 50^{IV} in der oberen Berliner Straße.
Den Kontrast vollendet am rechten Bildrand ein erst 2 Jahre alter Ikarus 255, der auch zur Görlitzer Straßenbahn gehörte.

Am winterlichen 09.04.1977 ist mit Tw 16^{III} und Bw 68^{III} in einem Zug der Linie 2 Richtung Krankenhaus ein typenreiner Gothazug aus tschechischer Produktion in die Haltestelle Demianiplatz eingefahren und steht nun vor der malerischen Kulisse des Kaufhauses von 1912.

Malerisch ist auch der Blick stadteinwärts oberhalb des ehemaligen Kreisbahnhofes in Höhe des Autoreparaturwerkes, welches einst dem Bahnbetriebswerk diente, am 21.09. 1978 mit einem Zug der Linie 1 Richtung Rauschwalde, an dessen Spitze der bereits mit neuem Blechkleid versehene Tw 6^{III} zu sehen ist.

Am anderen Ende der Linie 1 ist der Tw 30^{II} von 1927 (ab 1975 Nr. 102^{II}, 1980 ausgesondert) am 19.05.1971 auf dem Weg durch das Sonnenland Richtung Weinhübel in die Haltestelle Zeltgarten eingefahren.

In den ersten Nachkriegsjahren befanden sich im kleinen Omnibusfuhrpark der Görlitzer Straßenbahn auch mehrere ehemalige Postbusse, wie dieser Hansa Lloyd, hier bei einer Ausfahrt dokumentiert um 1956 in Dresden.

Insgesamt drei H6B und vier Anhänger W 701 gehörten zum Fuhrpark der Görlitzer Verkehrsbetriebe. Auf dem Dresdener Altmarkt wurden im September 1963 der Wagen Nr. 9[II] mit Werdauer Aufbau und der Anhänger Nr. 22 mit Bautzener Aufbau bildlich festgehalten.

Ab 1974 lösten Ikarus der 200er Reihe sukzessive alle älteren Fahrzeuge im Busfuhrpark der Görlitzer Straßenbahn ab.
Hier sind zwei Ikarus 255 dieses Unternehmens im Jahre 1977 bei einer Ausfahrt am Frohnauer Hammer bildlich dokumentiert worden. Insgesamt verfügte die Görlitzer Straßenbahn über fünf Linien- und zwei Reisebusse dieses Typs, die zwischen 1974 und 1977 mit den Nummern 31 bis 37 ihren aktiven Dienst antraten.

Fremdwagen im Görlitzer Linieneinsatz

Ihr Anteil am Gesamtbestand war nicht unerheblich. Zur Niederschlesischen Gewerbe- und Industrieausstellung 1905 wurden zur Gewährleistung der zusätzlichen Transportaufgaben von verschiedenen Unternehmen zunächst leihweise fünfzehn Wagen nach Görlitz umgesetzt, die aber spätestens 1909 in den Bestand der hiesigen Straßenbahn übergingen. Auch später sind immer wieder Fahrzeuge aus anderen Straßenbahnbetrieben nach Görlitz gekommen und beendeten hier meist ihren aktiven Einsatz im Linienverkehr. Aktuell befinden sich neben drei Cottbuser KT4D-Triebwagen noch ein Bromberger AEG-Triebwagen und ein Danziger Sommerbeiwagen im Bestand der Görlitzer Straßenbahn.

Der Arbeitwagen Nr. 2[II] kurz vor seiner Ausmusterung, aufgenommen im Gleisdreieck am Posteck im Jahre 1956, begann 1897 seine aktive Laufbahn in Bromberg. Seit 1905 fuhr er in Görlitz.

Umbau des Gerätewagens Nr. 103 ex. 3[II], dokumentiert im Mai 1971. Auch dieser Wagen fuhr von 1897 bis 1905 in Bromberg. Er ist bis heute erhalten geblieben.

Hinter dem Umbautriebwagen Nr. 17^{II} ist hier der von der Hoerder Kreisbahn stammende Beiwagen Nr. 54^{II}A ex. 59 mit bereits umgebauten Seitenfenstern in einem Zug der Linie 3 Richtung Landeskrone im Jahre 1956 an der Haltestelle Demianiplatz angekommen.

Der Bw 56 – zuletzt 56A – stammte ebenfalls von der Hoerder Kreisbahn, behielt aber bis zu seiner Aussonderung seine originalen Seitenfenster. Hier am Postplatz im Jahre 1956.

Mehr als 30 Jahre prägten neun Anhänger des Typs Dresden, die 1931 von der umgespurten Lößnitzbahn hierher kamen, den Verkehrsalltag in Görlitz und sind mehrmals umgebaut worden. Hier zwei von ihnen auf der Linie 1 im September 1966. Nr. 68^II ex. 60^II – an der Goethestraße – behielt das verlängerte originale Meinecke-Fahrgestell. Nr. 67 (Foto am Schweizerhaus an der Endstelle in Weinhübel) ist auf einem Austauschfahrgestell des Typs TO I neu unterwegs, das er bereits in Dresden erhalten hatte.

1962 bzw. 1968 wurden die Anhänger Nr. 59^II ex. 68 bzw. 69 ex. 61^II zu Salzanhängern umgebaut und bis Ende 1974 eingesetzt. Hier sind sie beide im Mai 1971 im Betriebshof zu sehen.

Nach der Stilllegung der Straßenbahn in Hohenstein-Ernstthal kamen im Sommer 1960 alle drei 1928 von MAN hergestellten Anhänger Nr. 33 bis 35 in die Neißestadt und liefen hier mit den Nummern 42^IV bis 44^IV bis längstens 1968. Im Bild Nr. 44^IV am Postplatz zusammen mit Tw 32^II Anfang Juni 1965. Vor wenigen Jahren kehrte Nr. 42^IV – bis dahin viele Jahre als Gartenlaube verwendet – in seine Heimat zurück und erwartet dort seine museale Aufarbeitung.

1965 kamen aus Erfurt drei Aufbauwagen Gothaer Einrichtungsbauart von 1949, welche im Ursprung Triebwagen von 1904/08 waren, nach Görlitz. Im Bild Nr. 75^II (ex. Erfurt Nr. 236) mit dem modernisierten WUMAG-Tw 33^II auf der Linie 2 Richtung Landeskrone, aufgenommen im September 1966 an der Haltestelle Demianiplatz. 1971 schied er als letzter der Serie aus dem aktiven Dienst aus und wurde verschrottet.

Ohne Einsatz blieben in Görlitz die 1969 von Gera umgesetzten Werdauer Aufbauwagen Nr. 205 und 206 von 1947. Ein Jahr nach dieser Aufnahme (Mai 1971 im Betriebshof) waren sie als Schulungsräume hergerichtet und verblieben mehr als 10 Jahre in dieser Verwendung.

Mit den Geraer Bw Nr. 223^{II} ex. 227 und 225 kehrten 1969 zwei 1927 für die Frankfurter Straßenbahn in Görlitz gebaute Anhänger zurück und waren mit den Nummern 71^{III} und 72^{II} bis Ende 1973 auf Görlitzer Linien im Einsatz. Das Bild zeigt Nr. 71^{III} mit Tw 28^{II} aus dem selben Baujahr vor der Kulisse des Amtsgerichtes am Postplatz im Mai 1971.

Bereits 1962 kamen je drei Trieb- und Beiwagen Gothaer Bauart aus Plauen nach Görlitz. Später sollten es noch weitere zwei Anhänger aus dieser Stadt werden. Im Bild die Ankunft von Tw 7^{III} ex. Plauen Nr. 66 und Bw 61^{III} ex. Plauen Nr. 8 an der Landeskrone im September 1966.

Auch von Halle (Saale) fanden zu unterschiedlichen Zeiten Gotha-Zweiachser den Weg in die Neißestadt. Zu ihnen gehörte auch der abgebildete Tw 14^{IV} von 1958, der sich im Mai 1971 bereits mit unvollständiger Beleistung am Postplatz zeigt.

Zum Abschluss noch eine Gegenüberstellung. Der zweitürige Ikarus 66.61, Nr. 17 begann seine aktive Zeit 1964 und zeigt sich hier während einer Sonderfahrt im Juli 1964 in Karl-Marx-Stadt. Kurz nach einer Generalreparatur in Dresden erleben wir den Ikarus 66, Nr. 14 von 1962 am 1996 abgerissenen Café Posteck im September 1966, kurz nach Einstellung der Stadthallenlinie, zu der der Gleiskörper am unteren rechten Bildrand gehörte. Die Außenbeschriftung wurde erst kurz vorher in Görlitz eingeführt. Typisch für frühe Generalreparaturen im RfG Dresden waren die Positionslampen am vorderen Dachrand. Diese sind bis 1967 in der abgebildeten Form zum Einbau gelangt. Nur wenige Monate verwendete man ab 1966 in Görlitz farbig hinterlegte Linienkennzeichnungen. Sie wurden deshalb auch so gut wie nie bildlich dokumentiert, hier Linie A gelb auf grünem Grund.

Sachsen
Hohenstein-Ernstthal

Die nicht ganz 12 km lange meterspurige Straßenbahn von Hohenstein-Ernstthal über Lugau nach Oelsnitz nahm ihren Betrieb am 17.02.1913 auf. 1928 verfügte sie über 9 Trieb- und 12 Beiwagen für den Personenverkehr sowie 17 Güter- und Spezialwagen, denen bis 1952 noch ein Triebwagen und zwei Personenanhänger folgten. Auf der Grundlage eines Gutachtens vom 14. Juli 1958 über die Wirtschaftlichkeit der Bahn und den zu erwartenden Investitionsbedarf für ihre Modernisierung sowie des mittlerweile auch durch Bergschäden verursachten Zustandes der Strecke erfolgte die Betriebseinstellung am 26.03.1960. Ein Teil des Wagenparks ist von anderen Unternehmen weiter genutzt worden. Mit der Rückkehr des ehemaligen Görlitzer Beiwagens Nr. 42^{IV}, der hier von 1928 bis 1960 mit der Nummer 33 fuhr, vor wenigen Jahren zum Bergbaumuseum Oelsnitz, ist außer einem Turmwagen auch ein Personenfahrzeug dieser Bahn erhalten und wartet auf seine museale Aufarbeitung.

Die Triebwagen Nr. 6 und 8 gehören zur Erstausstattung der Bahn, zu der 9 Triebwagen gehörten, und sind 1912 in der Aktiengesellschaft für Eisenbahn- und Militärbedarf Weimar gefertigt worden, hier am Endpunkt Hohenstein-Ernstthal im Juni 1956.
Nicht unerwähnt soll an dieser Stelle der 1987 auf Initiative von Heinz Schönherr erfolgte Nachbau eines Führerstandes mit von ihm Jahre zuvor sichergestellten Teilen des ausgesonderten Tw 5 bleiben.

Der Triebwagen Nr. 2 der Erstausstattung von 1912 mit Anhänger Nr. 29 und dem hier nicht erkennbaren LOWA-Beiwagen Nr. 32 an der Endstation Hohenstein-Ernstthal im Juni 1956. Es bleibt Zeit für ein kurzes Gespräch zwischen dem Fahrer und der Schaffnerin. Die einst dreifenstrigen Wagen erhielten um 1926 zusätzliche Fenstersäulen. Der Triebwagen Nr. 9 ist bildlich kaum dokumentiert, weil er 1917 bis 1928 und ab 1938 als Triebwagen Nr. 12 auf der Pfälzer Oberlandbahn Neustadt-Landau fuhr. Der Gütertriebwagen Nr. 11 – wegen seiner rotbraunen Farbe „Rotfuchs" genannt – kam 1960 als Arbeitswagen mit der Nummer A 11 nach Halle (Saale).

In der Sammlung des Bildautors befindet sich dieses interessante Motiv aus dem Jahre 1952. Es zeigt den frisch lackierten Tw 10 von 1928, welcher nach der Stilllegung der Bahn als Arbeitswagen A 13^{II} bis 1964 im Hallenser Betriebshof Ammendorf verwendet wurde, zusammen mit den hier noch fast neuen LOWA-Beiwagen Nr. 31^{II} und 32^{II} von 1952 an der Endstation Hohenstein-Ernstthal.

Im Juni 1956 zeigt sich der erst wenige Jahre alte LOWA-Anhänger Nr. 32^{II} in recht verbrauchtem Zustand an nahezu derselben Stelle.
Zusammen mit Nr. 31^{II} kam er 1960 nach Zwickau (dort Nr. 121^{II} bis 122^{II}, ab 1962 Nr. 221 bis 222). Von 1925 bis 1938 liefen mit den Nummern 30 bis 32 drei von Mansfeld übernommene Vierachser aus den Jahren 1899/1900, hergestellt in Breslau.

Im Juni 1956 rangiert Triebwagen Nr. 8 der Erstausstattung an der Endstation Hohenstein-Ernstthal.

Die Triebwagen Nr. 7 und 1 sowie der Beiwagen Nr. 21 der Erstausstattung von 1912 sehen im Juni 1960 mit weiterem Rollmaterial der stillgelegten Bahn auf dem Güterbahnhof Hohenstein-Ernstthal einem ungewissen Schicksal entgegen.

Beiwagen Nr. 27 und 23 der Erstausstattung, aufgenommen in stationärer Verwendung durch die LPG Rüsdorf im Mai 1961.

Während der Bw 26 zur Erstausstattung der Bahn gehörte (Serie Nr. 21 bis 29) und 1912 in Weimar gefertigt wurde, stammt der MAN-Beiwagen Nr. 35 aus dem Jahre 1928 (Serie Nr. 33 bis 35), denen kurze Zeit später ein baugleicher Triebwagen folgte. Das eine Bild zeigt auch einen der beiden LOWA-Anhänger von 1952, Aufnahmen beim Rangieren in Hohenstein-Ernstthal im Juni 1955.

Einen traurigen Anblick gewähren diese Aufnahmen vom Juni 1960 auf dem Güterbahnhof Hohenstein-Ernstthal mit für den Abtransport vorbereiteten Fahrzeugen der wenige Monate vorher stillgelegten Bahn.

Eine stationäre Nutzung erfuhren die Aufbauten ausgesonderter Wagen der Straßenbahn in der LPG Rüsdorf. Auf dem Foto vom Mai 1961 erkennt man fünf von ihnen.

Sachsen

Kreischa - Niedersedlitz (Lockwitztalbahn)

Die Betriebsaufnahme der knapp 10 km langen meterspurigen Vorortbahn von Dresden erfolgte am 03.03.1906 mit 6 Trieb- und 2 Beiwagen und 20 Zugverbindungen in jeder Richtung pro Tag. Die Lockwitztalbahn übernahm den Posttransport der vorher hier verkehrenden Postkutsche und hielt hierfür spezielle Fahrzeuge vor. Eine Besonderheit war, dass alle bis 1925 beschafften Triebwagen über einachsige Drehgestelle verfügten. 1968 wurden acht Triebwagen Gothaer Bauart von Erfurt übernommen, drei Jahre später genauso viele umgespurte Werdauer Aufbauanhänger von der Dresdener Straßenbahn übernommen und ersetzten die alten Fahrzeuge im Liniendienst. Als letzte meterspurige Linie der Dresdener Verkehrsbetriebe, zu denen die kleine Bahn ab 01.01.1929 gehörte, endete der Betrieb am 18.12.1977.
Die ausgewählten Fotodokumente entstanden zwischen 1954 und 1977.

Vor dem „Gasthof zum Erbgericht" in Kreischa ist im Jahre 1954 ein Zug der damaligen Linie 31 vorgefahren. Der Anhänger Nr. 4 wurde 1905 bei Busch in Bautzen hergestellt und trug ursprünglich die Nr. 27.

Postübergabe in Niedersedlitz mit dem Postanhänger Nr. 3522 im Jahre 1955 bzw. 1956. Die Elektropaketwagen in unterschiedlicher Bauart – meist von Bergmann-Borsig hergestellt – waren bis Mitte der 1960er Jahre nahezu überall in der damaligen DDR noch Bestandteil des Verkehrsalltages.

Der Triebwagen Nr. 507[II] wurde 1908 bei der Firma Busch in Bautzen hergestellt und trug einst die Nr. 7 und später 502, hier beim Rangieren an der Endstation Niedersedlitz im Jahre 1957.

Zur Erstausstattung gehörte der Triebwagen Nr. 501[II] von 1906, vorher mit der Nr. 2 bzw. 506 unterwegs, hier ebenfalls 1957 in Niedersedlitz. Gut erkennbar sind die einachsigen Drehgestelle.

Gleicher Ort und gleiche Zeit: Der Beiwagen Nr. 5 stammt aus dem Jahre 1908 und lief einst unter der Nr. 23, während der Anhänger 12[II] kurz vor der Aufnahme aus Dresden übernommen worden ist, wo er unter der Nr. 325[II] gefahren ist und einer Serie von 1909 bis 1911 in eigener Werkstatt hergestellter Anhänger angehörte.

Betriebshof in Kreischa mit den Triebwagen Nr. 501^{II}, 506^{II} und 508^{II}, bildlich dokumentiert im Jahre 1959.

Triebwagen Nr. 508^{II} beim Rangieren an der Endstation Kreischa und Zug der Linie 31 an der Endstation Niedersedlitz, aufgenommen im Sommer 1963. Nicht unerwähnt bleiben soll, dass der Triebwagen Nr. 508^{II}, hergestellt 1925 in Bautzen mit einer SSW-Ausstattung, als historisches Fahrzeug überlebt hat und seit 1979 mit seiner Originalnummer 9 bei der Kirnitzschtalbahn betriebsfähig ist.

Wir möchten den Beitrag beschließen mit einigen Bildsequenzen, aufgenommen am 09.05.1977, wenige Monate vor der Stilllegung, und beginnen am Lockwitztal in der Nähe der Beamtenhäuser. Hier erkennt man am oberen rechten Rand die Bauten der Ortschaft Sobrigau.

In Altlockwitz ist ein Zug mit Fahrtrichtung Niedersedlitz zu sehen. Im Hintergrund erhebt sich die Lockwitzer Schlosskirche, welche in einer katholischen Kapelle aus dem 13. Jahrhundert ihren Ursprung haben soll.

Auch dieser Zug in Altlockwitz fährt nach Niedersedlitz. Der Blick richtet sich auf den im Hintergrund quer stehenden Unteren Gasthof Lockwitz an der Dohnaer Straße.

Am Haußmannsplatz in Kreischa fährt der Tw Nr. 240 003 am Erbgericht (rechts im Bild) vorbei Richtung Betriebshofeinfahrt.

Hier befährt ein Zug Richtung Niedersedlitz die Lockwitztalstraße in Lockwitz.

Im Lockwitztal zwischen Hummelmühle und Rügers Fabrik fährt hier ein Zug Richtung Kreischa. Die dort befindliche Haltestelle hieß zuletzt „Straße nach Sobrigau“.

Sachsen
Straßenbahn Leipzig

Bereits 1869 beantragten zwei Schweizer Unternehmer den Bau einer Pferdestraßenbahn in Leipzig. Nach der feierlichen Eröffnung der Leipziger Pferde-Eisenbahn am 16.05.1872 erfolgte die Aufnahme des regulären Linienverkehrs zwei Tage später auf zunächst drei Linien und einer Linienlänge von 9,8 km. Die Spurweite betrug ursprünglich 1.435 mm, ab etwa 1880 1.458 mm. Das Netz wuchs in mehreren Ausbaustufen und erreichte im Jahre 1895 eine Streckenlänge von 46,5 km. 1.013 Zugtiere und 172 Wagen waren Ende 1895 für die Betriebsabwicklung vorhanden. Der Pferdebahnbetrieb endete am 16.04.1897. Bereits 1893 begannen unter Regie der AEG Planungen für ein elektrisches Straßenbahnnetz in Leipzig. Als zweite Gesellschaft errichtete die Leipziger elektrische Straßenbahn (LESt) 1895/96 40 km Gleis- und Fahrleitungsanlagen sowie den Betriebshof Wittenberger Straße. Am 20.05.1896 erfolgte die Betriebsaufnahme auf 28 km Streckenlänge mit 50 Trieb- und 50 Beiwagen. Die Gesellschaft – nach dem Außenanstrich der Wagen als „Die Rote“ bezeichnet – hatte 1896 70 Trieb- und 50 Beiwagen. Am 31.12.1916 erfolgte die Vereinigung mit der Großen Leipziger Straßenbahn. 1913 wurde auf zehn Linien gefahren. Die Nachfolge der Pferdebahn trat die Große Leipziger Straßenbahn (GLSt) an – wegen des blauen Anstriches der Wagen „Die Blaue“ genannt. Sie eröffnete den elektrischen Betrieb am 17.04.1896. Mit Beginn des elektrischen Betriebes wurden 135 Triebwagen beschafft. Als Beiwagen dienten zunächst ehemalige Pferdebahnwagen. Zur Unterbringung der Fahrzeuge nutzte man die von der Pferdebahn übernommenen Betriebshöfe. Bereits 1901 wurde von der GLSt auf 13 Linien gefahren. Die Leipziger Außenbahn AG (LAAG) nahm den elektrischen Betrieb am 21.12.1900 auf. 1910 waren drei Linien und zwanzig Maximumtriebwagen vorhanden. 1928 waren bei der Großen Leipziger Straßenbahn eine elektrische Lokomotive, 782 Trieb- und 782 Beiwagen, 24 Güterwagen, 4 Autoturmwagen und 94 Spezialwagen vorhanden, die Streckenlänge betrug 128,819 km. Es gab 8 Buslinien mit 26 Fahrzeugen. Zur LAAG gehörten 6 Triebwagen (weitere wurden von der GLSt gestellt) und die Streckenlänge betrug 16,91 km. Am 01.04.1936 wurden die Markkleeberger und Schkeuditzer Linie zu einer 22,4 km langen Schnelllinie mit einer Reisegeschwindigkeit von 19,1 km/h vereinigt. Am 29.07.1938 erfolgte die Betriebsaufnahme beim O-Bus. Zeitgleich änderte man den Betriebsnamen in Leipziger Verkehrsbetriebe (LVB). Ab 01.10.1951 gehörte die LAAG zu den Leipziger Verkehrsbetrieben. Auch heute gehören die LVB zu den größten Straßenbahnbetrieben in Deutschland. Auf 15 Straßenbahn- und 38 Buslinien (9 Nachtbuslinien) werden heute 281 Triebwagen, 48 Beiwagen und 165 Omnibusse zum Einsatz gebracht. Die Länge aller verlegten Gleise beträgt 318,7 km. Wir möchten mit einzigartigen Bilddokumenten aus dem Schaffen von Herrn Dönges einen Einblick in den Betriebsalltag der 1950er bis 1970er Jahre und dabei auch einen Überblick über die markantesten Straßenbahnen, O-Busse und Kraftomnibusse in Leipzig jener Jahre vermitteln, dabei auch manche Exoten zeigen, aber keineswegs den Anspruch erheben, wirklich alles, was man über die Leipziger Straßenbahn wissen könnte, auch hinreichend darzustellen.

Bereits 1908 wurden die Salzstreuwagen 5700 bis 5709, 5712 bis 5717 und 5719 bis 5722 gebaut und standen vereinzelt bis 1975 im Einsatz. Auf der Grundlage des Wagens Nr. 5712 erfolgte 1972 der Nachbau des historischen Pferdebahnwagens Nr. 95. Die Aufnahme zeigt den Wagen Nr. 5714 im September 1963 im damaligen Straßenbahnhof DSF (Angerbrücke).

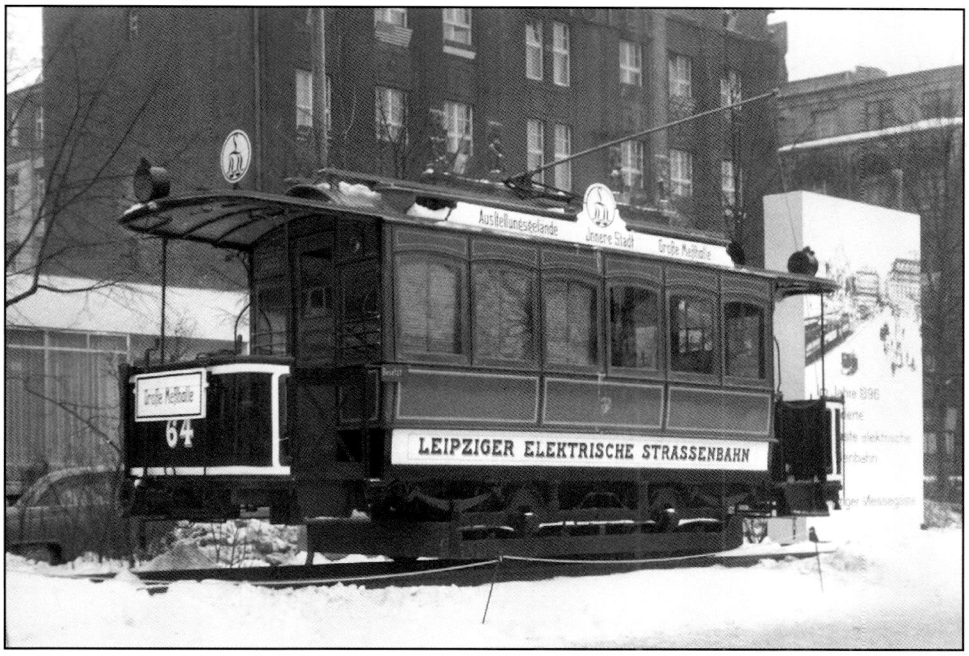

So sah die Erstausstattung der LEst aus: die Firma Herbrand in Köln lieferte 1896 30 und 1897 weitere 40 Triebwagen. Die ersten 40 Triebwagen kamen allerdings ebenfalls 1896 aus Breslau. Bis 1933 standen die letzten Vertreter bei der nun als Kommunalbetrieb aufgestellten Großen Leipziger Straßenbahn im Liniendienst in der Nummernreihe 801 bis 892. Viele verdienten sich ihr Gnadenbrot als Arbeitswagen. Der hier in der beim Hauptbahnhof gelegenen Richard-Wagner-Straße am 28.02.1965 vorgestellte Oldtimer Nr. 64 fuhr zuletzt mit der Nr. 854.

Zu den ganz seltenen Fahrzeugen gehört der LVB Typ 52 a, die Beiwagen Nr. 447^{II} bis 449^{II}, bis 1954 Nr. 546^{II} bis 548^{II}. 1913 gebaut und 1931 in eigener Werkstatt umgebaut, fuhren sie noch bis 1958 im Liniendienst. Die Aufnahme von 1957 entstand an der Endstation Richard-Wagner-Straße beim Hauptbahnhof und zeigt die Wagen Nr. 448^{II} und 447^{II}.

In der Leninschleife (heute Naunhofer Straße) ist im Jahre 1958 der Bw 405^{II} bildlich dokumentiert worden. Dieses Fahrzeug wurde 1911 hergestellt und 1952 in eigener Werkstatt umgebaut. Die mit halb geschlossenen Perrons versehenen Einrichtungsbeiwagen dieses – als Typ 52 b bezeichneten – Typs waren ab 1952 in der Nummernreihe 401 bis 420 zusammengefasst und schieden bis 1963 aus dem Liniendienst aus. 17 Beiwagen fanden noch Verwendung als Arbeitsbeiwagen.

Aus Beiwagen des 1952 in eigener Werkstatt aus Fahrzeugen von 1908 bis 1913 geschaffenen Typs 52 b entstanden 1959 die Salzbeiwagen Nr. 5751 bis 5760, welche vereinzelt auch noch nach 1980 im Einsatz gestanden haben. Die Aufnahme vom 18.03.1971 zeigt die Wagen 5751^{II} und 5753^{II} ex. Bw Nr. 402^{II} und 411 (1977 umnummeriert in Nr. 5663^{II} und 5665^{III}) im Straßenbahnhof Reudnitz.

145 Triebwagen mehrerer Nummernreihen der Großen Leipziger Straßenbahn sind 1920 im Nummernbereich 1180 bis 1324 zusammengefasst worden und waren – zum Teil mit stärkeren Motoren ausgerüstet – vereinzelt noch bis 1974 als Arbeitswagen zu sehen. Der Umbau der 1910 bis 1913 hergestellten Triebwagen erfolgte ab 1926 wieder in der Zentralwerkstatt der GLSt in Lindenau. Die Aufnahmen zeigen originale und geänderte Seitenfenster. Hier ein solches Fahrzeug, aufgenommen 1958 mit dem Markthallenwagen Nr. 5622 am Martin-Luther-Ring vor der Karl-Tauchnitz-Brücke.

Im Jahre 1957 zeigt sich der Tw Nr. 1200, bei dem die äußeren Seitenfenster mittig geteilt wurden, an der Endstation Richard-Wagner-Straße beim Hauptbahnhof.

Auch der Triebwagen Nr. 1229 – hier in einem Bilddokument aus dem Jahre 1958 mit einem Markthallenwagen an der Endstation Richard-Wagner-Straße/Hauptbahnhof – lässt gleichermaßen geänderte Seitenfenster erkennen.

Am Wilhelm-Leuschner-Platz erleben wir im November 1957 den Triebwagen Nr. 1242 mit dem Markthallenanhänger Nr. 5625.

Mit Bw 266[II] ist der Tw 1204 Anfang 1958 an der Endstation Richard-Wagner-Straße beim Hauptbahnhof vorgefahren.

Noch zwei Motive von der Leninschleife und der Endstelle Richard-Wagner-Straße am Hauptbahnhof mit Zügen, an deren Spitze sich die Triebwagen Nr. 1232 und 1222 befinden. Die Aufnahmen entstanden im März 1958.

Aus dem Triebwagen Nr. 1288 entstand 1955 der Arbeitswagen Nr. 5021[II], den dieses Bilddokument vom November 1957 am Martin-Luther-Ring vor der Karl-Tauchnitz-Brücke mit einer Lore zeigt.

An der Haltestelle Friedrich-Engels-Platz (heute: Goerdelerring) sehen wir in einer einzigartigen Bildsequenz vom August 1964 auch den Arbeitswagen Nr. 5041[III], der einst mit der Nummer 1216 fuhr. Anfang der siebziger Jahre waren die meisten dieser überaus markanten Fahrzeuge aus dem Bestand ausgeschieden.

Am Friedrich-Engels-Platz/Friedrich-Ludwig-Jahn-Allee entstand 1957 dieses Bilddokument mit Bw 335[II], welcher 1912 gebaut wurde. 1931 erfolgte ein Umbau mit Modernisierung. 1966 schieden die restlichen Beiwagen aus dem Liniendienst aus.

Der Beiwagen Nr. 367[II] gehörte zu einer großen Serie von Beiwagen, die 1908 bis 1913 gebaut wurden. Der 1. Umbau (zum Typ 58) erfolgte 1925 bis 1927. In ihrer langen Einsatzzeit waren sie mehrmals umnummeriert worden. Mit Tw 1225 sehen wir ihn im März 1958 am Friedhofsweg.

Tw 1168 ist 1907 in eigener Werkstatt aufgebaut worden und fuhr bei der GLSt bis 1924 mit der Nummer 506. 1929 erhielt er ein starres Fahrgestell. Das Bilddokument dieses Einzelgängers entstand 1957 mit dem Bw 725 von 1925 am Roßplatz.
Ab 1960 verdiente er sich sein Gnadenbrot als Arbeitswagen mit der Nummer 5000.

Gleich zweimal kurz hintereinander erfuhr der abgebildete im Ursprung 1907 für die GLSt gefertigte Triebwagen Veränderungen durch Umbauten. 1931 erhielt er ein starres Fahrgestell und die Nummer 1177^{II}.
Die heutige Gestalt entstand bei einem weiteren Umbau im Zeitraum 1934/36. Hier ein Bild mit Bw 279^{II} (1907/32), aufgenommen im August 1964 bei der Goethestraße beim Hauptbahnhof.
Am linken Bildrand erkennt man einen Pullman-Zug der Linie 14.

Tw 1189 ist Baujahr 1910, GLSt-Centralwerkstätten Lindenau, Umnummerung erfolgte 1924. Er fuhr einst mit Tw 1190 als Zwillingszug und wartet 1957 mit Bw 304^{II} an der Endstation Richard-Wagner-Straße auf seine nächste Fahrt. Im Hintergrund erkennt man die Kopfbauten des Hauptbahnhofes.

Zur Serie Nr. 1325 bis 1375 gehört der im August 1964 in der Goethestraße mit zwei LOWA-Einrichtungsbeiwagen bildlich dokumentierte Triebwagen Nr. 1373. 1924 aus Triebwagen der GLSt-Serie Nr. 863 bis 913 umgenummert und 1935 modernisiert, schieden die letzten Fahrzeuge 1965 aus dem Bestand aus. Am rechten Bildrand erkennt man im Hintergrund das Opernhaus.

Im September 1963 zeigt sich der Arbeitswagen Nr. 5011^{III} vor einem Hallentor des damaligen Straßenbahnhofs DSF (Angerbrücke). 1961 aus dem Triebwagen Nr. 1306 von 1913 umgebaut, endete sein Einsatz zum Beginn der siebziger Jahre.

Aus fünf zusammen über einhundert Fahrzeuge umfassenden Serien verschiedener Hersteller der Jahre 1909 bis 1913 der LESt (zusammengefasst im LVB-Typ 16) entstanden 1929/30 in der neuen Hauptwerkstatt Heiterblick die Triebwagen Nr. 913 bis 1009 des überaus bekannten Typs 27, von dem sich viele Wagen in anderen Unternehmen ihr Gnadenbrot verdienen mussten. Diese interessante Aufnahme von 1957 zeigt Tw 967^{II} an der Endstation Richard-Wagner-Straße beim Hauptbahnhof.

Auch dieses Motiv mit Tw 961^{II} entstand an der Endstation Richard-Wagner-Straße, und zwar im Jahre 1958.

In der so genannten Siegismundschleife am Westeingang zum Messegelände erleben wir an einem schneereichen Märztag des Jahres 1965 den Tw 1933 und einen weiteren Wagen desselben Typs. Am rechten Bildrand ist im Hintergrund die Universitäts-Frauenklinik an der Philipp-Rosenthal-Straße zu erkennen.

Mit Schneeräumgeräten ausgerüstet, ist ebenfalls Anfang März 1965 der Triebwagen Nr. 1968 an der Endstation Richard-Wagner-Straße aufgestellt. In der neuen Serie Nr. 1930 bis 1999 sind die noch verbliebenen 27 Wagen des Typs 27 im Jahre 1962 aufgegangen, deren aktive Zeit im Liniendienst 1966 endete.

In der Lützner Straße vor der Saalfelder Straße erleben wir im winterlichen März des Jahres 1965 einen Dreiwagenzug der Linie 19 mit Fahrziel Schönefeld und Tw 1971 an der Spitze. Wenige Monate später waren solche Bilder Geschichte.

Mehrere Triebwagen des sehr markanten Typs 27 verdienten sich ihr Gnadenbrot als Arbeitswagen. Wir verabschieden uns mit Bildern vom November 1957 am Hauptbahnhof und vom März 1958 an der Leninstraße (heute: Prager Straße) /Friedhofsweg. Der Fahrschulwagen Nr. 5105 fuhr einst mit der Nr. 998, ATw 5005^{II} (ex. 5158^{II}) war bis 1954 im Liniendienst mit der Nummer 1000 unterwegs.

Es würde den Rahmen sprengen, alle Umbauten des Typs 27 zu beschreiben. Nicht unerwähnt bleiben soll aber der Umbau der Triebwagen 925 bis 928 in zwei Doppelbeiwagen mit den Nummern 581^{II} bis 584^{II} im Jahre 1951, von denen 1956 ein Pärchen nach Magdeburg kam und dort als Bücherei-Beiwagen diente. Aufsehen erregte aber der im Jahre 1956 realisierte Bau des Großraumtriebwagens Nr. 1100 mit gummigefederten Radsätzen durch die Hauptwerkstatt unter Verwendung von Teilen der Triebwagen Nr. 929 und 946^{II}. Die Aufnahmen zeigen den Triebwagen 1956 in der Richard-Wagner-Straße und im August 1964 vor dem Hauptbahnhof.

Bereits im Jahre 1955 entstand unter Verwendung der Beiwagen Nr. 445^{II} und 446^{II} der Großraumbeiwagen Nr. 2100, passend zum eben beschriebenen Triebwagen. Das im Jahre 1957 an der Endstation Richard-Wagner-Straße bildlich dokumentierte Fahrzeug ist zusammen mit dem Triebwagen Nr. 1100 im Jahre 1966 nach Schöneiche umgesetzt worden.

Kommen wir nun zu den im Volksmund „Pullmänner“ genannten Zweiachsern, welche wie kaum ein anderer Fahrzeugtyp über mehrere Jahrzehnte den Straßenbahnalltag in Leipzig mit geprägt haben und in ihrer langen Einsatzzeit auch häufig umgebaut und auch umnummeriert worden sind. Die beiden Aufnahmen vom Straßenbahnhof DSF (Angerbrücke), aufgenommen im September 1963 ...

... und am Friedrich-Engels-Platz (heute: Haltestelle Goerdelerring) vom August 1964 mögen einen ersten Eindruck vermitteln.

Die Pullman-Wagen sind drei Lieferserien von insgesamt zweihundert 1925 in Werdau, Bautzen und Dessau gebauten Triebwagen (Nr. 1401 bis 1600) und genau so vielen baugleichen Beiwagen (Nr. 601 bis 800), welche im selben Jahr in Werdau, Weimar, Gotha und Niesky gefertigt worden sind. Die Aufnahme von 1956 am Johannisplatz zeigt einen solchen Zug mit Tw 1509[II] an der Spitze im äußerlich weitgehenden Originalzustand.

Ab 1948 erfolgte der Umbau von Triebwagen zu Einrichtungsfahrzeugen. Der abgebildete Tw 1475 zeigt sich im Mai 1957 am Wilhelm-Liebknecht-Platz (heute: Lindenauer Markt). Bemerkenswert ist die neu eingebaute Teleskoptür an der Hinterplattform, die ab 1956 20 Wagen erhalten hatten.

An der Endstation Rathenaustraße in Leutzsch ist der zum Einrichtungstriebwagen umgebaute Tw 1479 in einem Zug der Linie 17 im Jahre 1956 vorgefahren. Der angehängte Beiwagen Nr. 722 hingegen zeigt sich noch als Zweirichtungswagen.

Noch als Zweirichtungswagen sehen wir auf diesem Bilddokument vom November 1957 den Triebwagen Nr. 1515 mit einem LOWA-Anhänger, aufgenommen am Martin-Luther-Ring vor der Karl-Tauchnitz-Brücke. Am rechten Bildrand ist mit Bw 681 ein Pullman-Anhänger zu erkennen.

Triebwagen Nr. 1506 zeigt sich noch in der roten Farbgebung im Jahre 1956 an der Endstation Walter-Rathenau-Straße in Leutzsch. Der angehängte Beiwagen Nr. 278[II] trägt bereits den neuen Außenanstrich. Ab den späten dreißiger Jahren sind wie bei anderen Fahrzeugtypen nach und nach bei vielen Pulman-Triebwagen Filmanzeigen unterhalb der Dächer über den Führerständen zum Einbau gelangt.

1957 entstand dieses Bilddokument mit Triebwagen Nr. 1464 am alten Gleisdreieck der Endstation Böhlitz-Ehrenberg. Dieses Fahrzeug fuhr damals noch als Zweirichtungswagen und verfügte auch noch über die Originalplattformen.

Im März 1958 hat der auch noch äußerlich im Originalzustand befindliche Triebwagen Nr. 1590 in einem Zug der Linie 33 den Friedhofsweg erreicht.

Wie auf diesen beiden Aufnahmen vom September 1970 haben viele Menschen die Pullmanzüge im Alltag erlebt: die Perrons modernisiert, aber noch nicht mit den schräg gestellten Stirnfenstern, dafür bereits als Einrichtungswagen. Triebwagen Nr. 1517^II erscheint an der Haltestelle Schwarzes Roß in Liebertwolkwitz, Triebwagen Nr. 1510 befindet sich an der Endstation Störmthaler Straße in Liebertwolkwitz. Die Strecke ist am 27.06.1971 letztmalig planmäßig befahren worden.

Bis zu den Luftangriffen vom 04.12.1943 galt der Augustusplatz mit seinen Bauten auf 40.000 m^2 zu den schönsten und größten Plätzen Deutschlands. Völlig unnötigerweise erfolgte am 30.05.1968 die Sprengung der äußerlich weitgehend intakten Universitätskirche St. Pauli (1240 geweiht) und des Alten Augusteums (1831 bis 1836 errichtet, 1892 bis 1897 erweitert). Der Platz (1945 bis 1990: Karl-Marx-Platz) war und ist ein wichtiger Straßenbahnknotenpunkt, wie diese Aufnahme vom 06.03.1964 vor der Kulisse der beschriebenen Bauten in der linken Bildhälfte eindrucksvoll belegt.

Tw 1402 (ab 1966: Nr. 1461^{IV}) am selben Tag wie auch die anderen Bilddokumente dieser Seite am Augustusplatz, rechts im Hintergrund das Alte Augusteum und dahinter der Turm des Neuen Rathauses.

Auf der seit 1962 im Berufsverkehr zwischen Großzschocher und Paunsdorf verkehrenden Linie 3 ist hier ein Pullman-Zug mit Tw 1546^{IV} (1959 ex. Nr. 1593 und zeitgleich Umbau in den Typ 22c) an der Spitze eingesetzt.

Tw 1408 ist hier wieder in einem Zug der Linie 21 zu erleben. Seit 1970 diente er als Atw Nr. 5052.

Nur zwei der Anhänger des Typs 56, wie man die Pullman-Beiwagen auch nannte, fuhren als Einrichtungswagen. Zu ihnen gehörte der 1957 am Hauptbahnhof dokumentierte Bw 644 aus der Weimarer Lieferung.

Wie bei den Triebwagen kamen auch bei den Beiwagen viele Jahre mehrere Umbauzustände gleichzeitig zum Einsatz, wie diese beiden Aufnahmen vom September 1970 eindrucksvoll belegen. Bw 636 zeigt sich am Erich-Weinert-Platz (heute: Wilhelm-Liebknecht-Platz) äußerlich noch weitgehend im Stil seiner Entstehung. Bw 673, hier an der Endstelle Störmthaler Straße in Liebertwolkwitz, verfügt bereits über einen Stahlaufbau.

Tw 1565^{III} wurde 1963 in den Untertyp 22c umgebaut und ist im März 1973 mit zwei LOWA-Anhängern an der Endstation Stötteritz zu sehen. Auch der im November 1970 am Erich-Weinert-Platz (heute: Wilhelm-Liebknecht-Platz) mit zwei Niederfluranhängern aufgenommene, etwas moderner wirkende Triebwagen Nr. 1406 ist ein Typ 22c mit Stahlwagenkasten, der diesen Umbau allerdings erst 1968 erhielt.

Auf dieser einzigartigen Bildsequenz vom August 1964 am Leipziger Hauptbahnhof wird die Präsenz der „Pullmänner" auf Leipziger Straßenbahngleisen recht deutlich. Auch beim abgebildeten Tw Nr. 1493[II] handelt es sich um einen in den Typ 22c umgebauten Wagen. Dieser Umbau erfolgte 1956, als das Fahrzeug aus der ursprünglichen Nummer 1595 entstanden ist.

Noch zwei letzte Aufnahmen des Typs 22, wie er in der LVB-Systematik genannt wird. Der im Jahr 1957 zum Typ 22c umgebaute Tw 1500 fährt im August 1963 mit zwei baugleichen Anhängern in der Straße vom Rathaus Leutzsch stadteinwärts. Tw 1488[II], welcher im September 1970 in der Riebeckstraße die Haltestelle Oststraße erreicht hat, gehört zu jenen Wagen, die relativ früh in den Typ 22c umgebaut wurden.

Wenden wir uns nun mit einigen Bildern den Außenbahntriebwagen zu. Im Jahre 1956 befand sich der bereits 1910 gebaute Vierachser Nr. 1393 (1930 ex. LAAG Nr. 16) äußerlich noch weitgehend im Zustand seiner Entstehung, trägt aber im Gegensatz zum Beiwagen am rechten Bildrand bereits den einfarbigen Anstrich.

Mehrere Triebwagen der ex. LAAG-Serie Nr. 1389 bis 1397 erfuhren zu unterschiedlichen Zeiten zum Teil größere Umbauten. Wir sehen hier den modernisierten Tw 1389 zur Leipziger Frühjahrsmesse 1957 an der Endstelle Plautstraße in Lindenau und den Triebwagen Nr. 1397 im August 1964 am Hauptbahnhof – man beachte hier auch den Skodabus mit in Altenburg modernisiertem Anhänger am linken Bildrand.

1949 und 1955 entstanden aus den Wagen 1391 und 1394 der Triebwagen – zunächst noch Nr. 1391, ab 1955 Nr. 1400^{II} – und der Beiwagen Nr. 2000 des Stadtrundfahrtzuges „Gläserner Leipziger“, welcher sich bis 1967 im Bestand befand und hier an der Endstation Richard-Wagner-Straße im Jahre 1956 zeigt.

Wohl auch zur Frühjahrsmesse 1957 ist dieser imposante Zug mit Tw 1378 als Zugfahrzeug am Johannisplatz ins Bild gesetzt worden. Elf Wagen der LAAG-Serie von 1910 (Nummern 1 bis 20, ab 1930 städtische Nr. 1378 bis 1388) sind zwischen 1937 und 1943 mit dreiachsigen Westwaggon-Lenkgestellen ausgerüstet und in diesem Zusammenhang äußerlich auch modernisiert worden.

Die unglaubliche Größe und Weitläufigkeit der beim Hauptbahnhof gelegenen und von beiden Seiten befahrbaren Endhaltestelle Richard-Wagner-Straße mag diese Aufnahme mit Tw 1382 in einem Messesonderzug zur Leipziger Frühjahrsmesse 1965 lediglich erahnen.

Eine letzte Aufnahme der LAAG-Triebwagen zeigt den Tw 1387 mit einem Niederflurbeiwagen am 27.09.1971 in der Maurice-Thorez-Straße (heute: Könneritzstraße) bei der Haltestelle Oeserstraße. Das letzte Fahrzeug schied 1979 aus dem Liniendienst aus.

1926 wurden je ein Görlitzer und ein Nieskyer Mitteleinstieg-Dreiwagenzug in Betrieb genommen. Die Aufnahmen zeigen den Görlitzer Triebwagen Nr. 1376 im Jahre 1958 an der Haltestelle Chausseehaus in der Eutritzscher Straße und mit Nr. 2003 einen der Nieskyer Beiwagen im Jahre 1956 mit einem roten Triebwagen am Hauptbahnhof. Leipzig besaß nun erstmals niederflurige Straßenbahnfahrzeuge.

In fünf Baulosen, hergestellt 1930/31 in Bautzen, Gotha und Niesky kamen die großen Mitteleinstieg-Triebwagen mit den Nummern 1001 bis 1056 in den Bestand der LVB und blieben bis 1971 im Liniendienst. Es handelte sich um die letzten Vorkriegsvierachser für die Außenbahnlinien und vier dieser Wagen gehörten bis 1950 auch noch buchmäßig zur LAAG. Am 10.03.1966 fährt Tw 1040^II auf einer Messesonderlinie in die Haltestelle Hauptbahnhof ein.

Bereits 1928 sind in Niesky einhundert niederflurige vierachsige Beiwagen mit Mitteleinstieg gefertigt worden und mit den Nummern 2005 bis 2104 in Dienst gestellt worden. Die letzten von ihnen schieden erst 1974 aus dem Linienverkehr aus. 1956 ist der Bw 2005 zusammen mit einem weiteren Beiwagen gleichen Typs und dem Triebwagen Nr. 1045^II in einem vollbesetzten Zug am Johannisplatz aufgenommen worden.

Ein interessanter Werbezug mit einem Triebwagen und zwei Arbeitsbeiwagen wurde 1957 in der Richard-Lehmann-Straße auf der Schlachthofbrücke dokumentiert. Wie es aussieht, ist der letzte Wagen Nr. 5646^{II} kurz vor der Aufnahme umnummeriert worden und diente der Literatur nach als Markthallenwagen, welche 1957 in der Tat neue Nummern erhalten hatten. Im Ursprung dürfte es sich um ein Fahrzeug aus dem Jahre 1910 handeln.

Noch einmal derselbe Zug am gleichen Aufnahmeort und im selben Jahr, hier mit Blick auf den Gasometer, in dem sich heute das Panometer von Yadegar Assisi befindet. Der Triebwagen Nr. 890^{II} wurde 1900 für die LESt (Nummernreihe 161 bis 180) in Köln gebaut, diente 1935 bis 1963 als Zugfahrzeug im Markthallenverkehr und ist als historischer Triebwagen erhalten geblieben.

Beschließen wir den Streifzug durch einige der wichtigen Vorkriegstypen und von ihnen abgeleitete Nachkriegsumbauten mit einem interessanten Blick in die Wagenhalle des Straßenbahnhofes DSF (Angerbrücke) im September 1963. Das Bilddokument zeigt zwei hoch interessante Arbeitsfahrzeuge. Aus dem bereits bekannten Einzelgänger Nr. 1168 entstand 1960 der Ausstellungswagen Nr. 5000 und blieb bis 1982 im Betrieb. Am rechten Bildrand erkennt man die im Jahre 1960 aus dem Arbeitswagen Nr. 5024 (ex. Tw: 1278) gebaute Sandtrockenanlage Nr. 5700^{II}, welche noch bis 1977 vorhanden gewesen ist.

Vierzig Jahre waren die großen Vierachser vor allem in Dreiwagenzügen mit Niederflurbeiwagen die Stars auf Leipziger Gleisen. Wir möchten deshalb mit einigen Bildern ausführlicher an sie erinnern. Tw 1005 hat in einem Zug der Linie 15 stadtauswärts fahrend im März 1961 die Haltestelle Friedhofsweg in der Leninstraße (damals Prager Straße) erreicht.

In einem solchen Zug ist im Mai 1963 der Tw 1024 auf der Linie 11 stadtauswärts Richtung Markkleeberg-Ost in der Georg-Schumann-Straße hinter der Lützowstraße ins Bild gesetzt worden.

In der Karl-Liebknecht-Straße in Höhe der Kreuzung mit der Kurt-Eisner-Straße (man achte auf die kreuzende O-Bus-Fahrleitung) ist Tw 1019 im Dezember 1963 stadtauswärts fahrend in einem Zug der Linie 28 Richtung Markkleberg-West zu erleben.

Die Messesonderlinien waren ein wichtiges Aufgabengebiet der großen Vierachser. Die beiden Aufnahmen vom 07. bzw. 10.03.1966 zeigen in dieser Verwendung die Tw 1001 am Hauptbahnhof und 1035 an der Haltestelle Karl-Tauchnitz-Straße beim Neuen Rathaus mit dem heutigen Bundesverwaltungsgericht am linken Bildrand. Die geplante Modernisierung dieser Triebwagen blieb unausgeführt. 1971 schieden die letzten von ihnen aus dem Liniendienst aus.

Wir möchten noch einige interessante Motive – überwiegend mit Vorkriegswagen – zeigen, bevor wir zu den nach 1945 gebauten Fahrzeugen kommen.

In der Abstellanlage am Hauptbahnhof begegnen sich im Juli 1957 der Pullman-Triebwagen Nr. 1554 und ein Triebwagen des Typs 20a. Der Triebwagen Nr. 1316 ist 1913 in der Norddeutschen Waggonfabrik Bremen gefertigt und 1934 in den Zustand modernisiert worden, in dem er sich hier präsentiert.

Im März 1958 erleben wir den Beiwagen Nr. 408[II] des Typs 52b in der Ausfahrt aus der Leninschleife (heute: Naunhofer Straße). 1913 gebaut, erfolgte dessen Umbau in den abgebildeten Zustand im Jahre 1952. Gut zu erkennen ist am rechten Bildrand das Völkerschlachtdenkmal aus dem Jahre 1913, eines der Wahrzeichen der Messestadt.

Am 10.03.1966 hat ein Einsatzzug die Endstation Plagwitz erreicht. Sein Beiwagen Nr. 213 geht im Ursprung auf das Jahr 1909 zurück und ist 1933 in der Hauptwerkstatt einer grundlegenden Modernisierung unterzogen worden.

Der Beiwagen Nr. 210 aus dem Jahre 1909 erfuhr im Jahre 1933 einen gleichen Umbau. Am rechten Bildrand dieser Aufnahme vom 10.03.1966 an der landwärtigen Haltestelle Friedrich-Ebert-Straße beim Westplatz (damals Käthe-Kollwitz-Straße) erhebt sich im Hintergrund der Turm des Neuen Rathauses.

Im März des Jahre 1958 ist ein Zug der Linie 15 Richtung Liebertwolkwitz mit Tw 1045 an der Spitze in der Friedrich-Ludwig-Jahn-Allee (heute: Jahnallee) bei der Ecke Lessingstraße angekommen. Viele Jahre waren die großen Mitteleinstiegtriebwagen mit zwei Niederflurbeiwagen auf dieser Linie täglich im Einsatz.

Auf der Messelinie 25E sehen wir hier am 18.03.1971 einen Zug mit zwei Niederflurbeiwagen in der Leninschleife (heute: Naunhofer Straße).

Am selben Tag befindet sich ein Pullman-Zug der Linie 15E mit Tw 1506 an der Spitze auf dem Weg nach Lindenau und hat die Haltestelle Ostplatz erreicht. Noch einige Jahre sollten solche Garnituren zum Leipziger Alltagsbild gehören.

Mit dieser Aufnahme vom März 1958 am Friedhofsweg möchten wir überleiten zu den Nachkriegsfahrzeugen. Der Gotha-Einrichtungsbeiwagen Nr. 889 gehört zur ersten von insgesamt zehn Lieferungen dieser Reihe bis 1969. Hier ist das 1957 mit der Werksbezeichnung B57E gebaute Fahrzeug erst wenige Monate im Einsatz.

Insgesamt 15 Triebwagen des Typs LOWA wurden bei der LVB zum Einsatz gebracht. Die ersten neun (Nr. 1601 bis 1609, ab 1967 Nr. 1301 bis 1309) kamen aus Werdau. Die Einrichtungswagen verfügten über in Fahrtrichtung angeordnete Sitzreihen mit insgesamt 24 Sitzplätzen. Im März 1958 zeigt sich der Wagen Nr. 1601, der als Oldtimer erhalten geblieben ist, am Friedhofsweg.

Sechs LOWA-Triebwagen wurden mit den Nummern 1610 bis 1615 (ab 1967 Nr. 1310 bis 1315) im Jahre 1954 geliefert. Die Einrichtungswagen verfügten nun aber über 22 Sitzplätze in Abteilform angeordnet. Eine Besonderheit waren die Wagen Nr. 1614 und 1615. Ursprünglich für Naumburg gefertigt, verfügten diese beiden Einrichtungswagen über Einstiegstüren auf beiden Wagenseiten. In der Leninstraße (heute: Prager Straße) beim Nordeingang zum Messegelände ist der Wagen Nr. 1614 im August 1957 bildlich dokumentiert worden.

Der recht gut besetzte Tw 1603 aus der Werdauer Serie ist hier noch mit seiner alten Nummer in einem typreinen Zug zu sehen. Als ersten Beiwagen erkennt man den Wagen Nr. 817 aus der Werdauer Lieferung von 1951. Der Zug ist am 10.03.1966 in der Karl-Liebknecht-Straße vor der Kurt-Eisner-Straße stadtauswärts unterwegs. Zwischen 1969 und 1971 schieden die LOWA-Triebwagen aus dem Liniendienst aus. In der Nummernreihe 832 bis 837 fuhren sechs von ihnen mit neuen Aufbauten noch einige Jahre als Beiwagen.

Insgesamt 86 LOWA-Beiwagen wurden an die LVB geliefert, 34 im Jahre 1951 aus Werdau, die übrigen in zwei Serien 1954 und 1956 aus Gotha. Auch bei diesen Anhängern handelte es sich um Einrichtungswagen. Kurz nach seiner Inbetriebnahme ist der Beiwagen Nr. 846 im Jahre 1956 mit einem Vorkriegstriebwagen am Hauptbahnhof zu sehen. Am rechten Bildrand einer der damals allgegenwärtigen Pullman-Triebwagen.

Im März 1961 erleben wir den LOWA-Triebwagen Nr. 1610 mit zwei Beiwagen des Typs B57E als Linie 29 in der Leninstraße (heute: Prager Straße) beim Abzweig der Linie 22 zum Friedhofsweg mit Blickrichtung stadteinwärts. Man achte auch auf die Pkw an beiden Bildrändern.

Zu unterschiedlichen Zeiten wurden die Beiwagen Nr. 840 und 869 in eigener Werkstatt neu hergerichtet, sind aber 1971 bzw. 1973 bei einer erneuten Auffrischung auf drei Seitenfenster umgebaut worden. Sie zeigen sich am 11.03.1968 in der Endstellenanlagen Richard-Wagner-Straße bzw. am 18.03.1971 in der Leninschleife (heute: Naunhofer Straße) mit Vorkriegstriebwagen.

Zuweilen recht unterschiedlich zeigten sich die Umbauten bei den LOWA-Wagen, die nicht nur für Leipzig selbst erstellt worden sind. Bw Nr. 886 – der Wagen mit der höchsten Nummer dieser Fahrzeugreihe – erhielt äußerlich lediglich glatte Seitenscheiben, Nr. 859^{II} ex. 878 gehört zu jenen Wagen, die zwischen 1969 und 1973 noch einmal komplett aufgefrischt wurden und dabei nur noch drei Seitenfester erhielten. Unter diesen befanden sich auch sechs ausgesonderte Triebwagen. Beide Aufnahmen entstanden 1964 bzw. 1970 beim Hauptbahnhof.

Die Zahl der fabrikneu beschafften Gotha-Triebwagen des Typs T 57 E blieb mit zehn Fahrzeugen (Nummernreihe 1616 bis 1625) im Jahr 1960 überschaubar. Zusätzlich kamen 1970 noch sieben Wagen aus Berlin (Baujahr 1959) und 1978 drei 1960 bis 1962 gebaute Triebwagen aus Dresden. Der Einsatz in Zwei- und Dreiwagenzügen mit LOWA-Beiwagen war ein durchaus alltäglicher Anblick in Leipzig. Wir begegnen am 10.03.1966 am Hauptbahnhof Nr. 1616 und am 18.03.1971 Nr. 1319[II] ex. 1619 am Friedhofsweg derartigen Garnituren.

Während des Umbaus der Zentralhaltestelle am Wilhelm-Leuschner-Platz im Zeitraum vom 01.02. bis 02.11.1975 benutzte die Straßenbahn einen 1968 stillgelegten Streckenast in der Schillerstraße und band diesen über eine Behelfstrasse in der Universitätsstraße mit auf der Fahrbahn verlegten Großverbundplatten an den Roßplatz an. In der Schillerstraße sehen wir am 13.02.1975 Nr. 1327 (1970 ex. BVG Ost Nr. 3903), der hier schon eine GR im Raw Berlin-Schöneweide erhalten hat.

1957 bis 1969 kamen in zehn Serien insgesamt 120 Einrichtungsbeiwagen der Typen B 57 E, B 2-61, B 2-62 und davon abgeleitete Weiterentwicklungen und Modifikationen in den Bestand der LVB, die sie vornehmlich hinter den G4-Zügen bis längstens 1991 auf ihren Linien zum Einsatz brachte. An der Endstelle Gohlis Nord sind im Mai 1963 der G4 Nr. 1106 und der Beiwagen B 2-61 Nr. 922, beide von 1961, bildlich dokumentiert.

118 Triebwagen des in Gotha gefertigten Typs G4 kamen in den Jahren 1961 bis 1967 in sechs Lieferungen nach Leipzig. Weitere zwei kamen 1968 gebraucht aus Magdeburg in die Messestadt. Nirgendwo ist dieser Typ in so großen Stückzahlen gefahren. Der Linieneinsatz mit diesen Zügen endete in Leipzig 1991. Eine nennenswerte Zahl von ihnen verdiente sich vor allem in Rostock und Potsdam ihr Gnadenbrot. Die Bilder zeigen den Tw 1156 von 1964 am 13.02.1975 in der Schillerstraße vor der Kulisse des Neuen Rathauses und den nagelneuen Triebwagen Nr. 1173 von 1965 im März 1965 in der Leninstraße (heute: Prager Straße) vor dem Messegelände.

Ein relativ kurzes Gastspiel gaben Rekowagen im Leipziger Straßenbahnverkehr. Insgesamt 38 Einrichtungswagen des Typs BE 70-1 aus dem Raw Berlin-Schöneweide kamen in zwei Serien 1971 und 1972 hierher und waren vor allem zusammen mit Triebwagen des LVB-Typs 22s bis 1982 im Liniendienst eingesetzt. Eine solche Garnitur bewegt sich am 13.02.1975 auf dem Behelfsgleis Universitätsstraße beim Roßplatz. Das Universitätsgebäude erkennt man am rechten Bildrand.

Fast 600 Trieb- und 273 Beiwagen des tschechischen Großraumwagens T4D/B4D kamen zwischen 1968 und 1987 in die Messestadt und sind vereinzelt in modernisiertem Zustand auch mehrere Jahre nach dem Millennium noch im Einsatz. Im September 1970 erleben wir in der Endschleife Schönefeld mit den 1968 gebauten Triebwagen Nr. 1626, 1613 bzw. Beiwagen Nr. 530 den ersten im Linienverkehr eingesetzten Tatra-Großzug der DDR.

Auch der Beiwagen Nr. 525 gehört zur ersten Serie des Typs B4D in Leipzig und ist 1968 gebaut worden. Im September 1970 sehen wir das Fahrzeug an der Endstation Gohlis-Nord. Viele Tatra-Wagen fanden nach ihrer Außerdienststellung in Leipzig ab Mitte der 1990er Jahre eine neue Heimat im Ausland.

Diese Aufnahme vom März 1965 mit Messeeinsatzwagen verschiedener Generationen vermittelt wie kaum eine andere einen Eindruck von der Größe der heute nicht mehr bestehenden Endstellenanlage Richard-Wagner-Straße am Hauptbahnhof. Auch die Zugmaschine vom Typ Z6 am linken Bildrand wurde damals von den LVB genutzt.

Mit schwerem Gerät wurden am Petersteinweg im November 1957 neue Gleise verlegt. Im Hintergrund erhebt sich majestätisch das Neue Rathaus. Im Bild ist der Schörling-Kranwagen Nr. 5100 von 1927 zu erleben.

Als Personalaufenthaltswagen diente ab 1962 der in Görlitz 1926 gebaute Mitteleinstiegbeiwagen Nr. 2002 mit der Nummer 5670 und ist hier in der Endstellenanlage Richard-Wagner-Straße am 10.03.1966 zu sehen. Ab 1977 trug er die Nummer 5730.

Bis 1960 befand sich mit der Nummer 5640 der Ende 1957 in der Endstellenanlage Richard-Wagner-Straße beim Hauptbahnhof bildlich dokumentierte Personalaufenthaltswagen im aktiven Einsatz.

1968 ist der Schleifwagen Nr. 5091^{III} in der Hauptwerkstatt Heiterblick fertiggestellt worden und zeigt sich kurz nach seiner Indienststellung am 11.03.1068 in der Rathenaustraße vor dem Straßenbahnhof Leutzsch.

Noch bis 1967 verblieb der letzte von einst achtzehn in den Jahren 1937 bis 1939 hergestellten Vomag-Bussen – nun aber bereits mit neuem Aufbau – als Fahrschulwagen im Bestand. Hier sehen wir in einer sehr frühen Aufnahme des Bildautors ein solches Fahrzeug um 1954 mit einem der 1943 beschafften dreißig Schumann-Anhänger in der Saalfelder Straße.

Aus einer drei Fahrzeuge umfassenden Serie aus den Jahren 1928 bis 1929 stammte dieser kleine Daimler-Benz vom Typ 1 N, welcher zum Zeitpunkt der Aufnahme vom November 1957 mit der Nummer 43 (bis 1937 Nr. 28) bereits nur noch innerbetrieblich genutzt wurde und 1958 ausgesondert worden ist.

Der Wagen Nr. 72 ex. Nr. 30II von 1937 ist ein Büssing-Dreiachser mit Aufbau der Leipziger Karosseriefirma Seegers. Hier ist er 1957 im damaligen Kfz-Park Lindenau an der Lützner-/Saalfelder Straße dokumentiert. Kurze Zeit später wurde das Fahrzeug an den Kraftverkehr Dresden verkauft.

Auch der Wagen Nr. 71 ex. Nr. 35 ist ein Büssing-Dreiachser und erhielt 1936 seinen Aufbau von der Firma Busch in Bautzen. Ebenfalls 1957, allerdings bereits in heller Lackierung, beim K-Park Lindenau bildlich dokumentiert, ist auch er noch im selben Jahr an den Kraftverkehr Dresden verkauft worden.

1955 erhielten die LVB dreizehn Omnibusse des Typs H6B/S und sechs Omnibusse des Typs H6B/L mit Ammendorfer Aufbauten. Ihnen folgten mit den Nummern 31 bis 37 im Jahre 1957 noch einmal sieben Wagen mit Werdauer Aufbau. Zwischen 1969 und 1975 schieden alle Wagen aus dem Bestand aus. Wir erleben den Ammendorfer H6B/L Nr. 27 im Mai 1967 bei der Chemnitzer Oper und den Werdauer Wagen Nr. 32 im September 1968 im Schienenersatzverkehr auf der Dresdener Straßenbahnlinie 11, beide bereits nach einer Generalreparatur.

An der Endstation Störmthaler Straße in Liebertwolkwitz warten im September 1970 die H6B/L Nr. 31 und 37 der Werdauer Serie von 1957, um Fahrgäste auf den Anschlusslinien O und U nach Großpösna und Naunhof weiter befördern zu können. Auch diese Busse sind bereits aufgefrischt worden.

In zwei Serien kamen 1958 und 1959 insgesamt 28 Doppelstockbusse des Bautzener Typs Do 56 nach Leipzig. Zwischen 1970 und 1973 schieden sie aus dem Bestand aus. Die meisten von ihnen fanden andere Eigentümer. Die hintere Einstiegstür ist erst um 1960 eingebaut worden. Die Aufnahmen zeigen den Wagen Nr. 72 von 1959 im August 1964 am Hauptbahnhof und den Wagen Nr. 73 aus demselben Baujahr am 29.03.1973, kurz vor seiner Aussonderung, an der Endstelle Holzhäuser Straße in Stötteritz.

Während der Leipziger Frühjahrsmesse 1965 fuhr auch der fast fabrikneue Ikarus 66 Nr. 111, der kurz zuvor noch mit der Nr. 91 in Dienst gestellt wurde. Man achte hier auf die für dieses Baujahr typischen Sputniks am Dachrand. Hier zeigt er sich am Westeingang zum Messegelände (Karl-Siegismund-Straße).
Am rechten Bildrand als Aufenthaltswagen Nr. 5383 ex. Anhänger Nr. 505 von 1941. Die ab 1960 von den LVB beschafften Ikarus 66 prägten den Alltag auf Leipziger Stadtlinien bis 1976 mit.

1954 kamen sieben Ikarus 601 in den Bestand der LVB. Sie bewährten sich nicht und sind deshalb bereits 1958 komplett umgebaut worden. Fortan nannte man sie hier Ifarus. 1970 schieden sie aus dem Bestand aus. Im März 1966 sehen wir an der Endstation der O-Bus-Linie AI in Plagwitz den Wagen Nr. 42. Etwa zur selben Zeit wurde am Hauptbahnhof Nr. 46 aufgenommen.

1962 erhielten die LVB die Ikarus 630 Nr. 88 bis 89, denen zwei Jahre später die Nr. 90 bis 95 folgten. 1965 in Nr. 1 bis 8 umbezeichnet, schieden sie zwischen 1972 und 1975 aus dem Liniendienst aus. Die Aufnahme mit Nr. 8 ex. 95 stammt vom 10.03.1966.

Nur zwei Ikarus 31 dienten ab 1962 bei der LVB und sind 1970 verkauft worden. Bei der Chemnitzer Oper ist im Mai 1967 der Wagen Nr. 38 bildlich dokumentiert worden.

In fünf Lieferungen kamen 1968 bis 1973 insgesamt 71 Ikarus K 180 in den Bestand der LVB und wurden bis längstens 1984 auf ihren Stadtbuslinien zum Einsatz gebracht. Die Aufnahme vom 18.03.1971 zeigt den Wagen Nr. 209 von 1968 mit Fahrziel Lindenau an der Haltestelle Ostplatz.

Oberleitungsbusse in Leipzig

Erstmals auf der Elektrotechnischen Ausstellung in Leipzig wurde im Jahre 1912 die neueste Gleislose Bahn von Max Schiemann vorgestellt. Die von ihm 1914 angestrebte Errichtung einer 7,5 km langen Strecke zwischen Oetzsch und Zwenkau ist durch den Königlichen Kommissar für elektrische Bahnen für überflüssig gehalten worden, was zur Absage am 14.08.1915 führte.
Am 29.07.1938 eröffneten die ab demselben Tag so genannten Leipziger Verkehrsbetriebe eine erste O-Bus-Linie vom Adler in Kleinzschocher bis zur Kurt-Eisner-Straße (damals: Kronprinzstraße) als Linie A.
Die Teilinbetriebnahme der Linie G bis zur Miltizer außerhalb des Berufsverkehrs erfolgte am 17.11.1941.
Die Verlängerung vom „Adler" nach Lindenau erfolgte am 09.11.1942, die endgültige Inbetriebnahme der Abzweigstrecke nach Miltitz ist auf den 12.04.1943 datiert. Bereits ab 05.08.1942 fuhr man von Lindenau nach Markranstädt. Weitere Strecken führten ab 1953 über den Ostplatz zur Lipsiusstraße und ab 1958 über Markkleeberg West nach Zwenkau. Ab 1965 änderte sich die politische Einstellung gegenüber dem O-Bus, so dass beginnend ab dem 31.03.1969 Zug um Zug immer mehr O-Bus-Streckenabschnitte auf Dieselbusse umgestellt wurden bis schließlich ab 31.05.1975 auch die Linie B als letzte Leipziger O-Bus-Linie eingestellt war.

Die O-Busse Nr. 102 und 105 gehören zur Erstausstattung der Leipziger Anlage und wurden 1938 bei der Firma Büssing gefertigt. 1967 bekamen sie noch die Nummern 302 und 305 zugeordnet, die aber nicht mehr angeschrieben waren, weil beide Fahrzeuge kurz darauf aus dem Bestand ausschieden. Während der Leipziger Frühjahrsmesse zeigt sich Nr. 102 an der Endstelle Lindenau vor dem Betriebshof, ein Jahr später ist Nr. 105 mit einem Schumann-Anhänger der Bauart 1943/44 in der Kurt-Eisner-Straße (Haltestelle Karl-Liebknecht-Straße) zu sehen.

Der Wagen Nr. 108 gehört zur sechs Fahrzeuge umfassenden Anschlussserie, hergestellt im Jahre 1942 von der Firma Henschel in Kassel und mit einem Aufbau der Werdauer Firma Schumann versehen. Hier sieht man ihn während der Leipziger Frühjahrsmesse 1965 vor der Einfahrt in die Endschleife in Lindenau, aufgenommen von der Lützner Straße aus.

Auch der Wagen Nr. 110 gehört zur 1942 gebauten Anschlussserie. Hier biegt er während der Leipziger Frühjahrsmesse 1965 von der Saalfelder in die Lützner Straße ein, um die Endstelle in Lindenau zu erreichen. Noch im selben Jahr schieden die verbliebenen Busse dieser Serie aus dem Bestand aus.

Insgesamt zehn Anhänger des Typs FE 540, zu den ersten O-Bus-Serien stilistisch passend, sind in zwei Serien 1941 und 1942 in der Werdauer Firma Schumann gefertigt worden und waren mit den Nummern 501 bis 510 in Einsatz. Die meisten von ihnen wurden zwischen 1951 und 1955 verkauft. Einige dienten noch lange Zeit als Pausenaufenthaltsräume. Von den drei 1951 nach Dresden umgesetzten Anhängern kam einer zurück, die anderen beiden dienten wenige Jahre als Busanhänger im Einsatz mit Zugmaschinen. Die beiden Aufnahmen zeigen eines der beiden Fahrzeuge im Oktober 1957 als Bauwagen und das andere im Jahre 1962 als Campingwagen der Dresdner Verkehrsbetriebe im Betriebshof Blasewitz.

Mit den Nummern 115 bis 119 sind 1948 in der Werdauer Firma Schumann fünf bereits im Jahre 1943 dort angelieferte Henschel-Fahrgestelle der Kriegseinheitsnormgröße II komplettiert worden. Sie schieden zwischen 1960 und 1967 aus dem Liniendienst aus. Ende Februar 1965 hat der Wagen Nr. 119 die Saalfelder Straße erreicht und tritt nun die Wendefahrt über Lützner Straße an. Auch dieses Fahrzeug führt einen Anhänger der Bauart 1943/44 der Firma Schumann mit.

Endstellenanlage am K-Park in Lindenau, rechts die Haltestelle der Linie A zur Lipsiusstraße mit dem LOWA W 602 a Nr. 120 der ersten Serie von 1952, links die Haltestelle der Linie B nach Markranstädt mit dem Skoda 8TR6, Nr. 145 aus dem Jahre 1958.

Ende Februar 1965 befindet sich der LOWA W 602 a Nr. 130 aus der Serie von 1956 bei der Ausfahrt aus der Endstelle Lindenau auf die Saalfelder Straße. Die Busse dieses Typs erhielten 1967 neue Nummern und verblieben noch bis 1972 im Linieneinsatz.

Zur selben Zeit biegt der LOWA 602 a Nr. 131 von 1956 von der Saalfelder in die Lützner Straße ein. Der mitgeführte Anhänger Nr. 522 ist einer von nur zwei in Werdau gebauten W 700, die 1951 in den Bestand der LVB kamen. Man unterschied diese Bauart an den eingesetzten Kotflügeln von den ab 1952 in Bautzen hergestellten Anhängern dieses Typs.

Am 18.03.1971 befindet sich der LOWA W 602 a Nr. 337 (bis 1967 Nr. 137) an der Endstelle Ostplatz, deren Fahrtrichtung kurz vorher gedreht worden ist. Die restliche Strecke zur Lipsiusstraße ist bereits eingestellt. Der mitgeführte Anhänger Nr. 447 vom Typ LOWA W 700 stammt aus einer Bautzener Serie und wurde 1956 gefertigt. Hier trägt er bereits einen neuen in Altenburg hergestellten Aufbau. Bis 1967 mit der Nr. 547 im Einsatz, erfolgte die Aussonderung fast zeitgleich mit dem Zugfahrzeug im Jahre 1972.

Aus zwei Serien mit insgesamt zwanzig Anhängern der Baujahre 1943/44 stammt dieses hier um 1955 beim Kfz-Park Lindenau noch mit rotem Anstrich aufgenommene Fahrzeug. Hersteller war die Werdauer Firma Schumann. Die 2,5 m breiten Fahrzeuge trugen die Nummern 511 bis 530, allerdings nicht in konsequent aufsteigender Reihenfolge der Lieferung.

Während der Leipziger Frühjahrsmesse 1965 sind in der Kurt-Eisner-Straße an der Haltestelle Karl-Liebknecht-Straße die 1943 gebauten Schumann-Anhänger Nr. 524 und 528 bildlich dokumentiert worden. Man kann ohne Übertreibung diese Fahrzeuge als die Urahnen der späteren W 700 bezeichnen. Ab 1960 erfolgte die Aussonderung. Nur noch zwei Wagen erhielten 1967 neue Nummern, schieden aber noch im selben Jahr aus dem Bestand aus.

Ein Teil der 22 von 1951 bis 1957 in Werdau und Bautzen hergestellten W 700-Anhänger erhielt etwa ab 1963 komplett neue Aufbauten, damaligem Zeitgeschmack entsprechend, von der Karosseriebaufirma Altenburg. Diese Fahrzeuge sind teilweise bis 1972 im Einsatz gewesen. Wagen Nr. 447 (1967 ex. 547) befindet sich am 18.03.1971 mit dem LOWA 602 a Nr. 337 an der damaligen Endstation Ostplatz des bereits teilweise stillgelegten O-Bus-Liniennetzes. Ein Jahr später kam auch für ihn die Aussonderung.

Insgesamt neun O-Busse des tschechischen Typs Skoda 8TR kamen 1958 und 1959 in den Bestand der LVB. Wagen Nr. 143 stammt aus der 6 Wagen umfassenden Pilsener Lieferung von 1958 (Werksbezeichnung: Skoda 8TR6), Nr. 149 ist 1959 zusammen mit zwei weiteren Bussen des Typs Skoda 8TR7 aus Ostrow geliefert worden. Die Aufnahmen entstanden beide Ende Februar 1965 der Endstation Lindenau bzw. in der Kurt-Eisner-Straße vor der Karl-Liebknecht-Straße.

Am 27.09.1971 wurden die beiden Skoda 8TR Nr. 347 (1959) und 342 (1958) auf der Markranstädter Linie an der Ankunftshaltestelle Markranstädt und an der Haltestelle Südstraße auf der Lützner Straße Richtung Leipzig ins Bild gesetzt. Zwischen 1972 und 1975 sind alle Wagen dieser Reihe aus dem Liniendienst ausgeschieden.

Noch eine Aufnahme von den Wagen 342 und 346 (bis 1967: 142 und 146), aufgenommen am 27.09.1971 im K-Park Lindenau, der einst als Hauptwerkstatt der GLSt diente. Am rechten Bildrand ein bereits aufgefrischter Ikarus 66, ganz links und im Hintergrund Omnibusse des Typs Ikarus K 180.

In der Saalfelder Straße kurz vor der Lützner Straße befindet sich Ende Februar1965 der Wagen Nr. 150. Er benutzt die linke Fahrleitung und wird nach links Richtung Markranstädt abbiegen. 1962 und 1964 kamen vier bzw. drei Wagen mit der Bezeichnung Skoda 9TR1 bzw. Skoda 9TR5/6 mit den Nummern 150 bis 156 in den Bestand. Die älteren schieden 1972, die übrigen 1975 aus dem Liniendienst aus.

Noch ein letztes Bild des seit 1967 als Nr. 354 bezeichneten Skoda 9TR, Nr. 154 von 1964, aufgenommen am 27.09.1971 an der Endstation K-Park Lindenau. Das Fahrzeug ist eingesetzt auf der Linie B Richtung Markranstädt, während rechts daneben auf der ehemaligen O-Bus-Linie A ein Ikarus 180 zum Einsatz kommt. Im Hintergrund erkennt man die Lützner Straße.

Impressionen von der Leipziger Messe

Besuche mit Leipzig verbanden Nahverkehrsfans auch oft mit einem Messerundgang. Zur Leipziger Frühjahrsmesse 1956 konnte man in der Endstellenanlage Richard-Wagner-Straße beim Hauptbahnhof den wenige Wochen vorher vollendeten Großraumzug (im Bild der Beiwagen Nr. 2100) und auch den Beiwagen Nr. 2000 zum „Gläsernen Leipziger" in Augenschein nehmen. Sie fuhren von dort aus auf der braunen Messelinie (Großraumzug) bzw. starteten zu Stadtrundfahrteinsätzen. Beide Fahrzeuge hatte die LVB-Hauptwerkstatt in Heiterblick unter Verwendung von vorhandenem Altmaterial selbst auf- bzw. umgebaut.

Zur Leipziger Frühjahrsmesse 1957 bestaunte man einen der ersten Serienzüge der in Gotha gefertigten Reihe T/B 57. Kurze Zeit später traten die abgebildeten Fahrzeuge in Dresden mit den Nummern 1571 und 1391 ihren aktiven Dienst an.

Der TV 2-E war der erste in Rumänien hergestellte Oberleitungsbus. Er wurde von 1958 bis etwa 1969 gefertigt, aber nicht in die DDR eingeführt. Die beiden Aufnahmen zeigen ihn auf der Leipziger Frühjahrsmesse 1960.

Vor allem in Berlin kamen die Gothaer Großraumzüge zum Einsatz, von denen einschließlich des Vorauszuges bis 1964 66 Trieb- und 122 Beiwagen gefertigt worden sind. Auf der Leipziger Frühjahrsmesse 1962 war ein Serienzug zu sehen. Das andere Bild gewährt einen Blick in den Führerstand eines derartigen Triebwagens.

Ebenfalls auf der Leipziger Frühjahrsmesse 1962 ist der Ikarus K 180 präsentiert worden. Während von diesem Gelenkzug bis 1973 mehr als 1.000 Wagen in die DDR kamen, waren es vom ein Jahr später gezeigten mit ihm äußerlich verwandten Solowagen Ikarus 556 nur reichlich 300 Omnibusse, die in der DDR zum Einsatz gebracht worden sind.

Ab 1962 bis 1968 kamen Oberleitungsbusse des Typs Skoda 9TR in die DDR. Das auf der Leipziger Frühjahrsmesse 1963 vorgestellte Exponat dürfte nicht unter diesen gewesen sein, weil es werkseitig nur zwei Einstiegstüren hatte und in die DDR ausschließlich Busse mit drei Türen eingeführt worden sind.

Pünktlich zur Leipziger Herbstmesse 1964 wurde beim Georgiring in unmittelbarer Nachbarschaft zum Opernhaus (am linken Bildrand) das Hotel Stadt Leipzig eröffnet. Die Aufnahme vom August 1964 zeigt auch Taxis des damals noch verbreiteten Typs EMW 340 aus Eisenach.

Den Beginn einer ganzen Ära markiert die Vorstellung eines tschechischen Großraumwagens vom Typ T3 mit zwei Einstiegstüren auf der Leipziger Frühjahrsmesse 1966. Wenige Jahre später sind dreitürige T3D, in deutlich größerer Zahl die etwas schmaleren T4D und auch eigens für diese entwickelte Beiwagen an verschiedene Nahverkehrsunternehmen der DDR geliefert worden und stehen vereinzelt in modernisierter Form bis heute im Einsatz.

Sachsen
Plauen

Am 01.11.1894 begann mit der Eröffnung der ersten Strecke vom Oberen Bahnhof zum Neustädter Platz die Geschichte der meterspurigen elektrischen Straßenbahn in Plauen. Nach deren Verlängerung zum Unteren Bahnhof am 03.12.1894 erreichte die Streckenlänge 3,3 km (darunter 1,7 km zweigleisig ausgebaut). Die Erstausstattung bestand aus acht zweiachsigen Triebwagen von der Waggonfabrik Herbrand in Köln. Die Sächsische Elektizitätswerk- und Straßenbahn AG, der ab 01.01.1895 die Betriebsführung oblag, registrierte im Jahre 1928 eine Streckenlänge von 13,41 km, von denen damals bereits 11,1 km zweigleisig waren. 41 Triebwagen und 5 Spezialwagen bildeten den Fuhrpark. Bereits damals gab es eine Omnibuslinie, die mit zwei Bussen bestritten worden ist. Nach schweren Zerstörungen im Stadtgebiet kam der Betrieb nach dem Ende des Zweiten Weltkrieges zunächst zum Erliegen. Heute werden auf einer Streckenlänge von 27,7 km fünf Linien betrieben. In den achtziger Jahren waren es kurzzeitig sogar einmal sieben Linien. Neun NGT6 DE-Gelenkzüge von Bombardier und 15 modernisierte KT4D bilden den Wagenpark. Mit Aufnahmen vom Mai 1963, mehrheitlich beim oder im Betriebshof oder am damaligen Platz der Roten Armee möchten wir mit einigen markanten Fahrzeugaufnahmen den Hauch längst vergangener Jahrzehnte für einen kurzen Moment wieder lebendig werden lassen.

Die bereits mit geschlossenen Perrons ausgestatteten Triebwagen Nr. 25 und 29 stammen aus einer 1905 bei MAN hergestellten Serie von vierzehn Triebwagen und tragen hier noch einen Lyra-Stromabnehmer.

Auf dem Weg zum Oberen Bahnhof fährt Tw 19 in die Haltestelle Platz der Roten Armee ein. Der 1903 in Bautzen gebaute Wagen ist 1967 verschrottet worden.

Mit Fahrziel Preißelpöhl steht Tw 45 in der Haltestelle Platz der Roten Armee. 1912 bei MAN gebaut, endete seine aktive Zeit 1968.

Tw 33 (1905) und 41 (1911), beides MAN-Wagen, aufgenommen in der Wagenhalle des Betriebshofes. Bis 1968 waren sie beide aus dem Fuhrpark ausgeschieden.

Interessante Haltestellenszene mit gleich drei Altbaufahrzeugen aus verschiedenen Baulosen.

Tw 48 wurde 1926 bei MAN gebaut und ist als Museumsfahrzeug erhalten geblieben.

Zwei Jahre später, aber ebenfalls von MAN gebaut, erblickte der Tw 51 das Licht der Welt. Heute befindet er sich im Technischen Museum Brno.

Im Sachsenwerk Niedersedlitz ist dieser Arbeitswagen im Jahre 1902 hergestellt worden und diente bis 1950 als Tw 16. Hier dokumentiert in der Wagenhalle mit einer Güterlore. Erst 1984 schied er aus dem Bestand aus.

Ein ganz seltenes Zeitdokument stellt diese Aufnahme in der Wagenhalle dar. Sie zeigt den 1921 bei Falkenried in Hamburg gebauten Tw 55^II^, welcher 1958 von der BVG Ost hierher kam, dort unter der Nr. 4301 lief und bereits 1964 aus dem Bestand ausschied.

Ein weiterer Gast auf Plauener Linien war der Tw 26^II^. 1909 in Köln gebaut, kam er 1956 von Leipzig, wo er als Nr. 919 fuhr. In Plauen endete seine aktive Zeit 1967.

Vor dem Kinotheater Capitol in der Bahnhofstraße, welche sich an den Postplatz anschließt, ist Tw 27 vorgefahren. Das Fahrzeug gehörte einer vierzehn Triebwagen umfassenden Serie von MAN aus dem Jahre 1905 an und verblieb bis 1964 im Einsatz.

Mit Fahrziel Unterer Bahnhof erleben wir hier am damaligen Platz der Roten Armee den MAN-Triebwagen Nr. 44 aus dem Jahre 1912, welcher 1968 nach Gera abgegeben und dort zum historischen Wagen Nr. 7 hergerichtet wurde.

1962 erhielt Plauen die ersten Gotha-Einrichtungswagen, jeweils sieben Trieb- und Beiwagen. Wir sehen an der damaligen Haltestelle Platz der Roten Armee den Triebwagen Nr. 72 und den Beiwagen Nr. 9 in Zügen der Linie 1 Richtung Neundorf bzw. Plamag.

Der LOWA-Triebwagen Nr. 57 Werdauer Bauart – hier auf dem Hubstand in der Werkstatt – stammt aus einer drei Triebwagen umfassenden Serie von 1951. 1977 ist er ausgesondert worden.

LOWA-Tw 60 wurde 1956 in Gotha gebaut und verfügte bereits am Werk über eine Kleinspannungsanlage, hier erkennbar am Kfz-Scheinwerfer. 1980 kam er nach Naumburg und erhielt dort die Nr. 21.

Der Anhänger Nr. 2 gehörte zu den 1958 bis 1960 fabrikneu gelieferten Gotha-Beiwagen in Zweirichtungsbauart, von denen manche bereits nach wenigen Jahren an andere Unternehmen weiter gegeben und durch Einrichtungsfahrzeuge ersetzt wurden. Hier mit einem Triebwagen aus dem Jahre 1957.

Sachsen
Zwickau

Elektrische Straßenbahn

Die Eröffnung der meterspurigen elektrischen Straßenbahn in Zwickau erfolgte am 06.05.1894 auf einem Teilstück vom Bahnhof zum Hauptmarkt, dem in mehreren Teilabschnitten bis 02.06.1900 die gesamte Linie bis Wilkau-Haßlau und kurze Zeit später die Linie Nordstraße - Pölbitz folgte.
Im August 1926 erhielten die inzwischen vier Linien arabische Ziffern von 1 bis 4. Die Statistik von 1928 weist eine Streckenlänge von 13,698 km auf, es waren 30 Trieb-, 19 Bei- und 3 Spezialwagen vorhanden.
Ein bescheidener Busverkehr mit 2 Fahrzeugen auf einer Strecke von 6,755 km ist dokumentiert.
Am 14.02.1975 wurde der Gesamtverkehr der südlichen Strecke Wildenfelser Straße - Wilkau-Haßlau eingestellt.
Nach der Wende erfolgte eine systematische Modernisierung und Erweiterung des Netzes. Heute sind 20 Gelenktriebwagen KT4D und 12 GT6M-NF auf vier Linien im Einsatz. Bis 2023 plant man, die KT4D durch neu zu beschaffende Fahrzeuge abzulösen. Die Streckenlänge beträgt 19 km. 40 Haltestellen sind vorhanden.
Mit Bildern der Jahre 1960 bis 1972 möchten wir an jene Zeit erinnern, als sie sich durch einige Merkmale von den meisten übrigen Straßenbahnbetrieben in der DDR unterschied. Erwähnt seien nur die Druckluftanschlüsse an den Stirnseiten und die bis 1962 verwendeten Doppelscheinwerfer. Aber auch die herrlichen Details drum herum lassen wieder jedes Bild zu einem Erlebnis werden, an dem wir Sie gerne teilhaben lassen.

Im Sommer 1960 konnte man im Betriebshof interessante Entdeckungen machen. Im Vordergrund erleben wir zwei Sonderfahrzeuge, welche 1922 von der stillgelegten Straßenbahn in Freiberg hierher kamen. Zwickau hatte seinerzeit sämtliche Triebwagen übernommen. Zwei der 1902 gebauten Wagen dienten ab 1945 als Winterdienstfahrzeuge und erfuhren 1957 bzw. 1953 einen erneuten Umbau. Im Bild der Salzbeiwagen Nr. 50^{II}, rechts erkennt man Nr. 51. Ab 1962 waren diese Fahrzeuge mit den neuen Nummern 12^{II} und 13 noch fast zehn Jahre im aktiven Einsatz.

Nach nur wenigen Einsatzjahren verschwanden die 1958 von Cottbus umgesetzten Beiwagen Nr. 133 bis 135 wieder aus dem Liniendienst. Hier die Nummer 134 – abgestellt im Betriebshof im Sommer 1960.
Die Beiwagen waren bereits 1903 in Breslau gebaut worden und fuhren in Cottbus mit den Nummern 2, 5 und 8.

Noch einmal dieselbe Szenerie aus einer anderen Kameraposition. In der Mitte ein weiterer, hier nicht mehr nummerierter Cottbuser Anhänger. Der rechte Wagen Nr. 140 kam 1958 zusammen mit drei weiteren Anhängern gleicher Bauart von Frankfurt (Oder) und fuhr dort unter gleicher Nummer. Zwei dieser Anhänger gingen 1960 weiter nach Görlitz, wo ihnen noch kurze Zeit im Liniendienst blieb und einer von ihnen von 1962 bis 1968 noch als Salzwagen Nr. 111 und der andere ebenfalls ab 1962 als Garage im Betriebshof – anfangs mit noch angeschriebener Nr. 40 – bis etwa 1972 diente. Die Beiwagen wurden 1915 im belgischen Monceau hergestellt und waren eigentlich für die türkische Stadt Iz Mir vorgesehen, kamen aber wegen des Ersten Weltkrieges nicht zur Auslieferung dorthin.

Im Sommer 1960 entstanden diese Motive in der Schleife vor dem Bahnhof. Die Triebwagen Nr. 75 und 78 stammen aus einer Serie von zehn im Jahre 1926 in der Zwickauer Fahrzeugfabrik aufgebauten Zweiachsern. Der letzte von ihnen schied 1972 aus dem Liniendienst aus. Etwas später – konkret 1928/1929 – entstanden ebenfalls in Zwickau die Beiwagen Nr. 107 bis 120. Die baugleichen Wagen Nr. 101 bis 106 sind 1928 in Niesky gebaut worden. Nr. 120 trägt noch den roten Anstrich, Nr. 113 ist hier schon umlackiert. Ab 1962 als Nr. 201 bis 220 bezeichnet, schied der letzte von ihnen 1975 aus dem Liniendienst aus.

Im März 1960 ist ein solcher Zug mit Beiwagen Nr. 117 in der Bahnhofstraße unterwegs.

Aus einer ebenfalls zehn Fahrzeuge umfassenden Serie aus dem Jahre 1926 stammt der Tw 60, hier aufgenommen an der zentralen Umsteigehaltestelle Poetenweg mit Fahrziel Wilkau-Haßlau im Sommer 1960.

An der Einmündung der Strecke vom Poetenweg in die Philipp-Müller-Straße ist im Sommer 1960 Bw 109 unterwegs.

Nach Pölbitz ist der Aufbauwagen Nr. 72^{II} von 1955 im Sommer 1960 dokumentiert, hergestellt auf dem Laufgestell seines kriegsbeschädigten Vorgängers von 1926. Ab 1962 sah man ihn auf Zwickauer Linien mit der Nummer 112.

Rangieren an der Endstation Krankenhaus, wieder im Sommer 1960. Dieses Schauspiel konnte man so oder ähnlich viele Jahre erleben.

Erneut im Sommer 1960 ist hier ein Zug mit Beiwagen Nr. 117 in der Muldestraße bei Bockwa unterwegs.

Sehr eindrucksvoll sind diese Motive vom Juli 1960 mit den Tw 62 und 75 bzw. den Bw 101 und 105 aus verschiedenen Blickwinkeln in der Muldestraße bei der Schedewitzer Brücke in Szene gesetzt. Wagen Nr. 62 trägt bereits den neuen Anstrich.
Die unteren beiden Bilder lassen die nahen Abraumhalden des Bergbaugebietes gut erkennen.

An der Kuppelendstelle Wilkau-Haßlau ist Bw 117 abgehängt und wird gerade von seinem – hier nicht sichtbaren – Triebwagen umfahren. Einzigartig ist der Gesamteindruck dieses Zeitdokumentes.

Hier befindet sich im Juli 1960 ein LOWA-Zug an der Haltestelle Schlachthofstraße im Stadtteil Pölbitz. Dessen Zugfahrzeug Nr. 83 Gothaer Bauart von 1955 trägt hier noch Doppelscheinwerfer und fuhr ab 1962 mit der Nummer 116 bis 1974 und danach als Arbeitstriebwagen.

Hier ist Tw 88 von 1959 beim Rangieren an der Endstation Pölbitz der Linie 4 im Sommer 1960 zu sehen.

Als zweiter Beiwagen steht hier der LOWA-Anhänger Nr. 123 Werdauer Bauart von 1951 im Sommer 1960 an der Kuppelendstelle Pölbitz (heute: Haltestelle Neue Welt). Seit 1962 fuhr er bis zu seiner Aussonderung 1975 als Bw 223.

Beinahe zur gleichen Zeit hat ein Zug der Linie 4 ebenfalls die Endstation Pölbitz erreicht.
Der Gotha-Beiwagen Nr. 131 ist 1959 hergestellt worden und fuhr ab 1962 als Nr. 231.

Wir schreiben den 20.09.1969. Vorgefahren ist ein Zug der Linie 3 mit Tw 113 Werdauer Bauart von 1951, der bis 1962 als Nr. 80 fuhr, am Bahnhof. Das Fahrzeug hatte hier bereits eine Generalreparatur hinter sich und befand sich noch bis 1973 im Einsatz.

Gotha-Tw 124 mit baugleichem Bw 233 fahren im September 1969 auf die Einmündung Poetenweg/Philipp-Müller-Straße zu. Als Nr. 91^{II} und 133^{II} traten sie 1960 ihren Dienst an und fuhren so bis 1962.

LOWA-Tw 114^{II} und Bw 214 sind in die Haltestelle Poetenweg eingefahren. Bis 1962 waren sie unterwegs mit den Nummern 81 und 114.

In derselben Haltestelle treffen wir am selben Tag den generalreparierten und zu einem Einrichtungswagen umgebauten Bw 221 hinter einem erst wenige Monate alten CKD-Gotha-Triebwagen. Als Nr. 121^{II} trat der in Werdau 1952 gebaute Beiwagen zusammen mit Nr. 122^{II} seinen Dienst in Zwickau an, nachdem beide vorher in Hohenstein-Ernstthal als Nr. 31^{II} und 32^{II} gefahren sind.

Zugkreuzung am 07.06.1972 in der Wildenfelser Straße. Die Zugfahrzeuge Nr. 116 und 118 (bis 1962 Nr. 83 und 85) sind beide bereits generalreparierte ET 54.

Ausgesprochen idyllisch zeigte sich die Linie 3 am 24.09.1972 bei Bockwa, als ein LOWA-Triebwagen mit dem Mitteleinstiegwagen Nr. 207 Richtung Wilkau-Haßlau fährt. Das sollte sich aber bald ändern, denn im Jahre 1975 erfolgte in zwei Schritten die Aufgabe des Gesamtbetriebes auf der Linie 3.

In der Äußeren Schneeberger Straße, etwa in Höhe der heutigen Haltestelle IHK/Saarstraße begegnen sich am 23.05.1975 die Solowagen Nr. 121 und 131. Beide Gotha-Wagen haben bereits eine GR im Raw Berlin-Schöneweide hinter sich. Gependelt wurde damals nur noch auf dem Restabschnitt zwischen Wildenfelser Straße und Hauptbahnhof.

Auch bei den beiden Gotha-T 57 Nr. 123 und 128, die sich am selben Tag am Hauptmarkt begegnen, handelt es sich um im Raw Berlin-Schöneweide aufgefrischte Fahrzeuge.

Die zentrale Haltestelle Poetenweg war wohl immer ein Magnet für Straßenbahnfreunde. Dort treffen wir am 23.05.1975 neben anderen meist im Raw Berlin-Schöneweide aufgefrischten Wagen mit Tw 114^{II} auch einen der zwischen 1972 und 1974 beschafften Reko-Wagen, hier ein TE 70/1. Deren Zahl blieb in Zwickau überschaubar.

Der LOWA-Triebwagen Nr. 119^{II} gehörte zu den Werdauer Fahrzeugen und fuhr bis 1974 mit der Nummer 114. Hier steht er am 23.05.1975 als Solopendler in der Endschleife am Bahnhof. Das Fahrzeug hat bereits eine Generalreparatur in der Hauptwerkstatt der LVB, Heiterblick, erhalten.

Am 23.05.1975 ist der Ikarus 556 mit der Nummer 430 im Schienenersatzverkehr zwischen Wildenfelser Straße und Wilkau-Haßlau eingesetzt gewesen und konnte in der Wildenfelser Straße bildlich dokumentiert werden.

Nur wenige Jahre waren Doppelstockbusse der Typen D3DIE und Do 56 auf Zwickauer Stadtbuslinien heimisch. Hier sind solche Fahrzeuge im Sommer 1960 am Poetenweg dokumentiert.

IFA-H6B in Stadt- und Landversion gehörten auch auf Zwickauer Linien zum Alltagsbild. Hier beide Versionen, aufgenommen im Sommer 1960 am Poetenweg. Nr. 14 noch in roter Lackierung ist ein Stadtwagen, der einfarbige Wagen 18 hingegen ist ein Landwagen.

Die ersten Ikarus 66 erhielt Zwickau 1959. Am Poetenweg sind hier die Wagen Nr. 11 und 9 im Sommer 1960 dokumentiert.

Im VEB Karosseriewerk Altenburg erhielten ab 1963 viele W 700 und W 701 neue Aufbauten. Der Zwickauer Wagen Nr. 360 zeigt die späte Ausführung dieser Aufbauten, wie sie 1966/67 entstanden ist. Aufgenommen wurde das Fahrzeug hinter einem O-Bus im September 1969 am Poetenweg.

Auch im Zwickauer Fuhrpark war der Ikarus 31 vertreten. Er blieb hier ein Einzelstück. Der bereits generalreparierte Wagen Nr. 409 zeigt sich in einer Aufnahme vom Mai 1975 beim Hauptbahnhof.

O-Bus in Zwickau

Bereits 1925 gab es eine Omnibuslinie vom Poetenweg nach Weißenborn. Am 01.12.1938 wurde dann der O-Bus-Betrieb auf einer 13,14 km langen Strecke von der Schule in Stenn über Lichtentanne - Zentralhaltestelle Poetenweg bis zum Gasthof in Weißenborn feierlich eröffnet, der weitgehend der bisherigen Omnibuslinie folgte. Die für die Elektrifizierung zuständige BBC führte in Zwickau erstmals das Einstangensystem ein. Das Einstangensystem bewährte sich nicht, sodass bereits ab 1941 beschaffte Fahrzeuge wieder mit zwei Stangen geliefert wurden. Netzausdehnungen hielten sich in überschaubaren Grenzen. Sie betrafen zunächst nur marginale Verlängerungen über die Endpunkte hinaus. Mit der Netzumstellung auf das Zweistangensystem im Jahre 1942 entstanden auch mehrere Wendeschleifen. Beginnend bereits ab 1942 schuf man für den Berufsverkehr drei Zwischenschleifen und in Weißenborn erfolgte eine Verlängerung vom Kuhbergweg zur Willy-Flügel-Siedlung. Am 31.08.1977 endete in Zwickau der O-Bus-Betrieb. Wir möchten an ihn erinnern mit zum Teil einzigartigen Bilddokumenten von 1959 bis 1975.

An der zentralen Haltestelle Poetenweg wird im März 1960 bei Wagen Nr. 23 gerade ein Stromabnehmer umgehängt. Das Fahrzeug ist 1941 bei Henschel (Fahrgestell II-6500) hergestellt worden und war zuletzt unter Nr. 311 gelistet. Ob die Nummer noch angeschrieben war, ist fraglich, da es bereits 1962 ausschied. Als Anhänger sehen wir einen großen Vorkriegswagen von Schumann.

Frisch in Dienst gestellt ist auf diesem Bild der Skoda 8TR10 mit der Nr. 31, als die Aufnahme mit einem W 701 im März 1960 am Poetenweg entstanden ist.

Selber Ort, selbe Zeit: Auch der Wagen Nr. 24 wurde 1941 von Henschel auf einem Fahrgestell II-6500 aufgebaut und trug ab 1962 die Nummer 312, wobei auch hier fraglich ist, ob sie angeschrieben gewesen ist, da ebenfalls im selben Jahr die Aussonderung erfolgt ist. Als Anhänger erkennt man einen W 700 mit Werdauer Nachkriegsaufbau.

Hoch interessant ist dieses Motiv. Es zeigt im Sommer 1960 den 1930 von Mercedes hergestellten Testwagen 10, der 1938 die Nummer 20 erhielt und ab 1959 als Malerwerkstatt im Betriebshof diente. Am linken Bildrand abgestellt der Wagen Nr. 21 von 1938, aufgebaut von MAN auf dem Fahrgestell MPE I.

Zurück zum Poetenweg. Hier ist der MAN Nr. 22 von 1938 im Jahre 1960 vorgefahren mit einem W 701. Kurze Zeit später sonderte man ihn aus.

Noch einmal der ausgesonderte MAN Nr. 21 im Betriebshof, aufgenommen im Sommer 1960. Rechts Wagen Nr. 46^{II}, einer von zwei 1944 nach Zwickau gelieferten kleinen Lindner-Anhängern, welcher bis 1960 aktiv gewesen ist. Links am Bildrand wieder der Mercedes von 1930.

Die O-Busse Nr. 302 und 305 gehören zum Typ Skoda 8TR10 und begannen ihren aktiven Dienst 1960 mit den Nummern 30 und 33. Hier hat der Fotograf sie Richtung Weißenborn/Stadtpark bzw. Stenn fahrend am 20.09.1969 mit Altenburger Reko-Anhängern des Typs W 701 beim Poetenweg dokumentiert. Wagen Nr. 302 fuhr ab 1972 als Nr. 310^{II}.

Zur Willy-Flügel- bzw. Ernst-Thälmann-Straße sind die Skoda 9TR Nr. 309 von 1962 bzw. 312[II] von 1967 am 20.09.1969 beim Poetenweg unterwegs. Beim Wagen Nr. 309 wurde die mittlere Tür nachträglich verschlossen.

Am 04.05.1975 kommt der Wagen Nr. 310^{III} mit einem in Altenburg neu aufgebauten W 701-Anhänger die Hauptstraße in Lichtentanne herauf gefahren, um kurz darauf in die Zwischenschleife Ernst-Thälmann-Straße bei der Gaststätte „Zur Eiche“ einzufahren.

Hier erleben wir dieselbe Garnitur beim Einfahren in diese Zwischenschleife und nach Erreichen der Ausfahrposition. Das Zugfahrzeug, ein Skoda 8TR, schied 1977 aus dem Bestand aus.

Der große Vorkriegs-Schumann-Anhänger war der Urvater des späteren W 700. Im weitgehenden Originalzustand zeigte sich der 1942 gebaute Wagen Nr. 45 dieses Typs dem Fotografen im Jahre 1959 am Poetenweg. 1961 erfolgte seine Aussonderung.

Mit dem 1958 im Weimarwerk hergestellten W 701 Nr. 49 wartet der MAN Nr. 22 von 1938 am Poetenweg im Sommer 1959 auf seine nächste Fahrt. 1962 fuhr er als Nr. 355 bis zu seiner Ausmusterung fünf Jahre später.

Mehrere der im Zwickauer O-Busverkehr verwendeten W 701-Anhänger erhielten im Karosseriewerk Altenburg in den Jahren 1966 bis 1967 neue modernere Aufbauten. Wagen Nr. 354 ist 1960 in Ammendorf hergestellt worden und fuhr bis 1962 als Nr. 48II, Nr. 360 ist ein Bautzener Anhänger. 1957 hergestellt, war es bis 1963 als Nr. 325 in Erfurt unterwegs. Hier sind beide am 20.09.1969 am Poetenweg bildlich dokumentiert. Ihre Aufbauten gehörten zu den stilistisch späten Vertretern dieser Baureihe, erkennbar u. a. an den übereinander stehenden runden Rücklichtern.

Sachsen
Regionalbusverkehr

Ein Blick auf im sächsischen Regionalbusverkehr eingesetzte Fahrzeuge:

Das sächsische Busliniennetz gehört bis heute zu dem dichtesten in ganz Deutschland. Nach dem Ende des Zweiten Weltkrieges nahmen die Kraftverkehrsgesellschaft Sachsen GmbH (ab 1951: Kraftverkehr VVB Land Sachsen) und die Reichspost mit dem noch vorhandenen Wagenpark den Linienverkehr wieder auf. Mit der Gründung der Bezirke anstelle der Länder in Ostdeutschland geht ab 15.08.1952 der Regionalbusverkehr in die Verantwortung der bezirksgeleiteten Kraftverkehrs- und Instandsetzungskombinate. Spätestens 1953 war in diesem System auch der zuletzt von der Deutschen Post betriebene Liniendienst samt allen noch einsatzfähigen Fahrzeugen integriert, sofern sie nicht vorher an ostdeutsche Nahverkehrsbetriebe verkauft waren. Ein eigenständiger Bahnbusverkehr ist in den frühen Nachkriegsjahren der sächsischen Regionalbusgeschichte nicht nachweisbar. In Sachsen bestanden nun die Kraftverkehrskombinate Leipzig, Dresden und Karl-Marx-Stadt (bis 1953: Chemnitz). Aber in – wenn auch bescheidenem und tendenziell sinkendem Umfang – sind auch Leistungen von privaten Unternehmen erbracht worden, wodurch sich noch viele Jahre Exoten im Straßenbild halten konnten. Einige dieser Unternehmen konnten bis heute überleben. Wir möchten die aus unserer Sicht interessantesten Aufnahmen aus der Sammlung von Peter Dönges zeigen und dabei auch ausgewählte Dresdener Büchereifahrzeuge nicht vergessen. Auch Gäste in Sachsen sollen nicht ganz vergessen werden, zumal gerade der Gelegenheitsverkehr sich häufig bezirksübergreifend dargestellt hat. Der weitaus größte Teil ist von ihm selbst aufgenommen worden, lediglich bei einigen sehr frühen Aufnahmen befinden sich nur die Originalnegative in seinem Besitz.

Ab 1928 beschaffte die KVG Sachsen auf dem sechsrädrigen Hochrahmengestell des Büssing VI GL den Typ Moritzburg. Hier verdient sich mit der Nummer 4101 in der Betriebsstelle Augustusburg des VEB Kraftverkehr Karl-Marx-Stadt noch in der Mitte der 50er Jahre ein solches Fahrzeug sein Gnadenbrot.

Auch im Zittauer Raum waren Hochrahmenbusse durchaus noch bis Mitte der fünfziger Jahre alltäglich zu beobachten. Der Kasten am Heck diente im Krieg häufig zur Aufbewahrung von Gasflaschen. Das Bild am Rathaus stammt aus dem Jahre 1954 und ist von Christian Väterlein aufgenommen worden.

Die 1928 in fünf Exemplaren von der KVG Sachsen beschafften Büssing VI Gln Hochdecker des Typs Chemnitz zählten in ihrer Entstehungszeit zu den größten Doppelstockbussen der Welt. Auch nach dem Ende des Zweiten Weltkrieges verdienten sich einige von ihnen ihr Gnadenbrot im sächsischen Regionalbusverkehr. Wir zeigen Wagen mit der Beschriftung Kraftverkehr VVB Land Sachsen und solch monströse Fahrzeuge im Dienst des VEB Kraftverkehr Karl-Marx-Stadt in der Straße der Nationen bzw. beim Stalinplatz. Die Tribüne im Hintergrund wurde anlässlich der Feierlichkeiten zur Umbenennung der Stadt im Jahre 1953 für die Festreden errichtet. Die hoch interessanten Motive hat der an anderer Stelle bereits erwähnte Wolfgang Schuster aufgenommen.

Von der Reichspost stammt dieser dreiachsige Mercedes O-1000, welcher in recht großer Stückzahl Ende der 30er Jahre beschafft wurde und in ganz Deutschland bis zum Beginn der 60er Jahre im Einsatz stand, hier der Wagen Nr. 3402 des VEB Kraftverkehr Leipzig, aufgenommen mit einem LOWA W 700 um 1956 beim Dresdener Hauptbahnhof.

Der in Pirna stationierte Vomag des Typs Friedrichshafen mit der Nummer 3125 trägt bereits einen neuen Aufbau und wurde in Dresden-Blasewitz 1962 und zwei Jahre später vor dem Firmengebäude des damaligen VEB Starkstromanlagenbau Dresden mit einem W 700-Anhänger aufgenommen. Später werden wir ihn noch als Büchereiwagen kennen lernen.

Auf dem Busabstellplatz beim Dresdener Hauptbahnhof erleben wir im Juni 1960 mit den Dresdener Wagen 3282 und 3206 Vomag-Omnibusse des Typs 5 OM 1258. An Letztgenanntem ist ein W 700 Werdauer Bauart angehängt. Einst waren derartige Fahrzeuge im Dienst der KVG Sachsen unterwegs.

Auch beim Wagen Nr. 3212, aufgenommen im Februar 1960 mit einem Bautzener W 700-Anhänger vor dem Starkstromanlagenbau Dresden, handelt es sich um einen Vomag des Typs 5 OM 1258.

Der Wagen Nr. 3206 hat an einem Februartag des Jahres 1960 seine Fahrgäste aufgenommen und wird gleich seine Fahrt Richtung Freiberg aufnehmen. Auch er führt einen W 700-Anhänger mit.

In den Jahren 1939 und 1940 beschaffte die KVG Sachsen die mächtigen Dreiachser vom Typ Büssing 900 N und setzte sie vor allem auf der Berglinie Dresden - Zinnwald ein, wo sie nach dem Krieg noch bis zum Beginn der 1960er Jahre den Alltag mit prägten. Vor dem VEB Starkstromanlagenbau Dresden beim Hauptbahnhof erleben wir die Wagen Nr. 4301 und 4307 im Februar bzw. Juni 1960 mit verschiedenen Aufbauten.

Ganz sicher zur österreichischen Post gehörte einst der Wagen Nr. 2938 des VEB Kraftverkehr Zwickau. Man darf davon ausgehen, dass es sich um einen Saurer oder Steyr handelt, von denen eine überschaubare Zahl während des Krieges in den Bestand der Deutschen Reichspost gelangte. Aufgenommen wurde das Fahrzeug beim Zwickauer Hauptbahnhof im März 1960.

Als der Pirnaer Wagen Nr. 1939 im März 1960 in Bühlau dem Fotografen vor die Linse fuhr, hatte er bereits einen neuen Aufbau erhalten.

Auch dieser Trambus, Nr. 3834 des VEB Kraftverkehr Bautzen und sein einfach bereifter Vorkriegsanhänger, im Juni 1960 beim Dresdener Hauptbahnhof aufgenommen sind bereits mit Nachkriegsaufbauten unterwegs.

Wahrscheinlich vom Bahnschnellverkehr stammt dieser hier in Zwickau 1959 dokumentierte Krauss Maffai KMO mit Kässbohrer-Aufbau. Mehrere solcher Fahrzeuge setzte die Firma Kaiser noch bis zum Beginn der 1960er Jahre im Schnellverkehr zwischen Zwickau und Karl-Marx-Stadt ein.

Ausgesprochene Raritäten stellen diese beiden Aufnahmen aus dem Jahre 1954 von Christian Väterlein, aufgenommen am Zittauer Rathaus, dar. Sie zeigen mit dem dortigen Wagen Nr. 17 einen von nur zwei gebauten Magirus des Typs M 65 aus dem Jahre 1936, in denen 29 Sitz- und 20 Stehplätze vorhanden waren und welche beide nach Zittau geliefert worden sind. Nach dem Krieg ist der noch vorhandene Bus auch auf Regionallinien – meist wie hier mit einem Anhänger des Typs W 700 – zum Einsatz gebracht worden.

Auch der Reisebus Nr. 3161 des VEB Kraftverkehr Meißen – hier eine Aufnahme vom Juni 1960 – konnte mit einem neuen Aufbau bis in die 1960er Jahre im aktiven Einsatz verbleiben.

Solch skurrile Gefährte setzte die Radebeuler Firma Herbert und Rudolf Krause auf ihren Linien ein. Wir sehen hier um 1957 den Wagen Nr. 9, der hier schon stärkere Umbauten über sich ergehen lassen musste.

Dieser 1960 auf dem Dresdener Theaterplatz aufgenommene Bus mit Leipziger Kennzeichen ähnelt zwar einem H6B, ist aber ein völlig eigenständiger Neuaufbau auf einem Vorkriegsfahrgestell, allenfalls angelehnt an den oben genannten Bustyp. Im Hintergrund rechts ein Crossley-Schlepper des Synthesewerkes Schwarzheide.

Einfachbereifte Anhänger in der abgebildeten Form sind vor allem durch die Firma Lindner in Ammendorf gefertigt worden. Im Jahre 1955 trug der Wagen Nr. 0721 des VEB Kraftverkehr Karl-Marx-Stadt aber ganz sicher nicht mehr seinen originalen Aufbau.

Der Schumann-Anhänger aus dem Jahre 1943 kann ohne Übertreibung als der Urahn des späteren W 700 angesehen werden. Nach dem Krieg gehörte er noch viele Jahre zum Alltag auch im sächsischen Regionalbusverkehr. Hier der Wagen Nr. 646, aufgenommen im März 1960 in der Abstellanlage beim Dresdener Hauptbahnhof.

In originalem und auch mehr oder weniger stark umgebautem Zustand gehörten Büssing-Omnibusse des Typs 4500 T mit vereinfachten Kriegsaufbauten und die dazu passenden Anhänger wie dieser Zug des VEB Synthesewerkes Schwarzheide im April 1959 zum Dresdener Straßenbild. Mit meist neuen Aufbauten verdienten sich noch einige von ihnen bis zum Ende der 1960er Jahre und darüber hinaus ihr Gnadenbrot.

Die umfangreichsten Umbauten erfuhren Omnibusse, wenn sie nicht als Lastwagen aufgebraucht worden sind, indem man sie zu Fahrbüchereien umgestaltete. In Dresden bot sich als Aufbauhersteller die ortsansässige Firma Nagetusch an, allerdings konnte dies bislang nicht zweifelsfrei dokumentiert werden. Die Bilder zeigen um 1954 am Fucikplatz (heute Straßburger Platz) einen kleinen Büchereiwagen. Ein Aufbau auf einem einst als Bus dienenden Büssing VI Gln ist im Januar 1959 in der Stübelallee bzw. in der Heinrich-Schütz-, Ecke Berggartenstraße, abgelichtet worden. Schließlich begegnete am 06.03.1967 der ehemalige Pirnaer Wagen Nr. 3125, welchen wir bereits vorgestellt haben, (Vomag) am Fritz-Förster-Platz (bis 1946 Sedanplatz) dem Fotografen.

Im Jahre 1962 waren fast überall im sächsischen Regionalbusverkehr noch einzelne Vorkriegswagen aktiv, wie die Aufnahme der Busabstellanlage am Dresdner Hauptbahnhof unschwer erkennen lässt, aber man begegnete im gleichen Jahr vielen von ihnen und bereits den ersten Nachkriegsfahrzeugen mit zeitgemäßen Aufbauten, von denen jene der Firmen Hiller in Ehrenhain und Fleischer in Gera besondere Hervorhebung verdienen. Diese Omnibusse dienten nun aber vor allem im Ausflugsverkehr und waren damit natürlich praktisch überall präsent. Hier zwei solcher Fahrzeuge aus Wittenberg während einer Sonderfahrt bei der Festung Königstein.

In den siebziger Jahren waren auch die nicht allzu oft aufgebauten Fleischer-Busse der zweiten Nachkriegsgeneration im Regionalbus- und Gelegenheitsverkehr zu sehen. Hier ein S 2 RU aus dem damaligen Bezirk Leipzig, aufgenommen im Oktober 1970 bei der Ostseemesse in Schutow.

Auch die Crossley-Schlepper, über welche ja im Abschnitt Dresden bereits berichtet worden ist, sind nach ihrer Aussonderung meist für den innerbetrieblichen Berufsverkehr zum Einsatz gekommen und unterstützten auf diese Art den Regionalbusverkehr. Hier steht ein solcher Zug des Synthesewerkes Schwarzheide im Jahre 1960 neben der Dresdener Semperoper auf dem Theaterplatz. Einst fuhr er auf Dresdener Stadtlinien mit der Nummer 33.

Kaum zum Ersatz der alten Haubenbusse konnten die mit 68 Wagen in viel zu geringer Zahl 1951 bis 1953 in Werdau produzierten schwerem LOWA W 500 herangezogen werden, von denen lediglich etwa 20 im sächsischen Regionalbusverkehr zum Einsatz kamen. Sie verschwanden auch recht schnell und nahezu unbemerkt wieder aus dem Alltagsbild. Mit Aufnahmen aus den Jahren 1960 und 1962 von den Wagen Nr. 3305 und 3308 des VEB Kraftverkehr Dresden möchten wir an die kurze Zeit erinnern, in der man sie vor allem auf der Linie Dresden - Zinnwald erleben konnte.

Diese Aufnahme vom März 1960, dokumentiert am Busabstellplatz beim Dresdener Hauptbahnhof, macht anhand der Kotflügelgestaltung recht deutlich den Unterschied zwischen Werdauer und Bautzener W 700 sichtbar. Links ein Werdauer Wagen von 1951, rechts daneben ein Bautzener Wagen von 1954.

Diese drei Bilder lassen die Entstehung der endgültigen Beleistung des H6B erkennen, und solche frühen Busse sind durch Gelegenheitsfahrten natürlich auch in Sachsen aufgetaucht. Ein sehr früher Wagen ist Nr. 5 des VEB Kraftverkehr Greifswald (Aufnahme im Juli 1957 in Greifswald), auch der Bergener H6B/L, im März 1960 während eines DER-Treffens in Dresden aufgenommen, trägt noch eine so genannte Übergangsbeleistung im Grillbereich.
Mit dem Wagen 3558 des VEB Kraftverkehr Pirna, aufgenommen im Januar 1961 in Dresden, sehen wir nun jene endgültige Gestaltungsform, wie sie viele Jahre in der DDR weite Verbreitung fand.

Mit dem Ikarus 31 kam im Jahre 1956 bereits der zweite Typ dieser kleinen Ikarusreihe in die DDR. Vom Vorgänger (Ikarus 30) kamen 1952 bis 1957 662 Busse hierher, vom abgebildeten Ikarus 31 und seiner späteren Weiterentwicklung, dem Ikarus 311 waren es zwischen 1957 und 1972 etwa 2.400 Wagen und knapp 100 Ersatzkarosserien zur Auffrischung verschlissener Ikarus 30. Ikarus 31 und 311 waren noch bis kurz vor der Wende vereinzelt auf ostdeutschen Regionallinien zum Einsatz gebracht worden. Die Aufnahme aus dem Jahre 1956 am Dresdener Hauptbahnhof zeigt einen ungarischen Versuchswagen des Ikarus 31.

Zwischen 1953 und 1959 ist die Typreihe Ikarus 60 in drei Karosseriemodifikationen (Ikarus 60 mit zwei Falttüren, Ikarus 601 mit einer Falttür und optional einem Notausstieg im Heck und Ikarus 602 mit zwei Schlagtüren) in die DDR eingeführt worden. Die meisten dieser Busse schieden bis zum Ende der 1960er Jahre aus dem Bestand aus oder bekamen neue Aufbauten.
Hier ein Ikarus 601 des VEB Kraftverkehr Dresden in der recht seltenen Kombination mit einem Kriegsanhänger auf der Linie Dresden Bühlau - Ullersdorf - Großerkmannsdorf - Radeberg, aufgenommen 1960 in Bühlau.

Diese Motive aus dem Jahre 1961, aufgenommen am Dresdener Hauptbahnhof, zeigen mit dem Dresdener Wagen Nr. 26118 einen Ikarus 602 und mit der Nummer 2661 ebenfalls aus Dresden einen Ikarus 601.

Der Ikarus 630 folgte den sechziger Ikarus in der Fertigung. Über 2.000 Wagen kamen zwischen 1959 und 1971 in die DDR, waren aber mehrheitlich bis Ende der 1970er Jahre nicht mehr aktiv. Im verschneiten Blasewitz ist Anfang 1961 ein solcher Omnibus aus der Fertigungszeit 1959/60 (seitliche Schiebefenster) des VEB Kraftverkehr Zittau bildlich dokumentiert worden.

Im Regional- und Gelegenheitsverkehr prägten die heckmotorigen Omnibusse des Typs Ikarus 55 ab 1956 mehrere Jahrzehnte das Alltagsbild mit. Die Aufnahme, aufgenommen im August 1964 in Leipzig, zeigt ein derartiges Fahrzeug aus dem damaligen Bezirk Halle (heute Bestandteil von Sachsen-Anhalt). Die seitliche Lufthutze und die im Heck aufgelöteten Zierstäbe weisen auf eine Fertigungsserie Ende 1961 hin. Der Doppelstreifen war in dieser Form ein weit verbreitetes Dekor – auch bei den Ikarus 66.

Bereits im Februar 1972 erschien ein Vorführwagen der 200er Ikarus-Reihe zu Tests durch die KTA Dresden. Beim am Hauptbahnhof bildlich festgestellten Fahrzeug handelt es sich um einen Ikarus 266. Eingeführt wurden ab 1973 zunächst aber die Typen 260, 280 und 255.

Im Frühjahr 1958 wurde ein tschechischer Omnibusanhänger vom Typ Karosa B 40 durch die KTA Dresden getestet. Zu einer Einführung nennenswerter Stückzahlen kam es aber nicht. Es sind aber Einzelexemplare nachgewiesen worden.

Der Skoda 706 RO geht im Ursprung bereits auf das Jahr 1946 zurück. Erst 1955 bis 1957 wurden 176 und 1957 zusätzlich 26 Fahrgestelle von ihnen in die DDR eingeführt. Viele von ihnen blieben lange Zeit im Einsatz, weil sie mehrmals neue Aufbauten auf den quasi unverwüstlichen Rahmen bekamen. Diese kamen von Karosa, Jelcz und SVA und entsprachen bereits dem Nachfolgetyp Skoda RTO 706. Das Bild zeigt den Pirnaer Wagen Nr. 3600 im März 1960 beim Dresdener Hauptbahnhof, bereit zur Abfahrt Richtung Zinnwald.

Mit einem Anhänger des Typs W 701 steht im Februar 1960 der Skoda RTO 706 Nr. 3617 des VEB Kraftverkehr Pirna beim VEB Starkstromanlagenbau Dresden (Nähe Hauptbahnhof). Omnibusse dieses Typs sind ab 1958 in gleichermaßen kleinerer Zahl in die DDR gekommen und mehrheitlich später mit neuen Aufbauten versehen worden.

Im verschneiten Blasewitz steht mit Wagen Nr. 3607 des VEB Kraftverkehr Pirna im Januar 1961 ebenfalls ein Skoda 706 RTO aus dem Jahre 1960. Zwischen 1958 und 1971 kamen insgesamt 477 von ihnen in mehreren Ausführungen in die DDR.

1969 bis 1970 sind 600 Jelcz-Omnibusse des Typs 043 E und 364 Jelcz-Anhänger der Typen PO1 und PO46 fabrikneu in die DDR eingeführt worden. Darüber hinaus kamen im selben Zeitraum sechzig Gelenkzüge des Typs Jelcz 021 E, von denen die Hälfte im sächsischen Regionalbusverkehr gefahren ist, aber nach oft weniger als 8 Jahren wieder aus dem Alltagsbild verschwunden war. In Dresden zeigt sich der Wagen Nr. 7802 213 des VEB Kraftverkehr Pirna im Jahre 1970 in weitgehendem Lieferzustand.

Sachsen-Anhalt

Dessau

Der schienengebundene Stadtverkehr in der ehemaligen Residenzstadt Dessau begann am 15.11.1894 mit einer Gasmotorenbahn mit zuletzt 13 Triebwagen und 8 Beiwagen. Ihr folgte ab 26.03.1901 eine elektrische Straßenbahn. Beide Bahnen hatten eine Spurweite von 1.435 mm. Nachdem zwischen 1967 und 1974 zwei der drei Linien eingestellt wurden, spielte die Straßenbahn in der Verkehrsplanung ab 1980 wieder eine stärkere Rolle. Heute werden die Linien 1 zwischen Hauptbahnhof und Dessau Süd sowie 3 zwischen Hauptbahnhof und Junkerspark mit niederflurigen Fahrzeugen betrieben. Die ausgewählten Aufnahmen stammen aus dem Zeitraum 1965 bis 1975.

Aufbauwagen Werdauer Bauart von 1948, Nr. 32[II] und 30[II] am 18.11.1965 in der August-Bebel-Straße.

Modernisierter Tw 26^II von 1927 mit einem LOWA-Anhänger am 17.11.1965 aufgenommen am Bahnhof.

Wagen Nr. 28^III wurde 1963 in der Hauptwerkstatt der LVB aufgebaut, hier als Solowagen der Linie 3 am Hauptbahnhof.

LOWA Tw 40^II (1955) mit den Anhängern 105^II und 106^II von 1914 am Hauptbahnhof am 17.11.1965.

Reinrassiger Gotha-Zweirichtungszug mit Nr. 44^II von 1960 an der Spitze, aufgenommen am 18.11.1965 am Hauptbahnhof.

Aus dem Jahre 1908 stammt dieser Anhänger, der vor seiner Dessauer Zeit in Köln-Mühlheim fuhr – hier wenige Monate nach seiner Außerdienststellung 1967.

Zwischen 1972 und 1974 erfolgte schrittweise die Einstellung der Linie 2 zwischen Hauptbahnhof und Rosenhof. Der in Leipzig aufgebaute Tw 28^{III} zeigte sich am 21.10.1972 an beiden Endpunkten.

Der Anhänger 103^{III} wurde 1967 als Einrichtungsbeiwagen in Gotha hergestellt, hier ein Bild aus dem Jahre 1972, aufgenommen am Bahnhof.

Gotha-Tw 36^{IV} von 1964 mit zwei baugleichen Anhängern im August 1974 an der Haltestelle Museum.

Szenerie am Hauptbahnhof, eingefangen am 12.07.1975. Der Anhänger Nr. 120^{III} von 1959 wirkt hier recht verbraucht.

Was hier wie ein Ikarus 602 ausschaut, ist ein nachträglich mit Schlagtüren ausgerüsteter Ikarus 60. So etwas konnte man vielerorts sehen, hier der Dessauer Wagen Nr. 35, dokumentiert im September 1968.

Sachsen-Anhalt
Halberstadt

Die meterspurige elektrische Straßenbahn in Halberstadt folgte ab 02.05.1903 einer ebenfalls meterspurigen Pferdebahn aus dem Jahre 1887, bei der zuletzt zehn Wagen zum Einsatz gebracht worden sind. 1928 waren bei der Elektrischen 23 Trieb- und 7 Beiwagen im täglichen Einsatz auf 12,7 km. Den heute eingesetzten 9 Regeltriebwagen auf zwei Linien stehen mit sieben ungewöhnlich viele Oldtimer in teilweise betriebsfähigem Zustand gegenüber. Die ausgewählten Aufnahmen vom Juli 1957, April 1966, Mai 1973 und Juli 1981 sollen vor allem an die große Zeit der Lindner-Wagen erinnern, aber zugleich auch LOWA-, Gotha- und Reko-Wagen, welche viele Jahre das Alltagsbild auf Halberstädter Straßenbahngleisen prägten, nicht unberücksichtigt lassen.

An der Voigtei entstand 1963 ein Wendedreieck. Hier erleben wir am 25.04.1966 den Gotha-Triebwagen Nr. 40 von 1960 mit dem 1951 in Werdau gefertigten LOWA-Beiwagen Nr. 56, hier noch weitgehend im Originalzustand. Der Zug wird eindrucksvoll eingerahmt von meist niedersächsischen, allerdings sanierungsbedürftigen Fachwerkbauten des 17. und 18. Jahrhunderts. Insgesamt konnten von ihnen in Halberstadt etwa 450 als Denkmäler erhalten werden.

Ebenfalls im Jahre 1963 wurde am Endpunkt Klusberge eine Wendeschleife dem Betrieb übergeben. An dieser Endstation ist der Ammendorfer Triebwagen Nr. 26 der Serie von 1931 im April 1966 bildlich dokumentiert. 1974 ist er verschrottet worden.

Vor der majestätischen Kulisse des 1491 geweihten Halberstädter Domes begegnen sich am 12.07.1981 ein Gotha-Einrichtungszug und ein Reko-Zug aus dem Jahre 1970, ebenfalls in Einrichtungsbauart, beim Holzmarkt. Der Gotha-Tw 30^{II} stammt aus dem Jahre 1965 und fuhr bis 1980 in Halle (Saale) mit der Nummer 750.

Zwischen 1970 und 1975 kamen aus dem Raw Berlin-Schöneweide je fünf Einrichtungstrieb- und -beiwagen sowie drei Zweirichtungstriebwagen des Reko-Zweiachstyps 70/1 nach Halberstadt. Tw 35^{II} und Bw 51^{II} waren die ersten von ihnen und fuhren bereits seit 1970. Der Triebwagen wies eine Besonderheit auf: Er wurde in Halberstadt mit einer Kurvenschmiereinrichtung versehen. Die Aufnahme vom 12.07.1981 zeigt den Zug am Holzmarkt.

Begegnung von Lindner-Tw 29 (1933) und 33 (1942) am Bahnhof, dokumentiert im Juli 1957.
Der Bw 52 von 1913 wurde 1938 von Karlsruhe übernommen und trug dort die Nummer 390.

Ebenfalls im Juli 1957 ist Tw 28 von 1933 an der Endstation Westerhäuser Straße als Solopendel dokumentiert worden.

Tw 32 stammt aus dem Jahre 1939, hier dokumentiert am Fischmarkt am 22.04.1966.

Zurück noch einmal zum Bahnhof. Am 22.04.1966 ist der hier bereits generalüberholte LOWA-Tw 35 von 1951 vorgefahren.

Im Betriebshof sehen wir hier den ebenfalls generalreparierten LOWA-Beiwagen Nr. 56, hergestellt 1951 in Werdau und kurz nach dieser Aufnahme vom Mai 1973 ausgesondert.

Sachsen-Anhalt
Halle (Saale) Städtische Straßenbahn

Die Städtische Straßenbahn in Halle begann ihren Siegeszug zunächst mit einer meterspurigen Pferdebahn am 07.10.1882. Der Halleschen Straßenbahn AG mit rot/beigefarbenen Wagen folgte am 30.08.1889 die ebenfalls meterspurige Stadtbahn Halle mit grün/beigefarbenen Wagen als Pferdebahn. Beide Netze zusammen hatten bei ihrer Elektrifizierung eine Ausdehnung von knapp 16 km und verfügten über 60 Anhänger und 229 Pferde. Die Depots befanden sich in der Klosterstraße und am Roßplatz. Die Stadtbahn Halle (Saale) eröffnete unter der Regie der AEG am 24.04.1891 den elektrischen Betrieb auf all ihren Linien und betrieb damit das erste elektrische Straßenbahnnetz Europas. Bis 1899 waren auch alle Linien der anderen Gesellschaft elektrifiziert. Am 01.01.1911 geht die Städtische Straßenbahn aus der Halleschen Straßenbahn hervor und übernimmt am 01.04.1917 auch die Stadtbahn Halle (Saale). Das gemeinsame Depot entsteht bis 1919 an der Freiimfelder Straße. Mit der Ansiedlung und Entwicklung großer Industriestandorte im Stadtgebiet entwickelte sich das Netz kontinuierlich in allen Richtungen und erreichte 1928 eine Größe von 41,841 km, für welches 169 Trieb- und 93 Beiwagen zur Verfügung standen. 1951 verschmolz es mit der Überlandbahn in Merseburg, wodurch es fortan auch zum Einsatz Hallescher Fahrzeuge im Merseburger Netz kam. Weitsichtige kommunalpolitische Entscheidungen bei der Planung der Siedlung Halle-West, aus der sich Halle-Neustadt bildete, machten in den 1990er Jahren seine Einbeziehung in das Straßenbahnnetz von Halle (Saale) möglich. Einschließlich der Nachtlinien bestehen heute 14 Straßenbahnlinien. Neben einigen modernisierten Tatra-Wagen werden heute 60 MGT6D, 30 MGT-K und 12 MGT-K-2 zum Einsatz gebracht. Im Süden von Halle entstand bis 1997 das neue Depot Rosengarten. Die Aufgabe der Betriebshöfe Ammendorf und Merseburg erfolgte bis 2003. 23 Buslinien ergänzen das innerstädtische Netz der Saalestadt. Wir erinnern mit Zeitdokumenten aus den Jahren 1958 bis 1972 an jene Zeiten, als aufgrund der noch nicht gut entwickelten individuellen Mobilität ein unvorstellbares Verkehrsaufkommen zu bewältigen war.

Bereits 1930 wurde der Tw 4[II] der Stadtbahn Halle zum Arbeitswagen Nr. 9[II] und erfuhr bis zu seiner Aussonderung mehrere Umbauten. Er gehört zu einer siebzehn Wagen umfassenden Serie, die 1908 von Falkenried geliefert und 1917 von der Städtischen Straßenbahn übernommen wurde. Hier im Betriebshof Freiimfelder Straße, aufgenommen am 11.03.1968.
Am rechten Bildrand Schleifwagen Nr. H 4, 1927 aus Tw 240 entstanden, der wiederum 1922 versuchsweise aus dem Bw 240 umgebaut worden ist (Baujahr 1919, Wismar).

Beiwagen Nr. 216 gehörte zu einer Serie von vierzig Beiwagen, die 1919 in Wismar gebaut wurden. Die Aufnahme entstand in der Elsa-Brändström-Straße unweit der Endstation Wohnstadt Süd am 11.03.1968, wenige Wochen vor der Aussonderung.

Auch Bw 202^{II} und 201^{II} stammen aus der Wismarer Serie von 1919. Nach einem Umbau 1951 aus den Bw 238 und 224 entstanden, schieden auch sie wenige Wochen nach der Aufnahme von 1968 in der Straße der DSF (heute wieder Delitzscher Straße) vor der Einmündung der Freiimfelder Straße aus dem Bestand aus.

Bw Nr. 207^{II} gehörte zu einer 1921 in der Waggonfabrik Wismar gebauten Serie von zwanzig Triebwagen, von denen zwischen 1961 und 1963 dreizehn zu Beiwagen umgebaut worden sind und unter verschiedenen Nummern bis 1971 längstens bis 1972 im Liniendienst standen. Am 27.09.1971 im Depot Merseburg stand seine Aussonderung unmittelbar bevor.

1912 in Köln für die Stadtbahn Halle als Nr. 101 bis 112 geliefert, erhielten sie nach deren Übernahme durch die Hallesche Straßenbahn 1917 die Nummern 83 bis 94. 1926 sind sie in Ammendorf mit geschlossenen Bühnen versehen und dabei den Lindnerwagen des Jahres 1925 angeglichen worden. Ab 1961 diente der hier im März 1968 kurz vor der Aussonderung aufgenommene Wagen Nr. 94 als Arbeitswagen Nr. H 15. Aus dieser Serie kamen 1943 die Wagen Nr. 83, 84 und 91 nach Oberhausen und liefen dort unter ihren Hallenser Nummern als Verstärkungswagen.

Zwischen 1950 und 1959 sind mehrere Triebwagen der 1912 bis 1914 gebauten Stadtbahn-Serien zu Beiwagen umgebaut worden. Nr. 80 entstand 1959 aus Tw 80 (1914 in Ammendorf gebaut) und zeigt sich in einem Dreiwagenzug der Linie 2 am 11.03.1968 in der Straße der DSF (heute: Delitzscher Straße). Nr. 83, bereits 1950 aus dem Tw 90 umgebaut, ist 1912 in Köln hergestellt worden. Ihm begegnen wir am 11.03.1968 in der Wohnstadt Süd. Alle Wagen dieser Umbaureihe schieden 1968 aus dem Liniendienst aus.

Die meisten der so genannten Kirchenfensterwagen verdienten sich mit oder ohne umgebaute Seitenfenster ihr Gnadenbrot als Dienstfahrzeuge, zum Teil mit mehrfach geänderten Nummern. Arbeitswagen Nr. H 1 – am 11.03.68 im Betriebshof Freiimfelder Straße mit einem Schneepflug – diente bis 1963 als Nr. 155 und wurde 1926 in Gotha gebaut. 1925 in Düsseldorf hergestellt wurden Tw 149 und 145, aus denen 1963/64 die Hilfsgeräte- bzw. Arbeitswagen Nr. A 2^{III} und VA 1 entstanden, die am 18.03.1971 im Betriebshof Ammendorf zu sehen sind.

Kurz vor seiner Aussonderung ist am 11.03.1968 Tw 132 in einem Zug der Linie 9 von Reideburg kommend Richtung Thälmannplatz an der Haltestelle Freiimfelder Straße vorgefahren. Der Lindner-Wagen gehörte zu einer achtzehn Triebwagen umfassenden Serie aus dem Jahre 1925, von denen sich viele ihr Gnadenbrot als Beiwagen verdienen mussten. Die Reideburger Linie wurde am 22.04.1968 zur Linie 10 und fuhr bis zum 21.05.1971, bevor sie auf Busverkehr umgestellt wurde.

Alltagsszene im Betriebsbahnhof Freiimfelder Straße am selben Tag: Man erkennt vorn den Lindner-Triebwagen Nr. 128 von 1925 kurz vor seinem Umbau in einen Beiwagen, dahinter Tw 648^{II} ex. 168 (Lindner, 1927). Tw 144 aus dem Jahre 1925 (Düsseldorf), erkennbar am rechten Bildrand neben einem fabrikneuen Gothawagen tschechischer Bauart, musste sich sein Gnadenbrot bis 1971 als Arbeitswagen Nr. $H5^{II}$ verdienen.

Kurz vor der Endstation Wohnstadt Süd begegnen wir am 29.02.1968 einem Zug der Linie 2 mit Lindner-Wagen aus dem Jahre 1928. Tw 684 fuhr bis 1967 mit Nr. 1404 und davor Nr. 404, Beiwagen Nr. 286 schied 1969 aus dem Linieneinsatz aus.

Aus derselben Serie stammt der Tw 402, der später als Nr. 1402 und ab 1967 bis zu seiner Aussonderung 1980 als Nr. 682 zu sehen war. Hier in einem Zug der Linie 4, aufgenommen im Sommer 1958 am Betriebsbahnhof Ammendorf.

Der 1925 in Ammendorf gebaute Triebwagen Nr. 122 war kurz vor dieser Aufnahme vom 11.03.1968 in einen Beiwagen umgebaut worden und fuhr bis zu seiner Aussonderung 1971 wie im Bild erkennbar als Nr. 222^{II}.

Zwanzig zweiachsige Beiwagen fertigte die Firma Lindner in Ammendorf 1927/28 für die Städtische Straßenbahn Halle (Saale), die sie mit den Nummern 271-290 einsetzte und bis 1969 aussonderte. Hier eine Aufnahme vom 29.02.1968 in der Elsa-Brändström-Straße stadtauswärts fahrend vor der Einmündung von Damaschkestraße und Vogelweide.

Mit zwei 1925 gelieferten Beiwagen der Nummernreihe 241 bis 270 ist am 18.03.1971 der zu einem Einrichtungswagen umgebaute Lindner-Tw 635^{II} (ex. 1411, ex. 411) aus dem Jahre 1931 in einem Berufsverkehrszug in der nur in Spitzenzeiten genutzten Schleife Kurt-Wüsteneck-Straße beim Freibad in Ammendorf vorgefahren. Zeitgleich warten im Betriebshof Ammendorf die Beiwagen Nr. 265 und 268 auf ihren nächsten Einsatz. Sie gehören zur in Niesky 1925 gebauten Nummernreihe 256 bis 270. Im selben Jahr kamen aus Gotha die fast identischen Beiwagen Nr. 241 bis 255.

Eine bunt zusammen gestellte Garnitur mit verschiedenen Fahrzeugtypen aus dem Halleschen Netz mit Fahrziel Leuna zeigte sich im Sommer 1958 dem Fotografen in Merseburg an der Hölle. An der Spitze ein Lindner-Triebwagen der Serien ab 1927.

Der 1943 in Ammendorf gebaute Bw 240^{II} – seit 1951 Nr. 300^{II} – blieb ein Einzelgänger, schied 1967 aus dem aktiven Dienst aus und wurde verschrottet.

1954 kam Beiwagen Nr. 762 (Aufnahme: 1958 in Ammendorf) von der BVG Ost (ex. Nr. 1359) mit vier weiteren baugleichen Fahrzeugen, alle 1921 in Hannover gebaut. 1967 bis zu seiner Aussonderung 1968 fuhr er noch als Nr. 162^{II}. 1962 kamen fünf Beiwagen (Lindner, 1930) von der Erfurter Straßenbahn in die Saalestadt und fuhren hier bis 1968. Nr. 292 A – Bild im März 1968 kurz vor der Aussonderung im Betriebsbahnhof Freiimfelder Straße – trug in Erfurt die Nummer 226 und dann bis 1963 in Halle die Nummer 1226.

In Halle kamen insgesamt vierzehn LOWA-Triebwagen zum Einsatz, vier von ihnen aus Gothaer Produktion, zu denen auch der Tw 709 gehörte, welcher 1955 als Nr. 509 in den Bestand kam, natürlich auch auf Merseburger Gleisen wie hier am 18.03.1971 an der Hölle zu sehen war und nach einem Unfall 1977 verschrottet wurde.

1956 kam der Beiwagen Nr. 332 zusammen mit sechs weiteren Wagen auf Hallenser Gleise. Es handelte sich um Gothaer LOWA-Anhänger. 1967 bis zu seiner Aussonderung gut zehn Jahre später lief er unter der Nummer 322^{II}. Hier in einem gemischten Zug der Linie 31 im Jahre 1958 an der Hölle.

Beiwagen Nr. 307 kam zusammen mit weiteren zehn Wagen 1950 erstmals im Halleschen Straßenbahnverkehr zum Einsatz und gehört damit zu den ganz frühen LOWA-Anhängern Werdauer Bauart. Hier wartet das inzwischen umgebaute Fahrzeug am 18.03.1971 im Betriebsbahnhof Ammendorf auf seinen nächsten Einsatz. Sein Gnadenbrot verdiente sich dieses Fahrzeug ab 1977 in Cottbus mit der Nummer 164

Fünf LOWA-Beiwagen verschiedener Serien sind in Halle (Saale) in Einrichtungswagen umgebaut und 1967 in der Nummernreihe 291^{III} bis 295^{III} zusammengefasst. Hier sehen wir Nr. 293^{IV} ex. 326 im März 1968 Richtung Hauptbahnhof fahrend an der Einmündung der Freiimfelder Straße in die Straße der DSF.

1957 wurden die ersten Gotha-Fahrzeuge des Einrichtungstyps T/B 57E in Halle in Dienst gestellt. 1968 erfolgte die Umbezeichnung, weshalb vorübergehend ein A hinter der Nummer angeschrieben war. Tw 517A wurde kurz nach den recht aussagekräftigen Fotodokumenten vom 11.03.1968 im Depot Freiimfelder Straße nach Frankfurt (Oder) umgesetzt.

Lediglich fünf Gothawagen des Typs T 57 in Zweirichtungsversion fanden 1958 den Weg auf Hallenser Straßenbahngleise. Bereits bis 1968 waren sie nach Görlitz, Nordhausen und Frankfurt (Oder) umgesetzt. Nr. 523 – hier kurz nach seiner Indienststellung beim Rangieren in Merseburg an der Hölle – fuhr in Görlitz unter der Nummer 15^{III} bis 1992 und ist erhalten geblieben.

Interessantes Motiv im Depot Freiimfelder Straße. Der am 11.03.1968 in Szene gesetzte Tw 527, ein T 57 E vom Baujahr 1960, gehörte zur letzten Nachfolgeserie dieses Typs in Halle (Saale). Als Nr. 729 beendete er in den siebziger Jahren seinen aktiven Dienst.

Der Fahrschulwagen VF 1 ist 1966 als Prototyp des tschechischen Gothawagens T2D gefertigt worden und fuhr in Halle (Saale) bis 1968 unter der Nummer 569. 1986 – nun bereits als 092 – erfolgte seine Umsetzung nach Brandenburg. Hier am 18.03.1971 in der Wagenhalle des Betriebshofes Freiimfelder Straße. Dahinter der Oldtimer Nr. 2, ein ehemals Plauener Triebwagen.

Sagenhafte 76 tschechische T2D sind 1967/68 allein nach Halle (Saale) geliefert worden, von denen viele aber kurze Zeit später an andere Städte weiter gegeben worden sind. Die Triebwagen 806 und 807 warten am 11.03.1968 im Betriebshof Freiimfelder Straße auf ihren ersten Linieneinsatz. Bereits vier Jahre im Liniendienst war der Tw 818, als er am 21.10.1972 an der Spitze eines Zuges der Linie 7 Richtung Büschdorf am Marx-Engels-Platz vor der Kulisse des bekannten Steintor-Varietés vorgefahren ist.

Am selben Tag in der Gegenrichtung derselben Haltestelle, allerdings in einem Dreiwagenzug der Linie 1 Richtung Frohe Zukunft, ist der CKD-Anhänger Nr. 439 von 1967 zu sehen, der sich bis zum Jahre 1980 im Linieneinsatz befand.

Als am 21.10.1972 an der Wendeschleife Adolfstraße beim Reileck zwei Dreiwagenzüge der Linie 6 bildlich dokumentiert wurden, war Halle (Saale) eine unumstrittene Hochburg der Gotha-Einrichtungswagen. Triebwagen Nr. 745 von 1964 gehörte zu den in Gotha gefertigten Fahrzeugen, 794 von 1968 ist ein T2D.

Wahrscheinlich in der Schichtwechselzeit entstand im September 1968 dieses einzigartige Bilddokument unter der Hochstraße an der Haltestelle Thälmannplatz. Links ein E-Zug mit dem Lindner-Triebwagen Nr. 670 ex. Nr. 187 von 1928 mit Fahrziel Halle-Trotha und in der Gegenrichtung ein recht neuer tschechischer Gothazug mit Bw 497 von 1968 am Schluss, ebenfalls als E-Zug Richtung Schkopau oder Merseburg. Am linken Bildrand erkennt man die Ernst-Kamieth-Straße.

Eine der aus heutiger Sicht interessanteren Strecken im Halleschen Straßenbahnnetz war die am 9. Mai 1914 eröffnete Linie C vom Hauptbahnhof über die Delitzscher Straße und Büschdorf zum Reideburger Ortsteil Schönnewitz ganz im Osten von Halle (Saale). Hier endete sie zunächst am Gasthof „Zur Linde" und wurde ab 22.01.1915 um 700 m bis kurz vor die Kirche in Reideburg verlängert. Somit konnten die Arbeiter aus den damaligen Küchendörfern ihre Arbeitsstätten in den Halleschen Industriebetrieben besser erreichen. Ab 01.11.1921 verkehrte sie als Linie 9 zwischen Reideburg und Seebener Straße auf einer 9,6 km langen Strecke. Mit der Inbetriebnahme einer Wendeschleife in Büschdorf am 20.02.1961 zeichnete sich das langfristige Aus des Streckenastes nach Reideburg ab. Bis 22.04.1968 fuhr sie noch als Linie 9 und danach als Linie 10 – zuletzt nur noch zwischen Thälmannplatz (Riebeckplatz) und Reideburg – bis sie ab 21. Mai 1971 auf Omnibus umgestellt wurde. In den letzten Betriebsmonaten waren ausschließlich Lindnerzüge – meist mit ehemaligen Triebwagen desselben Typs als Beiwagen hier unterwegs. Wir möchten mit ausdrucksstarken Aufnahmen vom 18.03.1972 an diese Episode in der Geschichte der Straßenbahn in Halle (Saale) erinnern.

KARL BERGER

Nach zwei Voraustriebwagen im Jahre 1969 kamen bis 1972 insgesamt zunächst 56 Trieb- und 28 Beiwagen des tschechischen Großraumtyps T4/B4-D auf Hallesche Gleise, so dass die komplette Umstellung der Linien 5, 2 und 3 vorgenommen werden konnte. Die Bilder vom 21.10.72 zeigen einen Zug der Linie 2 am Marx-Engels-Platz bzw. an der Endstation Halle-Trotha je einen Zug der Linie 2 und 5 vor der Rückfahrt.

Zum Abschluss noch drei bemerkenswerte Zeitdokumente vom September bzw. März 1968:
Am Riebeckplatz, der damals Thälmannplatz hieß, ist die Hochstraße vollendet, unter der sich ein südwärts fahrender Gotha-Dreiwagenzug eingefunden hat. Am rechten Bildrand wächst das nördliche der beiden viele Jahre das Stadtbild prägenden Hochhäuser empor, welche heute bedauerlicherweise beide nicht mehr vorhanden sind.

Am 11.03.1968 waren die beiden Schleifwagen Nr. H4 und H5 offiziell bereits fünf Jahre außer Dienst.
H4 wurde 1922 aus einem Beiwagen umgebaut und spätestens ab 1927 als Schleifwagen genutzt, H5 zwei Jahre später bei Schörling hergestellt. Beide begannen ihre Laufbahn als Schleifwagen mit den Nummern 240 und 241 und erhielten mehrmals neue Nummern. Hervorzuheben sind die Drehtüren in den Perrons beider Wagen.

Sachsen-Anhalt
Magdeburg

Am 16.10.1877 fuhr in Magdeburg erstmals eine Pferdebahn. Bis 1898 waren 102 Wagen und 297 Zugtiere vorhanden, die Linien erstreckten sich auf eine Gesamtlänge von 12,14 km. Am 14.07.1886 geht mit einer 3,3 km langen Verbindung vom Heumarkt zum Herrenkrug eine Dampfbahnlinie in Betrieb. Von dieser stammten die großen vierachsigen Beiwagen, die bis zum Beginn der 1930er Jahre mit den Nummern 265 bis 272 fuhren. Die Lokomotiven sind 1900 verkauft worden. Die Magdeburger Vorortgesellschaft betrieb ein Liniennetz von 6,3 km Länge ab 1921 mit zunächst 13 Trieb- und 10 Beiwagen, welches sich bis 1949 auf 15 km ausdehnte. Am 18.07.1899 begann der elektrische Betrieb auf der ersten Magdeburger Stadtlinie. Der Linienspiegel wies 1905 sieben Linien aus. 1928 fuhren auf 39,43 km insgesamt 172 Trieb- und 152 Beiwagen. Es waren zudem 2 Autoturmwagen und 10 Spezialwagen vorhanden. Wie in Chemnitz und Halle wuchs mit der Ansiedlung und Entwicklung großer Industrieunternehmen bis in das Stadtgebiet hinein auch das Verkehrsaufkommen ständig. Der Krieg vernichtete viele Fahrzeuge und Anlagen, so dass in Magdeburg im Vergleich zu vielen anderen deutschen Städten verhältnismäßig viele Umbau- und Aufbaufahrzeuge verschiedener Hersteller aus der frühen Nachkriegszeit zum Einsatz kamen. Die 70er bis 90er Jahre prägten Gotha- und später nur noch Tatrawagen das Alltagsbild auf Magdeburger Linien. Magdeburg war ab 02.06.1978 die erste ostdeutsche Stadt, in der ausschließlich die tschechischen Großraumwagen zum Einsatz kamen. Im Jahre 2014 gab es in Magdeburg 9 Linien mit 131 Haltestellen. Die Streckenlänge betrug 64,1 km. Neben 4 Tatra T6A2, 2 Tatra B6A2 und 11 Tatra B6A2M waren 83 NGT8D im Personenverkehr des – übrigens von Beginn an – normalspurigen Netzes unterwegs. Neben einer Auswahl zum Teil sehr seltener Bildsequenzen möchten wir versuchen, dort wo es wichtig ist, fehlerhafte Angaben aus der älteren Literatur entsprechend dem heutigen Erkenntnisstand anzupassen.

Von den vier 1898 bis 1900 bei Falkenried in Hamburg hergestellten Serien der Erstausstattung mit insgesamt 130 Triebwagen (unter denen sich 20 mit Maximumdrehgestellen befanden) dienten beginnend ab 1927 insgesamt 21 mit unterschiedlicher Verwendung und in ihrer Einsatzzeit verschiedenen Nummern als Arbeitswagen. Im Juni 1966 war in der Hauptwerkstatt noch ein solches Fahrzeug mit der Nr. 724 aktiv, bis 1960 Nr. 524, schied es kurze Zeit später als letzter Triebwagen mit offenen Bühnen aus dem Dienst aus.

Ausgesprochene Exoten waren die 1945 aus Oslo übernommenen Triebwagen Nr. 56^{II} bis 58^{II}, welche dort die Nummern 116 bis 118 trugen und 1921 hergestellt worden sind. Nach dem Zweiten Weltkrieg diente der Wagen Nr. 56^{II} im Gleisbau mit der Nr. 502^{III} (ab 1960: Nr. 702) und schied 1968 aus dem Bestand aus. Hier ein Bilddokument vom Juli 1964.

In der heute teilweise durch das City-Carree überbauten Straße Am Alten Theater ist Tw 29^{II} der Ammendorfer Lieferung von 1915 mit dem KSW-Beiwagen Nr. 243^{II} von 1944 an einem Julitag des Jahres 1964 bildlich dokumentiert worden. Der Zug der Linie 2 befindet sich auf der Fahrt nach Buckau.

Der beim damaligen Hotel International aufgenommene Fahrschulwagen Nr. 708 wurde im Jahre 1915 in Ammendorf gebaut und trug ursprünglich die Nummer 138. Im Jahre 1928 erhielt er die Nummer 31^{II} (neue Serie Nr. 28^{II} bis 31^{II}) und diente ab 1934 als Fahrschulwagen (bis 1960: Nr. 508). Seit 1977 ist er historischer Wagen und trägt wieder seine ursprüngliche Nummer.

Zu einer vier – 1921 in Hannover hergestellten – Wagen umfassenden Serie zählte der abgebildete Tw 33^{II}, dessen Seitenfenster um 1960 geändert worden sind.
Als Einsatzwagen zeigt er sich an einem Julitag des Jahres 1964 vor der zum damaligen Hotel International gehörenden Juanita-Bar in der Otto-von-Guericke-Straße. Sein Gnadenbrot verdiente sich das Fahrzeug von 1967 an als Hilfsgerätewagen Nr. 713^{II} (1968: 705^{II}) bis 1972. Am rechten Bildrand ist der Gotha-Tw 405 von 1960 zu sehen.

Richtung Innenstadt ist dieser Zug der Linie 22 mit Tw 124^{II} und Bw 279 – damals beheimatet im Betriebshof Sudenburg – im Juli 1964 in der Straße der DSF (heute Schönebecker Straße) in Höhe der Städtischen Gewächshäuser unterwegs. Der Triebwagen war nach entsprechender Umrüstung der erste im OS-Betrieb eingesetzte Altbau-Tw in Magdeburg und fährt heute als Oldtimer. Der Anhänger stammt aus einer fünfzehn Wagen umfassenden Falkenrieder Serie von 1911 und schied 1967 aus dem Bestand aus.

Auch der Beiwagen Nr. 288 gehörte zur 1911 bei Falkenried gebauten Serie. Kurz vor der Aufnahme vom Juli 1964 hatte er die seitlichen Fenster geändert bekommen und zeigt sich hier in der Straße Am Alten Theater – heute teilweise durch das City-Carree überbaut – und fuhr bis 1971 auf Magdeburger Linien. Erwähnenswert sind auch die Omnibusse des Typs Skoda RTO Lux 706 am rechten Bildrand.

Eingerahmt von zwei Aufbauwagen Gothaer Bauart aus dem Jahre 1950 – rechts Nr. 354^{III} – zeigt sich im Juli 1964 der heutige Oldtimer Nr. 300 vor dem damaligen Hotel International in der Otto-von-Guericke-Straße. Er gehört zu einer Serie von zehn im Jahre 1914 bei Falkenried in Hamburg hergestellten Beiwagen, die denen der 1911 gelieferten äußerlich gleich waren. Vier von ihnen erhielten 1964/65 geänderte Seitenfenster. Die letzten Anhänger dieser Reihe schieden 1971 aus dem Liniendienst aus.

1958 kamen die BVG Triebwagen Nr. 4292 und 4299 einer Serie 1916 bis 1921 bei Falkenried gebauter Triebwagen von der BVG Ost nach Magdeburg, wo sie direkt als Gleisbautriebwagen Nr. 518^{II} und 519^{II} Verwendung fanden. 1960 in Nr. 719 umgezeichnet, diente das im September 1968 in der Kantstraße beim Bahnhof aufgenommene Fahrzeug zuletzt mit der Nummer 714^{II} und ist 1969 ausgesondert worden.

Tw 21^{III} hat im Juli 1964 mit Bw 273 in der Karl-Marx-Straße jene Stelle erreicht, an der sich heute das Karstadt-Kaufhaus erhebt. Das Fahrzeug entstand 1928 durch Umbau eines alten Triebwagens in Dessau und fuhr bis 1955 mit der Nummer 16^{II}. 1967 endete sein Einsatz.

Am 11.03.1968 entstand an der Karl-Marx-Straße der „Blaue Bock“. Der mit einer offenen Lore vorgefahrene Tw 15^{III} ist 1927 in Dessau aus einem Triebwagen der Erstausstattung gebaut worden und fuhr bis 1951 mit der Nummer 10^{II}. Als Arbeitstriebwagen mit der Nummer 704^{IV} verdiente sich das Fahrzeug sein Gnadenbrot.

Ein Zug der Linie 1 mit Fahrtrichtung Zoo Neue Neustadt hat am 11.03.1968 die Wilhelm-Pieck-Allee fast überquert und erreicht nun den Bauplatz für den „Blauen Bock“ an der Karl-Marx-Straße. Der hier recht verbraucht wirkende Bw 346^{IV} gehört zu den 1928/29 in Dessau aus alten Triebwagen hergestellten Anhängern. Man achte besonders auf die beiden markanten Flettner – Lüfter auf dem Dach – einst ein Markenzeichen dieser Reihe und bis 1972 sukzessive von allen Wagen entfernt.

Viele der 130 Triebwagen aus den ersten vier Serien, gebaut 1898 bis 1900 bei der Hamburger Waggonfabrik Falkenried, sind 1927 bis 1929 in Dessau neu aufgebaut und in neuen Nummernreihen eingruppiert worden. Ein Teil von ihnen diente fortan als Beiwagen. Bis Mitte der siebziger Jahre waren sie aus dem Liniendienst ausgeschieden. Wir sehen hier den Bw 336^{III} (nun bereits ohne Dachlüfter), einen 1928/29 aus Triebwagen aufgebauten Anhänger, in einem Zug der Linie 4 in der damaligen Ernst-Thälmann-Straße (heute: Cracauer Straße) in Höhe Mehringstraße mit Fahrtrichtung Innenstadt. Am 21.11.72 waren solche Garnituren auf der Linie 4 die absolute Ausnahme.

Durch Umbau von Triebwagen der Erstausstattung schuf man 1927 und 1928 in Dessau die Wagen Nr. 1^{II} bis 13^{II} bzw. 14^{II} bis 23^{II}. Der Gleisbautriebwagen Nr. 713^{III} entstand 1968 aus Nr. 728 (Bj. 1927 als Nr. 2^{II}, ab 1951: Nr. 11^{III}) und war bis 1973 eingesetzt. Aus der 1928er Serie (Nr. 23^{II}) stammt der Hilfsgerätewagen Nr. 707, welcher bis 1968 mit der Nummer 724^{II} fuhr und seit 1998 wieder mit seiner früheren Nummer 23^{II} als historisches Fahrzeug unterwegs ist. Beide Aufnahmen entstanden am 21.10.1972 an der neuen Strombrücke bzw. in der Hauptwerkstatt Herrenkrugstraße.

Zwischen 1912 und 1949 bestand die Magdeburger Vorortbahnen AG und betrieb ab 1921 einen eigenständigen Personenverkehr über Buckau hinaus bis Schönebeck. Fahrzeuge dieser Bahn wurden durch Eingliederung 1949 zu den Magdeburger Tw 181 bis 192 und den Bw 381^{II} bis 396^{II}. Die zwischen 1918 und 1926 in Werdau gebauten Wagen verblieben bis 1972 im Einsatz auf Magdeburger Linien. Mit Tw 181 an der Spitze sehen wir einen reinrassigen Zug der Linie 12, die einst als Vorortlinie 14 bis Schönebeck fuhr, im Juli 1964 in der Straße der DSF und etwa zeitgleich ist Tw 188 mit Bw 382^{II} und 386^{II} in der Otto-von-Guericke-Straße in Höhe der heute teilweise durch das City-Carree überbauen Kantstraße zu sehen.

Am 10.06.1966 begegnen wir bei der Kantstraße mit Blickrichtung Wilhelm-Pieck-Allee in einem Zug wiederum der Linie 12 dem ehemaligen Vorortbeiwagen Nr. 381^{II}.

1938 kamen sechs vierachsige Beiwagen von der stillgelegten Strandbahn Köslin, wo sie mit den Nummern 30, 31 (Ammendorf, 1913) bzw. 36 bis 39 (Wismar, 1914) fuhren. Die erstgenannten – etwas kleineren – Fahrzeuge fuhren bereits 1938 mit den Nummern 267^{II} (ab 1951: 272^{II}) und 268^{II}, die anderen waren 1939 bzw. 1944 zu Hechtform umgebaut und mit den Nummern 269^{II} und 270^{II} im Einsatz. Zwei zum Umbau vorgesehene Wagen gingen beim Bombenangriff vom 16.01. 1945 unvollendet in der Hauptwerkstatt verloren. Die Fotos vom Juli und September 1964 zeigen Nr. 269^{II} mit Tw 9^{III} an der Weinarkade am Abzweig Otto-von-Guericke-Straße/Wilhelm-Pieck-Allee bzw. Nr. 272^{II} und 270^{II} im Bereich der Gleisschleife Buckau- Wasserwerk.

Mit 12.400 mm Länge gehörten die 1911 bei Falkenried in Hamburg gebauten Beiwagen Nr. 273 bis 277 zu den großen Vierachsern. Nr. 275 erhielt im Jahre 1954 seine charakteristische Hechtform. Bis 1971 waren alle Wagen aus dem Liniendienst ausgeschieden. Die Aufnahmen zeigen Nr. 276 mit einem in Gotha modernisierten Triebwagen am 22.04.1966 in der Karl-Marx-Straße und Nr. 275 um 1967 mit dem Gothaer Aufbauwagen Nr. 169^{II} von 1951 als Zug der Linie 22 im Bereich der Kantstraße beim Hauptbahnhof, jener Stelle, die heute teilweise durch das City-Carree überbaut ist.

Aus der geschilderten Serie erhielten die Nr. 273 und 277 im Jahre 1955 neue Gothaer Aufbauten und dienten bis 1971 im Liniendienst. Anschließend blieb von 1973 bis 1981 für Bw 277 mit der Nr. 751^{II} als Büchereiwagen das Gnadenbrot. Die Aufnahmen vom Juli 1964 entstanden im Bereich Karl-Marx-Straße/Wilhelm-Pieck-Allee bzw. am Standort des heutigen Karstadt-Kaufhauses.

Ausgesprochen markante Fahrzeuge waren die in den Jahren 1925 bis 1929 in mehreren Serien durch die Waggonfabriken Dessau, Niesky, Hannover und Düsseldorf gefertigten Triebwagen mit ihren sehr prägnanten Seitenfenstern. Auch eine Anzahl von Beiwagen ist in gleicher Weise gefertigt worden. Wir sehen Nr. 128^{II} und 99^{II} (1928 bzw. 1927, Niesky) im Juni 1964 vor der Hauptwerkstatt in der Herrenkrugstraße.

Auch der Triebwagen Nr. 97^{II} stammt aus der Nieskyer Serie von 1927 und befindet sich am 11.03.1968 im Einsatz auf der Brückenringlinie 5. Gut zwei Jahre später schied das Fahrzeug aus dem Bestand aus.

Am 09.06.1966 zeigte sich der 1928 in Niesky hergestellte Tw 119^{II} mit zwei Dessauer Tonnendachbeiwagen in einem Zug der Linie 1 Richtung Zoo Neue Neustadt in der Karl-Marx-Straße etwa am Standort des heutigen Karstadt-Kaufhauses. Das Fahrzeug verblieb bis 1975 im aktiven Dienst.

Hier ist der Tw 113^{II} mit zwei ehemals als Triebwagen dienenden Beiwagen an der Kuppelendstelle August-Bebel-Damm in Rothensee am 18.08.1974 vorgefahren. 1977 schied auch er aus dem Bestand aus.

Am 21.10.1972 zeigte sich der bei einem Unfall schwer beschädigte Tw 121^{II} von 1928. Trotz der schweren Schäden noch einmal aufgebaut, schied das Fahrzeug erst 1977 aus dem Bestand aus.

Mit Bw 206^{II} der aus zwanzig Fahrzeugen bestehenden Dessauer Serie von 1926 und Aufbauwagen Nr. 361^{III} ist im Juli 1964 einer der drei 1960 in Gotha noch einmal aufgebauten Triebwagen am Hauptbahnhof mit Fahrtrichtung Olvenstedter Platz bildlich dokumentiert worden. Damals kam die Linie 14 noch von Schönebeck. Bw 206^{II} blieben bis zur Aussonderung noch acht Jahre.

Mit dem in Gotha gefertigten Aufbauwagen Nr. 173 von 1952 ist am 29.02.1968 der Beiwagen Nr. 219^{II} auf der Brückenringlinie 5 unterwegs und hat die Herrenkrugstraße etwa in Höhe der Hauptwerkstatt an der damaligen Haltestelle Jerichower Platz erreicht. Auch dieses Fahrzeug stammt aus der Dessauer Serie von 1926 und ist bis 1972 auf Magdeburger Linien gefahren. Die Aufbautriebwagenserie Nr. 171^{II}, 172^{II} 173 bis 175 war übrigens mit Neubaufahrgestellen ausgerüstet gewesen. Diese Fahrzeuge schieden 1975 aus dem Liniendienst aus.

Zur zehn Beiwagen zählenden Nieskyer Serie von 1927 gehörte Nr. 229^{II}, den die Aufnahme am 11.03. 1968 in einem Zug der Linie 10 mit Fahrtrichtung Rothensee zeigt, welcher gerade die Wilhelm-Pieck-Allee kreuzt, um direkt den Bauplatz des „Blauen Bock" an der Karl-Marx-Straße zu passieren. Auch hier schieden die letzten Vertreter bis 1973 aus.

Verabschieden wir uns von den eben beschriebenen Fahrzeugen mit zwei einzigartigen Sequenzen des heute nicht mehr bestehenden Betriebshofes Neustadt, fotografiert am 01.03.1968 an der Einfahrt von der Zielitzer Straße aus und am 18.08.1974 an der Einfahrt von der Lübecker Straße aus.

In vier Serien kamen 1938 bis 1944 mit den Triebwagen Nr. 61II bis 78II Fahrzeuge des Typs „Kleiner Hecht“ auf Magdeburger Straßenbahngleise. Hergestellt wurden sie in Niesky und Bautzen. Im Juli 1964 ist Tw 75II (Niesky, 1944) mit dem Beiwagen Nr. 259II Danziger Bauart als Linie 4 in der Wilhelm-Pieck-Allee (heute Ernst-Reuter-Allee) unterwegs, Nr. 66II (Bautzen, 1939) mit dem Danziger Beiwagen Nr. 254II zeigt sich als Sonderwagen vor dem Firmengebäude des Schwermaschinenbau Georgij Dimitroff in der Straße der DSF (Schönebecker Straße) in Höhe des Wasserwerkes vor der Einfahrt in die Gleisschleife Buckau. Kurze Zeit später baute man die noch vorhandenen Fahrzeuge zu Einrichtungswagen um. 1973 endete der Liniendienst.

Werfen wir noch einmal einen Blick auf den heutigen Oldtimer Nr. 70^{II}. Er gehört zur Serie der 1943 in Niesky hergestellten Hechtwagen. Mit dem Danziger Beiwagen Nr. 258^{II} zeigt er sich im Juli 1964 in einem Zug der Linie 4 in der Wilhelm-Pieck-Allee, die heute Ernst-Reuter-Allee heißt.

1942 kamen passend zu den Hechtwagen zehn Beiwagen mit den Nummern 250^{II} bis 259^{II} in den Bestand. Hersteller war die Waggonfabrik Danzig, welche ihnen den volkstümlichen Namen „Danziger" einbrachte. Die Wagen verfügten über einachsige Laufgestelle. In einer einzigartigen Bildsequenz erleben wir an einem Julitag des Jahres 1964 den Wagen Nr. 256^{III} ex. 250^{II} mit Tw 22^{II} in der Wilhelm-Pieck-Allee (heute: Ernst-Reuter-Allee). Das Fahrzeug verblieb bis 1975 im Einsatz.

Bw 254^{II} befindet sich mit einem Hechttriebwagen im Juli 1964 an der Kreuzung der Wilhelm-Pieck-Allee mit der Karl-Marx-Straße, an der tagsüber Straßenbahnen in scheinbar allen Richtungen fuhren. Auch dieser Beiwagen ist bis 1975 im Einsatz verblieben.

Die Beiwagen Nr. 252^{II} und 259^{II} sind am 21.10.1972 in Zügen der Brückenringlinie 5 in der Brückstraße bzw. Berliner Chaussee aufgenommen worden. Beide tragen bereits das neue Wappen; man sah sie noch bis Ende 1975 fast täglich im Liniendienst.

Vier Uerdinger Beiwagen von 1944 befanden sich bei Kriegsende verladen auf Güterwagen mit nicht mehr bekanntem Ziel im Rangierbahnhof Rothensee. Wahrscheinlich erscheint Wien, wofür auch die immer wieder in der Literatur zitierten Nummern 5117 bis 5120 sprächen, Köln aus verschiedenen Gründen eher nicht. Von 1946 bis 1968/69 fuhren sie in Magdeburg mit den Nummern 241^{II} bis 244^{II} und die noch vorhandenen Fahrzeuge anschließend in Woltersdorf. Der im Juli 1964 an der Wilhelm-Pieck-Allee (heute: Ernst-Reuter-Allee) dokumentierte Beiwagen Nr. 244^{II} verdiente sich in Woltersdorf sein Gnadenbrot mit der Nummer 25^{I}.

Kommen wir nun zu den Aufbauwagen, deren Typenvielfalt in Magdeburg recht groß war. Der Tw 108^{III} (Bj. 1951) gehört zu einer Serie von acht in den Jahren 1949 bis 1951 in Werdau auf Fahrgestellen kriegsbeschädigter Fahrzeuge der Nummernreihe 101^{II} bis 140^{II} hergestellten Aufbauwagen, welche vereinzelt noch bis 1975 auf Magdeburger Linien im Einsatz standen. Hier sehen wir ihn mit zwei Beiwagen der Dessauer Serie von 1926 als Linie 14 mit Fahrtrichtung Olvenstedter Platz im Juli 1964 in der Straße der DSF (heute: Schönebecker Straße) etwa beim Betriebshof Buckau. Am 25.09.1964 ist ein solcher Zug in der Gegenrichtung beim Hauptbahnhof zu sehen, an dessen Spitze Triebwagen Nr. 103^{III} von 1950 steht.

Zu den Werdauer Aufbautriebwagen von 1949 bis 1951 gab es auch fast baugleiche Anhänger. Es waren dies die Nr. 350^{IV}, 351^{III} und 352^{III} aus dem Jahre 1950. Diese standen bis 1969/70 im aktiven Dienst. Die Aufnahme von 25.09.1964 zeigt Nr. 352^{III} mit modifizierten Stirnseiten in einem bunt durcheinander gemischten Dreiwagenzug in Westerhüsen. Am 12.04.1966 ist Nr. 350^{IV} in weitgehendem Originalzustand, hinter dem Tw 169^{II} als Sonderwagen der Linie 12 herfährt, in der Karl-Marx-Straße dokumentiert.

Fahrgestelle der Nummernreihe 141^{II} bis 170 dienten als Grundlage für die 1950 bis 1952 in Gotha produzierten Aufbauwagen der Serie 166^{II} bis 172^{II}, sowie 173 bis 175, wobei die letzten fünf Wagen Neubaufahrgestelle besaßen. Auch sie waren bis 1975 Bestandteil des Alltagsbildes in der Elbestadt. Die Bilder zeigen Nr. 166^{II}, 1950 aufgebaut auf dem Fahrgestell von Tw 151, am 21.10.1972 als Linie 5 an der Haltestelle Berliner Chaussee (heute: Arenen), während Tw 174 mit zwei Aufbauanhängern als Linie 10 Richtung Rothensee im Südabschnitt der Karl-Marx-Straße und Tw 175 mit zwei LOWA-Anhängern als Linie 1 in der damals als Blockumfahrung verwendeten Alexanderstraße unterwegs sind.

Einen reinrassigen Gotha-Aufbauzug der Bauzeit 1950 bis 1956 erlebt man hier mit den Wagen Nr. 171^{II} und 356^{III} am 12.04.1966 mit einem Zug der HVZ-Linie 31 in der Wilhelm-Pieck-Allee, einbiegend in die Karl-Marx-Straße Richtung Neue Neustadt.
Die Anhänger mit den neuen Nummern 353^{III} bis 364^{III} wurden in drei Serien 1950, 1951 und 1956 geliefert und unterschieden sich äußerlich zunächst nur unwesentlich voneinander.

Vom Hauptbahnhof fährt Bw 361^{II} an einem Julitag des Jahres 1964 in einem Zug der Linie 14 Richtung Olvenstedter Platz und passiert gerade die Feuerwache und das Hotel Grüner Baum an der Einmündung der Brandenburger Straße in die damalige Wilhelm-Pieck-Allee. Der Beiwagen ist 1951 in Gotha auf einem Fahrgestell der Serien Nr. 307^{II} bis 366^{II} (1928/29 Dessau) aufgebaut worden und schied Ende 1975 aus dem Bestand aus.

Der Beiwagen Nr. 364^{III} ist im Juli 1964 ohne Luftschlitze an den Stirnseiten der Dachränder zu sehen, beim nachlaufenden Bw 363^{III}, ebenfalls 1956 in Gotha aufgebaut, sind sie deutlich zu sehen.
Die Aufnahme entstand vor dem Hotel International.

Bereits 1947 ist der fünffenstrige Zweiachser, Nr. 43^{II}, umgebaut worden, blieb aber ein Einzelgänger, welcher bis 1967 aus dem Bestand ausgeschieden war. Weitere Vertreter dieser Serie sind 1952 bis 1955 in Werdau bzw. Gotha neu aufgebaut worden. Das Bild zeigt das Fahrzeug im September 1964 im Betriebshof Stadtfeld.

Mit Bw 275 ist Tw 39^{II} an einem Julitag des Jahres 1964 in der Halberstädter Straße stadteinwärts unterwegs und hat gerade die Einmündung der Heidestraße (am linken Bildrand) erreicht. Der recht große Triebwagen gehört zu einer 1925 in Dessau mit den Nummern 101 bis 120 gebauten Serie und erhielt seine spätere Nummer 1928. 1953 in Gotha umgebaut, schied er mit den verbliebenen Vertretern dieser Serie bis 1967 aus dem Bestand aus.

Aus der Dessauer Serie von 1925 sind 1954/55 noch einmal sechs Wagen in veränderter Form in Gotha aufgebaut worden. Man erkannte sie an den Tonnendächern und zweigeteilten Oberlichtern in den Seitenfenstern. Zu ihnen gehörte auch der Tw 54^{II}, welcher danach mit der neuen Nummer 45^{III} fuhr und im Juli 1964 mit Bw 270^{II} in der Wilhelm-Pieck-Allee bei der Weinarkade einen recht beeindruckenden Zug darstellt. 1967 endete der Einsatz dieser Tw.

Der 1925 in Dessau aufgebaute Tw 159^{II} fuhr bis 1949 mit der Nummer 167 und ist 1956 in Gotha modernisiert worden. Das hier als Linie 11 am Bahnhof mit Bw 309^{III} ex. 346^{III} (der einst ebenfalls als Triebwagen hergestellt wurde) im Juli 1964 am Hauptbahnhof abgelichtete Fahrzeug verblieb bis 1975 im aktiven Einsatz.

Auch der gleichermaßen 1925 in Dessau hergestellte Tw 162 ist 1956 in Gotha modernisiert worden. Hier als Solowagen der so genannten Brückenringlinie 7, aufgenommen im Juli 1964 beim Abwarten der Wendezeit an der Endhaltestelle Berliner Chaussee (heute: Arenen). Seine Zeit endete im Dezember 1975.

In Düsseldorf ist der Tw 155 im Jahre 1925 gefertigt worden und erhielt 1956 einen Umbau in Gotha. Aus dem Liniendienst schied er 1971 aus. Hier ein Bilddokument, aufgenommen im Juni 1964 mit zwei Aufbauanhängern als Linie 12 mit Fahrziel Westerhüsen in der Straße der DSF (Schönebecker Straße) in Höhe Neue Straße.

Gleichermaßen in Düsseldorf liefen im Jahre 1925 die Tw 145 und 147 vom Band und wurden 1956 in Gotha modernisiert. Hier beim Industriegelände/Saalestraße (Lange Laake) am Abzweig zum Gleisbauhof sowie der Kreuzung mit der Hafenbahn als Linie 11 bzw. Fahrschulwagen, dokumentiert am 01.03.1968. Beide Wagen schieden 1975 aus dem Bestand aus.

Zur 1921 in Hannover gefertigten Serie Nr. 139 bis 142 (welche 1928 in der Serie Nr. 32^{II} bis 35^{II} aufging) gehört dieser Triebwagen. 1956 zusammen mit Tw 34^{II} in Gotha modernisiert, setzte man den Wagen Nr. 32^{II} zeitweilig mit der Beschriftung „Elbschaukel“ für Stadtrundfahrten ein. Hier ist er im Juli 1964 mit einer Güterlore als Hilfsgerätewagen in der Herrenkrugstraße (Haltestelle Berliner Chaussee, heute: Arenen) zu sehen und verblieb noch bis 1967 im aktiven Einsatz. Man beachte besonders den im Volksmund „Käseglocke“ genannten Imbisskiosk am linken Bildrand.

Diese Aufnahme vom Juli 1964 zeigt den Schwesterwagen Nr. 34^{II} zusammen mit dem KSW-Anhänger Nr. 242^{II} in einem Zug der Linie 2 mit Fahrtrichtung Buckau in der Straße Am Alten Theater, welche heute teilweise durch das City-Carree überbaut ist.

Richtung Olvenstedter Platz ist hier der 1960 in Gotha umgebaute Werdauer Aufbauwagen Nr. 104^{III} von 1950 in einem Zug der Linie 14 vor der Kulisse des Hotels International zu sehen und befindet sich vor dem Hauptbahnhof. Als ersten Beiwagen sehen wir mit Nr. 206^{II} einen Dessauer Anhänger von 1926. Tw 104^{III} verblieb bis 1971 im Einsatz. Das Bilddokument stammt vom Juli 1964.

Man sah im Jahre 1964 die 1949 bis 1951 in drei Serien in Werdau gebauten Aufbauwagen Nr. 101^{III} bis 108^{III} häufig auf der Linie 14 zwischen Olvenstedter Platz und Schönebeck. Hier hat der Wagen Nr. 101^{III}, welcher 1960 in Gotha einen erneuten Umbau erfuhr, mit zwei Aufbauanhängern an einem Septembertag des Jahres 1964 in Buckau das Palast-Theater in der Schönebecker Straße (damals: Straße der DSF) erreicht, welches 1912 errichtet und bis in die 1990er Jahre als Lichtspieltheater betrieben worden ist. Heute findet man an seiner Stelle einen Supermarkt. Tw 101^{III} schied übrigens 1971 aus dem Bestand aus.

Werfen wir nun noch einen Blick auf den Tw 105^{II}, aufgenommen am 18.08.1974 mit den Aufbauanhängern 353^{III} und 354^{III} in der heute nicht mehr vorhandenen Blockumfahrung in der Zielitzer Straße bei einem seiner letzten Einsätze auf der Linie 10.

An die Einsätze von Aufbauwagen auf der Vorortlinie 14 sollen auch diese beiden Zeitdokumente vom 25.09.1964 erinnern. Sie zeigen den 1951 in Gotha aufgebauten Tw 167^{II} in einem Zug der Linie 14 beim Hauptbahnhof und an der Endhaltestelle in Schönebeck.

1937 kamen aus Dresden zehn 1909 bzw. 1911 in Niesky und Weimar hergestellte Beiwagen nach Magdeburg, fuhren dort mit den Nummern 231^{II} bis 240^{II} und sind bis 1967 ausgesondert gewesen. Am 25.09.1964 wartet Bw 236^{II} im Betriebshof Westerhüsen auf den nächsten Einsatz. Am selben Tag gelang am Hasselbachplatz der Schnappschuss mit den baulich geringfügig unterschiedlichen Bw 236^{II} und 237^{II} (ex. Dresden Nr. 286 und 287) in einem Dreiwagenzug. Wagen Nr. 236 bekam in der Dresdener Zeit seine verglasten Perrons in Trachenberge, Nr. 237 bei Christoph und Unmack in Niesky.

Triebwagen Nr. 2^{III} und Beiwagen Nr. 267^{III} gehören zu den ersten Serien in Magdeburg eingesetzter LOWA-Wagen Werdauer Bauart. Ihren Dienst traten sie 1951 an. Viele von ihnen fuhren später als Einrichtungswagen bis Mitte der 70er Jahre. Hier zeigen sich beide Wagen im Juni 1964 äußerlich noch weitgehend original (der Triebwagen allerdings bereits mit Kleinspannungsanlage und dauerhaft verschlossenen Türen auf der Nichteinstiegseite) in der damaligen Wilhelm-Pieck-Allee bzw. an der Haltestelle Berliner Chaussee (heute: Arenen).

An der Kreuzung der Otto-von-Guericke-Straße mit der Wilhelm-Pieck-Allee begegnen sich ein Zug der Linie 2 und ein Solowagen der Brückenringlinie 7 an einem Julitag des Jahres 1964. Der LOWA-Anhänger Nr. 268^{III} der ersten Werdauer Serie von 1951 zeigt sich äußerlich noch weitgehend original, ist aber kurz darauf zu einem Einrichtungswagen umgebaut worden.

Nach einer Aufarbeitung in eigener Werkstatt zeigt sich Tw 8^{III} (Gotha, 1955) mit Bw 263^{IV} (Werdau, 1951) in der Straße Am Alten Theater im Juli 1964.

Aus einer Serie von drei Anhängern, die aus Werdau 1952 geliefert wurden, stammt der abgebildete Bw 247^{II}, aufgenommen im April 1966 in der Wilhelm-Pieck-Allee.

Nun bereits als Einrichtungswagen umgebaut erscheinen im April 1966 Bw 263^{II} (Werdau 1951) mit Tw 7^{III} (Werdau 1953) in einem Zug der Linie 2 in der Otto-von-Guericke-Straße sowie in hier recht verbrauchtem Zustand Tw 9^{III} (Gotha 1955) am 02.11.1970 in einem Zug der Linie 1 in der Karl-Marx-Straße Richtung Sudenburg.

1970 wurden die Triebwagen Nr. 4^{III} (Werdau 1951) und 11^{IV} ex. 50^{III} ex. Staßfurt Nr. 20 (Gotha, 1955) im Raw Berlin-Schöneweide generalrepariert und erhielten 1973 die Nummern 419^{II} und 420. Ab 1977 verdienten sie sich ihr Gnadenbrot in Gera mit den Nummern 137^{II} und 138. Die Bilder zeigen Nr. 11^{IV} am 21.10.1972 beim Herrenkrug, dasselbe Fahrzeug als Nr. 420 am 18.08.1974 an der Endhaltestelle Cracau und den Tw 419 am 12.07.1975 in der Abstellanlage am Westring.

Im Juli des Jahres 1964 ist mit Tw 400 der erste Magdeburger Gotha-Triebwagen in der Otto-von-Guericke-Straße bildlich dokumentiert worden.
1965 erfolgte der Umbau des Fahrzeuges aus dem Jahre 1960 in einen Einrichtungswagen und fortan lief es auch mit der neuen Nummer 406.

Der Beiwagen Nr. 510 wurde 1961 in Gotha hergestellt, ein Jahr älter ist der seit 1965 als Einrichtungswagen fahrende Anhänger Nr. 503. Beiden Fahrzeugen begegnete der Fotograf am 10.06.1966 am Bahnhof bzw. in der Kantstraße.

Der Einsatz eines Gotha-Einrichtungstriebwagens mit einem Großraumbeiwagen war in Magdeburg immer wieder einmal bei Ausfällen von Großraumtriebwagen zu sehen, auch wenn es optisch gewöhnungsbedürftig ist.
Am schmuddeligen 01.03.1968 sehen wir einen solchen Zug als Linie 3 vor dem Hotel International (heute: Maritim-Hotel) in der Otto-von-Guericke-Straße. Tw 407 aus dem Jahre 1965 war kurze Zeit später mit der Nummer 411^{II} unterwegs und wurde 1976 nach Potsdam umgesetzt.

Aus Leipzig kamen 1968 die Gotha-Triebwagen Nr. 407^{II} und 408^{II} aus dem Jahre 1960 und fuhren dort mit den Nummern 1319^{II} und 1322^{II}. Den in Schöneweide aufgefrischten Fahrzeugen begegnen wir am 18.08.1974 an der Endstation Hermann-Gieseler-Halle/Wilhelm-Kobelt-Straße bzw. 12.07.1975 am Damaschkeplatz auf der Fahrt dorthin. Tw 407^{II} war 1978 der letzte planmäßig eingesetzte Gotha-Triebwagen in der Elbestadt. Beide Fahrzeuge dienten noch einige Zeit als Arbeitswagen Nr. 705^{IV} und 701^{V} bzw. 709^{II}.

Gut ein Jahr alt war Triebwagen Nr. 409, als er im Juni 1966 mit dem bereits umgebauten Beiwagen Nr. 504 von 1960 in einem Zug der Linie 2 Richtung Buckau am Bauplatz des heutigen Karstadt-Warenhauses in der Karl-Marx-Straße Ecke Wilhelm-Pieck-Allee unterwegs ist. Ebenfalls aus dem Jahre 1965 stammt der Anhänger Nr. 517, der am 21.10.1972 mit einem im Raw Berlin-Schöneweide aufgefrischten LOWA-Triebwagen an der Endstation Herrenkrug vorgefahren ist.

Es ist keine Täuschung, aber zwischen 1967 und 1969 sind in Magdeburg leihweise sieben fabrikneue Schweriner Gotha-Dreiwagenzüge zum Einsatz gekommen, weil dort die Bauarbeiten an der Neubaustrecke nach Lankow noch nicht vollendet waren. Hier der Beiwagen Nr. 84 in einem Dreiwagenzug der Linie 12, aufgenommen im September 1968 in der Kantstraße zwischen Hauptbahnhof und Otto-von-Guericke-Straße.

Nicht eben harmonisch wirkt die Zugkombination mit einem Gotha-G4 und einem LOWA-Anhänger. Die Aufnahme mit Tw 492 und Bw 250^{III} entstand im Juli 1964 in der Otto-von-Guericke-Straße vor dem Hotel International. Dasselbe Fahrzeug sehen wir auf der Linie 4 ohne Beiwagen in der Wilhelm-Pieck-Allee am 12.04.1966.
Die beiden Magdeburger G4 von 1961 sind 1968 nach Leipzig umgesetzt worden und fuhren dort mit den Nummern 1219^{II} und 1220^{II}.

Vierzehn Gotha Großraumtrieb- und genauso viele Großraumbeiwagen wurden 1962 bis 1964 mit den Nummer 431 bis 444 bzw. 561 bis 574 nach Magdeburg geliefert und bis 1969 dort zum Einsatz gebracht. Dann kamen sie zur BVG Ost. Wir sehen die Triebwagen Nr. 432 und 439 bzw. den Beiwagen 570 in Zügen der Linie 3 beim Bahnhof, an der Kreuzung von Karl-Marx-Straße und Wilhelm-Pieck-Allee sowie bei der Einfahrt von der Straße Am Alten Theater in die Otto-von-Guericke-Straße, dokumentiert in den Jahren 1964 und 1966.

Insgesamt 274 Triebwagen des Typs T4D wurden 1969 bis 1986 in Magdeburg in Dienst gestellt. Im selben Zeitraum fanden auch 142 Beiwagen des Typs B4D den Weg auf Magdeburger Straßenbahngleise. Hinzu kamen 1990 noch fast fabrikneue 6 T6A2 und 3 B6A2 aus Schwerin, die dort nicht eingesetzt werden konnten. Mit Tw Nr. 1001 ist an der Haltestelle Stadt Prag in der Karl-Marx-Straße am 12.07.1975 ein Vertreter der ersten, 1968 gebauten Serie bildlich dokumentiert, zudem dieser auch noch als historisches Fahrzeug erhalten geblieben ist.

Auf der Linie 3 fuhren schon relativ früh Tatra-Großzüge. Hier ist eine solche Garnitur am 12.07. 1975 auf dem Weg nach Diesdorf unterwegs und hat in der Großen Diesdorfer Straße den Westring erreicht, über dessen Gleisanschluss damals in den Betriebsbahnhof Stadtfeld eingefahren worden ist. Der an der Spitze des Zuges fahrende Triebwagen Nr. 1039 gehörte zur Lieferung von 1970.

Wie in anderen ostdeutschen Städten verdrängten auch in Magdeburg seit Ende der fünfziger Jahre Fahrzeuge der Nachkriegsproduktion die noch eingesetzten Vorkriegsveteranen von den städtischen Buslinien. Einige von ihnen möchten wir im Bild zeigen.

IFA-Busse des Typs H6B in der Land- und Stadtbusversion kamen ab 1954 in den Fuhrpark der Magdeburger Verkehrsbetriebe. Die Wagen 1012 und 1010 waren H6B/S und sind in ihrer Einsatzzeit mehrmals umgebaut worden. Beispielsweise erhielt Nr. 1010 nachträglich eine hintere Schlagtür anstelle der Falttür. Die Aufnahmen entstanden am 10.06.1966 in Sudenburg und auf dem Hasselbachplatz.

Ab 1956 befanden sich auch Doppelstockbusse des Bautzener Typs Do 56 im Magdeburger Fuhrpark. Man sah sie vor allem auf der Linie B Berliner Chaussee - Heyrothsberge. Die beiden Aufnahmen zeigen den Wagen Nr. 1015 im Juni 1964 an der Berliner Chaussee.

Am 14.12.1972 sehen im Betriebshof die Wagen Nr. 1013, 1017 und weitere Wagen einer ungewissen Zukunft entgegen, ihre Nachfolge traten Ikarus-Gelenkzüge an.

Ikarus 66 kamen ab 1958 in die Fuhrparks ostdeutscher Nahverkehrsbetriebe. Der Magdeburger Wagen Nr. 1025 wurde 1967 gebaut und zeigt sich hier in einer Aufnahme vom 01.03.1968.

Lediglich 311 Wagen des Typs Ikarus 556 kamen in die DDR. Einige von ihnen fuhren ab 1970 auch in Magdeburg. Dokumentiert ist hier der Wagen Nr. 1027 am 14.12.1972 im Betriebshof.

Magdeburger O-Bus

Der erste von der Siemens-Schuckert AG entworfene Fahrleitungsplan für eine O-Busanlage in Magdeburg ist datiert auf den 17.10.1947. Die erste 4,5 km lange Linie von Lemsdurf über Sudenburg nach Buckau fuhr am 30.06.1951. Eine weitere Verbindung vom Kroatenweg in Sudenburg nach Großottersleben ging mit einer Länge von 3,5 km am 28.10.1953 in Betrieb. Die Verbindung beider Linien im Verlauf der Halberstädter Straße konnte am 18.03.1959 in Betrieb genommen werden, so dass nun auch eine Berufsverkehrslinie zwischen Großottersleben und Buckau gefahren werden konnte, auf der in Spitzenzeiten gelegentlich auch Doppelstockbusse aushalfen. Außer dem weitgehend zweigleisigen Ausbau der Fahrleitungsanlage erfolgte kein weiterer Ausbau des Netzes, obwohl es Pläne für eine großzügige Netzerweiterung gab und im Bereich des heutigen Südringes sowie der alten Westringbrücke bereits Masten und isolierte Befestigungspunkte errichtet waren. So wurden Leistungen des O-Busses in Magdeburg Zug um Zug von Dieselbussen übernommen, bis am 31.10.1970 der Gesamtverkehr vollständig aufgegeben wurde. Letztlich an fehlenden Investitionsmitteln und nicht vorhandenen Baukapazitäten scheiterte die geplante Wiederaufnahme des elektrischen Betriebes auf mehreren Omnibuslinien im Jahre 1982, ausgelöst durch eine Krise auf dem Kraftstoffmarkt. Mit einigen recht interessanten Motiven möchten wir an den Oberleitungsbus in der Elbestadt erinnern.

Der Wagen Nr. 1055 (hier kurz nach seiner Umzeichnung aus der Nr. 55 im Juni 1964 aufgenommen) des Typs W 602 a kam 1953 mit drei weiteren Wagen dieser Baureihe erstmals in Magdeburg zum Einsatz. Es blieben die einzigen, deren aktive Zeit zudem bereits 1964 bis 1967 endete.

An der Endstation Lemsdorf ist im Juni 1964 Nr. 1060 (ex. Nr. 60), ein Skoda 8TR6 aus dem Jahre 1958 vorgefahren. Nach seiner Aussonderung 1968 diente er in Weimar als Ersatzteilspender.

Auch der Wagen Nr. 1061 (ex. Nr. 61) stammt aus der Serie von 1958 gebauten Skoda 8TR6 und ist hier in Sudenburg bzw. an der Endstation Warschauer Straße im Juni 1964 zu sehen. Er kam 1968 als Ersatzteilspender nach Dresden.

Am 10.06.1966 zeigte sich der Skoda 8TR6 Nr. 1059 (ex. Nr. 59) in Sudenburg. Auch er kam 1968 als Ersatzteilspender nach Weimar.

Ebenfalls am 10.06.1966 in Sudenburg sehen wir hier den Skoda 8TR10 aus dem Jahre 1960, welcher bis 1964 mit der Nr. 62 unterwegs war und sich ab 1969 sein Gnadenbrot mit der Nr. 9^{II} in Weimar verdiente.

Betriebsruhe hatte zum Zeitpunkt dieser Aufnahme vom 10.06.1966 in Sudenburg der bereits an anderer Stelle gezeigte Wagen Nr. 1061.

An der Einmündung der Heidestraße in die Halberstädter Straße befindet sich auf diesem Fotodokument vom 10.06.1966 der Wagen Nr. 1059 aus dem Jahre 1958.

In Dresden sind im Juni 1968 die ausgesonderten Magdeburger Wagen Nr. 1058 und 1061 als Ersatzteilspender abgestellt.

Am 14.12.1972 zeigten sich die Skoda 9TR Nr. 1071, 1075, 1072 und weitere im Betriebshof am Ende ihrer Tage. Ikarus 66 hingegen (nun mit 3.000er Nummern versehen) wie dem abgebildeten Wagen 3070 blieben noch einige Jahre auf Magdeburger Buslinien.

Sachsen-Anhalt
Merseburg

Zu Beginn des 20. Jahrhunderts war Merseburg eine Bischofs- und Residenzstadt, gut 15 km südlich vom Hauptbahnhof in Halle/Saale entfernt. Es war aber umgeben von Rohstoffen, deren Erschließung Veränderungen in der Infrastruktur erforderten. Da die in diesem Zusammenhang zu erwarteten Verkehrsströme nicht allein von den bestehenden Eisenbahnlinien aufgenommen werden konnten, kam es mit Wirkung vom 10.05.1902 zur Eröffnung der elektrischen Straßenbahn Halle - Merseburg. Bereits ab 09.03.1902 ist ein Teilstück von Ammendorf bis Halle/Saale befahren worden, vordergründig, um das Fahrpersonal zu schulen. Der Betriebshof entstand in unmittelbarer Nachbarschaft zur Ammendorfer Waggonfabrik Lindner. Die Fahrzeit zwischen Halle und Merseburg betrug 50 Minuten, insgesamt sind 15 Trieb- und zuletzt 13 Beiwagen im Bestand gewesen, bevor das Unternehmen ab 1918 in die 1913 gegründete Merseburger Überlandbahnen AG (Mübag) eingegliedert wurde. Deren Betriebsaufnahme erfolgte kriegsbedingt erst am 05.02.1918 mit 8 Trieb- und 6 Beiwagen, die bereits 1914 von der Waggonfabrik Wismar beschafft worden sind und die im neu errichteten Depot Frankleben auf ihren ersten Einsatz warteten. Die Mübag verfügte über zwei Strecken, die erste 17,2 km lange Linie verlief von Merseburg vorbei an 17 Ortschaften bis zum im Geiseltal gelegenen Mücheln und ist in 55 Minuten Fahrzeit zurückgelegt worden. Die zweite Strecke nach Fährendorf - Bad Dürrenberg entstand letztlich auf Betreiben des Ammoniakwerkes der BASF am Standort Rössen, wo später die Leunawerke sich entwickelten, in der zeitweise über 30.000 Menschen beschäftigt waren. Man fuhr 1919 bis Rössen, 1920 bis Fährendorf und nach Errichtung einer Saalebrücke 1926 bis Bad Dürrenberg. Im selben Jahr entstand die Wagenhalle in Merseburg und ist bereits 1928 vergrößert und um eine Werkstatt ergänzt worden. Der Übergabepunkt der Hallenser und Merseburger Linien ist bereits 1921 mit der Errichtung des Gemeinschaftsbahnhofes auf dem Gelände des ehemaligen Scheunenviertels – heute Hölle genannt – optimiert worden. 1952 wurde die Mübag Bestandteil der Halleschen Verkehrsbetriebe und es kam nun auch zum Einsatz Hallescher Fahrzeuge im Merseburger Netz. Mit dem Bergbau kam die Überlandbahn ins Geiseltal und mit ihm verschwanden große Teile von ihr sukzessive zwischen 1958 und 1972 mit den vorrückenden Tagebauen, die eine Ortschaft nach der anderen fraßen. Paradoxerweise stieg dennoch der Bedarf so stark an, dass im Berufsverkehr bei Schichtwechsel die E-Züge fast im Minutentakt abgefertigt werden mussten, weil die individuelle Mobilität noch nicht sehr gut entwickelt war. Die Bad Dürrenberger Strecke ist modernisiert worden und wird noch heute von Halle aus befahren.

Impressionen aus der Überlandzeit in Merseburg

Völlig zu Unrecht wird in der Literatur der Überlandbetrieb in Merseburg meist nur im Zusammenhang mit Halle (Saale) genannt. Das mag insofern nachvollziehbar sein, als mit dem Übergang als Betriebsteil der Halleschen Verkehrsbetriebe es zum Ersatz ausgesonderter Fahrzeuge durch solche aus dem Halleschen Netz kam und mit der Nummerierung der Überlandlinien ab 30 eine Eingliederung in die Systematik der Straßenbahnlinien der Saalestadt erfolgt ist, nämlich: 30 Halle - Schkopau, 31 Halle - Merseburg, 32 Halle - Leuna, 33 Merseburg - Mücheln, 34 Merseburg - Bad Dürrenberg. Zur Verdichtung der Zugfolge im Müchelner Ast kam ab 01.12.1960 die 35 als erste Stadtlinie von Merseburg hinzu und verkehrte zwischen Merseburg Hölle bis Merseburg Süd II. Einige Bilder mögen für sich sprechen und durchaus interessante Fahrzeuge wieder in Erinnerung bringen. Vielleicht tragen diese ein klein wenig dazu bei, diese Bahn als eigenständiges Unternehmen mit einer überraschend vielseitigen Geschichte erlebbar werden zu lassen.

Am Betriebsbahnhof Ammendorf, der schon der elektrischen Straßenbahn Halle - Merseburg diente, erkennt man oben den Tw 601 Ammendorfer Bauart – hier bereits mit nachträglich eingebauten Schiebetüren und eckigen Perrons – , der schon aus der Erstausstattung der Bahn von 1902 stammt, in einem Dreiwagenzug. Links an nahezu derselben Stelle das Ausrücken eines Lindner-Dreiwagenzuges der 1940er Jahre mit Tw 654 als Linie 30, aufgenommen im Jahre 1958.

Der Tw 624 gehörte zur Erstausstattung der Mübag und wurde bereits 1914 in Wismar aufgebaut. 1967 umgezeichnet in 624 A, erfolgte ein Jahr später die Aussonderung. Die Linie 33 fuhr ab 01.08.1958 nur noch bis zur Zuckerfabrik Körbisdorf, also ist diese Aufnahme mit großem Anhänger (Baujahr 1926) aus dem Jahre 1958 kurz danach entstanden.

Die Anhänger Nr. 711 und 712 ex. Mübag Nr. 189 bis 190 kamen 1940 von der zur OEG gehörenden Straßenbahn Schwetzingen - Ketsch und fuhren dort unter den Nummern 4 und 5. Hier beim Ausrücken aus dem Betriebsbahnhof Ammendorf im Jahre 1958. Paradoxerweise wurden auch sie bei der benachbarten Firma Lindner hergestellt, und zwar im Jahre 1912.

Der Triebwagen Nr. 642 wurde ebenfalls bei Lindner gefertigt, und zwar als Nr. 22 im Jahre 1927 für die Mübag. Von 1967 bis zu seiner Verschrottung drei Jahre später fuhr er unter der Nummer 605. Hier im Betriebshof Ammendorf.

Der Triebwagen Nr. 612 gehört zu einer aus drei Fahrzeugen bestehenden Serie von im Jahre 1912 bei Lindner für die elektrische Straßenbahn Halle - Merseburg hergestellten Zweiachsern und trug ursprünglich die Nummer 32, später bei der Mübag Nr. 77. 1966 schied er aus dem Bestand aus. Aus dieser Serie ist die Nr. 613 ex. Mübag Nr. 78 als historisches Fahrzeug erhalten geblieben. Hier im Jahre 1958 dokumentiert.

Die oberen beiden Bilder zeigen Tw 648 (Lindner Baujahr 1920, ex. Mübag Tw 14) 1958 und Bw 181 (ex. 742 ex. 129, Bj. 1927) 1971 in Bad Dürrenberg.

Links Tw 626 der Mübag-Erstausstattung (ex. Nr. 6, Baujahr 1914) mit Bw 735 ex. 185, zuletzt Nr. 175 (Lindner, 1926) als Linie 33 1958 in Merseburg.

Wir begegnen Fahrzeugen der Erstausstattung der Mübag im Jahre 1958. Beide sind 1914 in Wismar gefertigt worden, Tw 626 ex. Mübag Nr. 6, hier an der Hölle vor der Kulisse der katholischen Pfarrei St. Norbert von 1868 (1872 geweiht) vor dem Start mit Bw 735 Richtung Frankleben. Bw 723 trug einst die Nummer 22.
Beide schieden 1968 aus dem Bestand aus.

Tw 641 ist hier ebenfalls im Jahre 1958 unterwegs auf der Linie 5 nach Bad Dürrenberg, die damals nur im Berufsverkehr bedient worden ist. Das Fahrzeug stammt aus dem Jahre 1920, trug ursprünglich die Nr. 13 und gehört zur sieben Wagen umfassenden Anschlussserie, die 1919 bis 1920 in Ammendorf hergestellt worden ist.

In Leuna wurden im Jahre 1958 Tw 652 und Bw 755 in Zügen der Linie 32 bildlich dokumentiert.
Hier bestand eine recht große Schleife für den sehr stark ausgeprägten Arbeiterberufsverkehr. Die Wagen sind 1940 bzw. 1941 in Ammendorf hergestellt worden. Der Triebwagen trug ursprünglich Nr. 35 und zuletzt Nr. 615, als Nr. 195 war der Anhänger bis 1951 und in den letzten Jahren vor seiner Aussonderung unterwegs. Die Triebwagen besaßen übrigens vier Fahrmotoren.

Auf der Linie 34 nach Bad Dürrenberg sind oben ein LOWA-Zug und unten ein Lindner-Triebwagen aus dem Halleschen Netz mit zwei Anhängern der Überlandbahn aus den 1920er Jahren am 27.09.1971 dokumentiert.

Der Ammendorfer Triebwagen Nr. 614 trug einst die Nr. 654 und bei seiner Inbetriebnahme 1940 die Mübag-Nr. 34. Hier als Solowagen auf der Stadtlinie 35 am 27.09.1971. 1975 kam für den markanten Vierachser das Aus. Leider ist von diesen robusten und markanten Triebwagen kein Vertreter der Nachwelt erhalten geblieben. Nur Beiwagen Nr. 193 konnte gerettet werden.

Triebwagen Nr. 601^{II} stammt aus dem Jahre 1927, und fuhr vorher mit der Nummer 643 und bei der Mübag Nr. 23, hergestellt beim ortsansässigen Waggonbauer Lindner in Ammendorf. Hier als Stadtlinie 35 aufgenommen an der Hölle am 18.03.1971. Dahinter ein Hallescher Lindner-Zweiachser.

Hier ist der Hallesche Lindner-Triebwagen Nr. 690 von 1928 (ursprünglich Nr. 410, dann bis 1967 Nr. 1410) als Linie 35 an der Hölle am 18.03.1971 dokumentiert. Das Fahrzeug ist heute als Oldtimer betriebsfähig.

Der im Betriebshof Ammendorf im Jahre 1958 dokumentierte Hilfsgerätewagen Nr. A 14 stammt aus der Erstausstattung der elektrischen Straßenbahn Halle - Merseburg von 1902, hergestellt in Ammendorf fuhr er zunächst unter der Nr. 10 und bei der Mübag als Nr. 60 und zuletzt dann noch als Nr. 603. 1960 ist er verschrottet worden.

Der Arbeitswagen Nr. A 1 kam 1943 von Mulhouse und trug dort die Nr. 225. Das 1918 gefertigte Fahrzeug fuhr bei der Mübag immer als Dienstfahrzeug und schied 1966 aus dem Bestand aus, hier im Jahre 1958 im Betriebsbahnhof Ammendorf.

Auch der Schleifwagen Nr. A 2 kam 1943 aus Mulhouse (Nr. 222, 1963 ausgesondert), ebenfalls ein Bild von 1958.

Aus dem 1925 bei Lindner gebauten Halleschen Triebwagen Nr. 138 entstand 1968 der in Merseburg stationierte Arbeitswagen Nr. M 1^{III}, der bis 1977 genutzt worden ist. Hier ein Bild vom 18.03.1971.

Mit einer Turmlore ist hier der Arbeitswagen Nr. TS 3 des Bereiches Stromversorgung am 18.03.1971 zu sehen. 1926 in Gotha hergestellt und in Halle bis 1963 als Nr. 151 eingesetzt, diente dieser „Kirchenfensterwagen“ noch bis 1979 und ist als Oldtimer erhalten geblieben.

Auch der in Düsseldorf 1925 hergestellte Tw 141 – hier am 18.03.1971 noch mit der Originalnummer, aber bereits begradigten Seitenfenstern anstelle der originalen „Kirchenfenster“ – bereits als Arbeitswagen für die Stromversorgung. Als TS 1 war er bis 1983 im Einsatz und ist ebenfalls als Oldtimer erhalten geblieben.

Am 27.09.1971 ist hier der Hilfsgerätewagen Nr. VM 1, wieder ein 1925 in Düsseldorf hergestellter so genannter „Kirchenfensterwagen“ – mit bereits begradigten Seitenfenstern – und einem LOWA-Anhänger am Haken dokumentiert worden. Der ehemals in Halle heimische Triebwagen Nr. 150 wurde 1982 durch den ebenfalls von der Halleschen Straßenbahn stammenden LOWA-Triebwagen Nr. 711 ersetzt und ein Jahr später verschrottet. Übrigens steht hier das M für Merseburg.

Gnadenbrot für die Überlandwagen

Nach der Beendigung des Linienverkehrs auf der Müchelner Strecke blieb für einige der Überlandwagen noch ein hartes Gnadenbrot. Zusammen mit Hallenser Altbau- und Einheitszweiachsern sind sie Tag für Tag noch im Berufsverkehr benötigt worden, um das unverändert hohe Verkehrsaufkommen in den Schichtwechselzeiten der Chemiegiganten – allen voran Leuna und Buna – abdecken zu können. Man konnte hier regelmäßig ein einzigartiges Spektakel erleben, wenn scheinbar im Minutentakt die Sonderzüge an der „Hölle" rangiert wurden. Für einige der Ammendorfer Vierachser blieben für einige Monate bis zum Eintreffen der Tatra-Wagen Einsätze in typreinen Dreiwagenzügen, zusammen mit zwei LOWA-Anhängern oder in Zügen mit LOWA-Triebwagen und zwei dieser Vierachsanhänger in Umläufen der Linie 5 von Trotha bis Leuna. Mit deren Verlängerung nach Bad Dürrenberg im Sommer 1971 sind diese Züge durch die inzwischen eingetroffenen Tatra-Fahrzeuge abgelöst worden. Es war der Anfang vom Ende einer sieben Jahrzehnte währenden Ära. Die Berufsverkehrseinsätze sind sukzessive von aus Halle (Saale) zu den Betriebshöfen Ammendorf und Merseburg umgesetzten Einheitszweiachsern übernommen worden. Die Bilder an der Hölle entstanden am 18.03.1971.

Rangieren des Halleschen Tw 659 ex. 189 (Lindner, 1928) mit zwei Überlandvierachsern von 1927, im linken Bild Nr. 182 ex. 742 ex. Mübag Nr. 129 an der Hölle in Merseburg

Rangierszenen mit den Ammendorfer Beiwagen Nr. 193 und 194 von 1941 sowie einem typgleichen Triebwagen von 1940 an gleicher Stelle, daneben Tw 666 mit zwei Nieskyer Anhängern in einem Zug der Linie 5 mit Fahrziel Halle-Trotha.

Tw 617 mit zwei LOWA-Anhängern in einem Zug der Linie 5 mit Fahrziel Leuna an der Hölle in Merseburg. Das Fahrgastaufkommen ist beinahe unvorstellbar.

In der Gegenrichtung an derselben Haltestelle der Tw 613 mit zwei baugleichen Anhängern bzw. der LOWA-Tw 709 mit zwei dieser Vierachsanhänger.

Als Einsatzzug mit zwei Wismarer Anhängern aus dem Halleschen Netz wartet Tw 601^{II} ex. 643 ex. Mübag Tw Nr. 23 von 1927 im Betriebshof Merseburg am 27.09.1971 auf einen seiner letzten Einsätze.

Einen jammervollen Anblick boten die in endloser Reihe im Betriebshof Merseburg abgestellten, nicht mehr benötigten Überlandwagen verschiedener Typen am 27.09.1971. Die meisten von ihnen waren kurze Zeit später verschrottet.

Am selben Tag verdienten sich die Halleschen, 1968 aus den Lindner-Triebwagen Nr. 133 und 134 von 1925 umgebauten Beiwagen Nr. 233[II] und 234[II] im Merseburger Netz ihr Gnadenbrot im Arbeiterberufsverkehr. Aber ihre Zeit endete bereits ein Jahr nach dieser Aufnahme gleichermaßen.

Sachsen-Anhalt
Naumburg

Die meterspurige elektrische Straßenbahn in Naumburg wurde am 03.01.1907 eröffnet und ist grundsätzlich als Ringbahnlinie konzipiert. Sie folgte einer ebenfalls meterspurigen Dampfstraßenbahn aus dem Jahre 1892, die zwischen Hauptbahnhof und Wenzelstor verkehrte. Legendär wurde der Einsatz von rekonstruierten ehemaligen Leipziger Triebwagen aus dem Jahre 1913 als Solowagen oder im Verbund mit äußerlich recht ähnlichen ehemaligen Hallenser Beiwagen von 1908. Als touristische Attraktion hat die kleine Straßenbahn mit historischen Fahrzeugen bis heute überleben können. Die ausgewählten Bilddokumente stammen vom Sommer 1958, vom 01.10.1963, vom 07.09.1975 sowie aus dem Jahre 1981.

Am Markt ist ein ehemaliger Leipziger Triebwagen – hier Tw 12 ohne angeschriebene Nummer – im Sommer 1958 vorgefahren.

Auch der Tw 18 ist ein ehemaliger Leipziger Wagen, ebenfalls dokumentiert im Sommer 1958.

Zugkreuzungen mit den Tw 15 und 17 bzw. 16 und 18 Leipziger Herkunft am Bahnhof, aufgenommen am 01.10.1963.

Tw 16 mit einem ex. Hallenser Beiwagen, aufgenommen auf dem Weg stadteinwärts am 01.10.1963.

Zugkreuzung am Markt im Oktober 1963.

Noch einmal der Markt mit zwei Kursen, aufgenommen im Oktober 1963.

Das Depot wurde bereits von der Dampfbahn als Betriebshof genutzt, hier im Oktober 1963.

Zwischen 1972 und 1978 sind die Aufbauwagen durch Triebwagen aus Halle (Saale), hergestellt 1927 bis 1928 in Ammendorf, ersetzt worden. Insgesamt kamen neun dieser Oldtimer auf Naumburger Gleise und waren längstens bis 1981 im Liniendienst eingesetzt. Der am 07.09.1975 auf dem Lindenring aufgenommene Tw 17^{II} kam erst 1978 hierher und fuhr zuletzt in Halle als Nr. 643^{II}. Er ist als Oldtimer noch heute betriebsfähig.

Bis 1976 fuhr die Straßenbahn noch durch die Innenstadt, danach bis 1981 nur noch auf einem Reststück. Am 07.09.1975 ist auf dieser Trasse am damaligen Wilhelm-Pieck-Platz (Markt) Tw 16^{II} zu sehen. Bis 1974 war er in Halle (Saale) mit der Nummer 645^{II} im Einsatz. Er schied 1976 aus dem Bestand aus.

Begegnung der Lindner-Triebwagen Nummer 11^{II} und 17^{II} (1972 und 1978 ex. Halle Nr. 663 und 643^{II}) vor dem Bahnhof am 07.09.1975.

Duplizität der Szenerie: Sechs Jahre später haben LOWA-Triebwagen aus Plauen die Lindner-Triebwagen von den Linien verdrängt. Am Bahnhof begegnen sich Tw 20 und 21, die kurz vorher noch in Plauen mit den Nummern 56^{II} und 60 fuhren und aus Gothaer Lieferungen der Jahre 1955/56 stammten. Später kamen noch weitere LOWA-Triebwagen aus Plauen und Nordhausen hierher, zuletzt auch aus verschiedenen Städten Gothawagen verschiedener Bauart.

Thüringen
Eisenach

Die meterspurige elektrische Straßenbahn in Eisenach wurde am 03.08.1897 auf einer 3,1 km langen Linie zwischen dem Hauptbahnhof und Mariental eröffnet. Am 16.06.1909 wurden Netzerweiterungen mit den Teilstrecken Karlsplatz - Frankfurter Straße sowie Katherinenstraße und Friedhof wirksam. Am 15.11.1910 fuhr man bis zum Westbahnhof, am 19.06.1913 schließlich kam der Streckenabschnitt zwischen Weimarische Straße und dem Hauptbahnhof an das Netz. Mit der Erweiterung des Netzes vom Friedhof zum Krankenhaus erreichte dieses am 01.09.1925 seine größte Ausdehnung. Im Jahre 1928 betrug die Gleislänge 7,61 km und es wurden 12 Personentrieb-, 4 Personenbeiwagen und 4 Spezialwagen für die Abwicklung des Betriebes zum Einsatz gebracht. Ab 1929 nutzte die Straßenbahn ein neues Depot an der Sommerstraße/Ecke Uferstraße. In den Nachkriegsjahren kam es sukzessive zum Rückzug der Straßenbahn bis sie schließlich am 31.12.1975 endgültig aufgegeben und durch Omnibusse ersetzt worden ist. Da die ausgewählten Aufnahmen aus den Jahren 1958 bis 1968 eine in dieser Ausprägung einzigartige Symbiose zwischen dem alten Stadtkern und der Straßenbahn erkennen lassen, ist deren Präsentation noch in mehrere Unterkapitel unterteilt worden.

Eisenacher Bahnhöfe

Der Hauptbahnhof besteht seit 1847. Am 12.04.1904 wurden neue Bauten sowie eine höher gelegte Gleisanlage in Betrieb genommen. Die Straßenbahn erreichte ihn bereits 1897 und blieb hier präsent bis zur Betriebseinstellung Ende 1975. Auf Drängen der Eisenacher Kammgarnspinnerei wurde ab 01.08.1893 eine Stadion Eisenach West eingerichtet. Die Höherlegung der Gleisanlage und die Errichtung der Hochbauten wurden im Zeitraum von 1902 bis 1905 vorgenommen. Mit der Teilung Deutschlands hielten hier nur noch wenige Züge. Nach der Wende kam es im Zusammenhang mit der Ansiedlung von Unternehmen vor allem der Automobilbranche zu einer Belebung und in der Folge Sanierung der Anlagen. Die Straßenbahn erreichte den Westbahnhof ab 15.11.1910 bis zu ihrer Einstellung im Dezember 1975.

Tw 14 gehört zu einer Serie von 1908 bis 1912 in Breslau hergestellten Triebwagen und ist hier im Juli 1958 am Hauptbahnhof vorgefahren.

Im Juni 1961 ist hier ebenfalls am Bahnhof der Bw 34 zu sehen. Das Fahrzeug kam 1957 aus Mühlhausen und fuhr zwischen 1900 und 1940 in Wiesbaden. 1963 schied es aus dem Bestand aus und diente noch einige Jahre als Aufenthaltsraum.

1929 wurde der Tw 23 in Gotha hergestellt und war bis zur Stilllegung der Bahn im Einsatz. Hier ist er auf dem Weg in die Oststadt mit einem ehemaligen Erfurter Beiwagen im Juni 1961 am Hauptbahnhof vorgefahren.

Im Juni 1961 sind der Tw 14 bzw. 10 der zweiten, sieben Triebwagen umfassenden Bauserie von 1908/12 am Westbahnhof vorgefahren. Kurze Zeit später schieden die verbliebenen Triebwagen nach und nach bis 1965 aus dem Bestand aus.

1956 kamen zwei ehemals Leipziger, im Ursprung 1913 gebaute Triebwagen, von Erfurt in die Wartburgstadt. Während der als Nr. 38 eingestellte Wagen ex. Erfurt Nr. 120 1957 ohne Einsatz nach Mühlhausen weitergegeben wurde, kam der Erfurter Tw 118 mit der Nr. 28 (ab 1960 Nr. 18) zum Einsatz und behielt die letzte Nummer auch bei seinem Einsatz als Arbeitswagen von 1963 bis 1975. Fotos vom Juni 1961 und als Arbeitswagen am 26.09.1965 am Westbahnhof.

Zurück zum Hauptbahnhof. Hier ist am 26.09.1965 der Tw 27, 1926 in Weimar hergestellt und 1961 von Erfurt (Nr. 73) übernommen, Richtung Westbahnhof vorgefahren.

Zugbegegnung am selben Tag vor dem Hauptbahnhof. Tw 19 stammt aus einer sechs Wagen umfassenden Serie von in Gotha 1929 gebauten Triebwagen. Triebwagen Nr. 40 kam kurz vor der Aufnahme mit fünf weiteren Wagen gleicher Bauart aus Erfurt, trug dort die Nr. 88 und ist 1938 in Gotha hergestellt worden.

Durch die Altstadt

Trotz der schweren Schäden im Zweiten Weltkrieg, verursacht vor allem durch insgesamt sieben alliierte Luftangriffe zwischen Februar 1944 und Februar 1945, zeigt sich die Altstadt von Eisenach auch heute noch mit einer beeindruckenden Fülle von Bauten verschiedener Stilepochen. Eine seltene Symbiose bestand hier bis zur Stilllegung der Straßenbahn zwischen dieser und den alten Bauten. Es sind zum Teil sehr enge und dichtbebaute Straßen durchfahren worden, die jedes Bild zu einem Erlebnis werden lassen und wir deshalb natürlich dem interessierten Leser nicht vorenthalten möchten.

In der baugeschichtlich interessanten Karlstraße ist Tw 15 im Juli 1958 unterwegs. Man achte auf den Kleintransporter am rechten Bildrand.

Auf dem Karlsplatz (zu DDR-Zeiten Platz der DSF) begegnen sich im Juli 1958 Tw 14 und 15 der zweiten Beschaffungsserie vor der Kulisse der ab 1160 gebauten und einst zum gleichnamigen Kloster gehörenden Kirche St. Nikolai sowie dem benachbarten fast zeitgleich errichteten Nikolaitor, welches eines von einst fünf Stadttoren gewesen ist.

Zeitgleich ist hier an derselben Stelle der Tw 11 dokumentiert.

Weitere Alltagsszenen auf dem Karlsplatz, aufgenommen im Juli 1958. Die Anhänger 32 und 33 waren kurz vorher aus den Nummern 25 und 26 entstanden und wurden 1954 aus Erfurt übernommen (dort Nr. 223 und 224, gebaut 1930 bei Lindner). Triebwagen Nr. 19 und 22 stammen aus der Gothaer Serie von 1929.

Auf dem Markt ist Tw 26 vor dem ab 1742 errichteten Stadtschloss vorgefahren. Der Gegenzug ist gerade am mittelalterlichen Rathaus und der diesem gegenüberliegenden ehemaligen Hofapotheke von 1560 (Fachwerkhaus) angekommen, um in die Karlstraße zu fahren. Tw 26 kam kurz vorher aus Erfurt, trug dort die Nummer 62 und ist 1912 in Weimar aufgebaut worden. Er verblieb bis 1966 im Einsatz.

In der Karlstraße ist der ebenfalls aus Erfurt stammende Tw 25 gleicher Bauart, ebenfalls 1912 in Weimar hergestellt und in Erfurt unter Nr. 65 im Bestand, im Juni 1961 auf dem Weg vom Markt Richtung Karlsplatz - Langensalzaer Straße zu sehen.

Zugbegegnung auf dem Karlsplatz mit den Tw 40 und 28^{II} am 26.09.1965. Beide begannen ihre aktive Zeit 1938 bzw. 1926 in Erfurt mit den dortigen Nummern 88 bzw. 75.

Auf dem Markt wurde hier der in Gotha aufgebaute Tw 20 von 1929 am 04.10.1968 bildlich festgehalten.

Zwei ehemalige „Erfurter“ beim Durchfahren des Nikolaitores am 04.10.1968 Richtung Karlsplatz - Markt. Tw 44 von 1938 fuhr in Erfurt als Nr. 92 und ist in Eisenach kurz vor der Stilllegung noch in Nr. 42^{II} umbezeichnet worden.

Am 04.10.1968 kommt Tw 29 von 1938 (1963 ex. Erfurt Nr. 50^{II}) aus der Karlstraße in den Karlsplatz gefahren. Am linken Bildrand erkennt man die 1800 gegründete Hof- und Stadtapotheke, die noch heute besteht.
Das Gebäude wurde 1766 erstmals als Gasthof zum halben Mond erwähnt.

Betriebshof

Der langjährige Betriebshof an der Sommerstraße/Ecke Uferstraße wurde 1925 bis 1929 auf einem ehemaligen Lagerplatz des städtischen Elektrizitätswerkes errichtet. Es ersetzte ab 1929 den Betriebshof in der Helenenstraße, dessen Gebäude erst 1993 abgerissen worden sind. Zu Beginn der 1960er Jahre ist die Schiebebühne vor der Einfahrt durch eine Weichenstraße ersetzt worden, um Fahrzeuge mit größerem Achsabstand einsetzen zu können. Teile des Betriebshofes, der nach der Stilllegung der Straßenbahn erst in den 1990er Jahren umgebaut und 1998 als Cityparkhaus eröffnet worden ist, dienten zuletzt auch zum Abstellen von Omnibussen der Eisenacher Verkehrsbetriebe.

Triebwagen Nr. 16 der zweiten Beschaffungsserie, aufgenommen im Juni 1961 im Betriebshof.

Die Schiebebühne im Betriebshof muss entgegen anderslautenden Aussagen zumindest substanziell im Jahre 1965 noch vorhanden gewesen sein. Die Bilder zeigen den Tw 25 (ex. Erfurt Nr. 65) im Juni 1961 auf der Schiebebühne und den Tw 29 (ex. Erfurt Nr. 50^{II}) neben der Schiebebühne, aufgenommen am 26.09.1965.

Triebwagen Nr. 18 ist hier als Arbeitswagen mit einem Vorbauschneepflug versehen, bildlich dokumentiert am 04.10.1968 im Betriebshof.

Bilddokumente der Superlative sind diese beiden Aufnahmen vom 04.10. 1968. Sie zeigen den ehemaligen Beiwagen Nr. 34, der 1957 aus Mühlhausen kam und dort als Nr. 36 gefahren ist. Er ist 1900 in der Waggonfabrik Rastatt aufgebaut worden und fuhr bis 1940 unter der Nummer 52 in Wiesbaden. Hier dient sein Aufbau als Aufenthaltsraum.

Omnibusse

Zur Eisenacher Straßenbahn gehörte auch ein Buslinienetz, zu dem eine Reihe von kleineren Serien unterschiedlicher Fahrzeuge vorgehalten und seit den späten 1960er Jahren auch im Betriebshof Sommerstraße untergebracht worden ist. Die ausgewählten Fotodokumente sollen hier nur beispielhaft sein.

H6B/L Nr. 8, eingesetzt im Eisenacher Stadtbusverkehr im November 1958.

In Eisenach fuhren auch mehrere H6B/S, hier der Wagen Nr. 9 bereits in generalrepariertem Zustand am 26.09.1965. Dahinter links erkennt man den H6B/L Nr. 7 noch im Originalzustand.

Der dreitürige Ikarus 66 Nr. 16 gehörte zu den ersten in die DDR gelieferten Bussen dieser Reihe (1958). Im September 1965 zeigt er sich im weitgehenden Originalzustand beschildert als „Hauptbahnhof Mariental“, einem Abschnitt, der einst von der Straßenbahn befahren wurde.

Von den nur 75 in die DDR gelieferten Ikarus 620 war auch mindestens ein Fahrzeug mit der Nr. 21 in Eisenach vorhanden. Im Betriebshof wartete er am 04.10.1968 auf seinen nächsten Einsatz zur Wartburg.

Nirgendwo in der DDR waren riesige Flotten des Ikarus 55 vorhanden, aber es gab sie überall in den Fuhrparks. Der abgebildete Wagen Nr. 26 war in der hier dokumentierten Ausführung mit mittlerer Einstiegstür und Streifenlackierung typisch für die Baujahre 1966 bis 1968. Hier steht er in Betriebshof neben dem bereits rekonstruierten H6B/L Nr. 13 am 4. Oktober 1968.

Mit dem Wagen Nr. 18 sehen wir einen 1961 gebauten Ikarus 66 Stadtwagen, der 1967 im RfG Dresden eine Generalreparatur erhalten hat. Nur in diesem Jahr sah das GR-Heck dieser Busse konkret so aus. Hier ist das Fahrzeug dokumentiert am 04.10.1968.

Der Wagen Nr. 27 gehört zu den letzten in die DDR gelieferten Serien von Ikarus 66 Stadtwagen und ist am 04.10.1968 erst wenige Wochen alt, als er auf der Linie Hauptbahnhof - Mariental dokumentiert worden ist.

Dieser Ikarus 66, dessen Nummer hier leider nicht erkennbar ist, fuhr einst als Stadtwagen mit drei Einstiegstüren. Bei der Auffrischung erhielt er zudem anstelle der verbliebenen Falttüren solche, wie wir sie vom Ikarus 55 kennen und die mehr schlecht als recht zur Optik des Fahrzeuges passen. Im Heck sind zusätzliche (dunkle) Lüftungsgitter eingebaut und auch die Fenstereinsätze mit Oberlichtern wurden durch solche mit glatten Seitenscheiben getauscht. Auch diese Aufnahme entstand am 04.10.1968.

Thüringen
Straßenbahn Erfurt

Am 13.05.1883 begann der Betrieb auf einer meterspurigen Pferdebahn. Die drei zunächst befahrenen Linien erstreckten sich über eine Gesamtlänge von 9,6 km. Bis 1893 waren 31 Anhänger und 101 Pferde vorhanden, 11 km Gleise waren verlegt. Nach dem Übergang der Betriebsmittel mit Wirkung vom 06.09.1893 an die UEG begann die Elektrifizierung des Netzes, welche am 20.08.1894 beendet war. Der elektrische Betrieb auf drei Linien wurde am 01.06.1894 aufgenommen. Das meterspurige Netz erreichte 1928 eine Ausdehnung von 17,75 km, meist zweigleisig ausgebauter Strecken, auf denen 54 Trieb- und 20 Beiwagen sowie zwei Pferdeturmwagen zum Einsatz kamen. Bereits damals bestand ein ausgeprägtes Busliniennetz. Auf acht Linien mit einer Gesamtlänge von 64,3 km verkehrten 19 Omnibusse. In den dreißiger Jahren entwickelte sich Erfurt zunehmend zu einem Innovationsmotor der Straßenbahngeschichte in Deutschland und hatte nicht unerheblichen Einfluss auf die Entwicklung des nach einheitlichen Baugrundsätzen hergestellten Straßenbahnwagens. Dies mündete in der zweiten Hälfte der fünfziger Jahre im die DDR-Straßenbahngeschichte mehr als zwei Jahrzehnte prägenden Gothawagen der Reihe 57 und ihrer Weiterentwicklungen bis zum Ende der sechziger Jahre.

Heute werden in Erfurt fünf Straßenbahnlinien im Tagesverkehr befahren, die zum Teil weit in das Umland reichen. Die Tatra-Gelenkzüge des Typs KT4D, welche das Alltagsbild der späten 70er bis 90er Jahre geprägt haben – es waren insgesamt 156 Wagen, die sogar in Dreifachtraktion gefahren sind – wurden abgelöst durch 16 MGT 6 und 60 Combinos, mit denen Geschwindigkeiten bis 70 km/h gefahren werden können. Für die Beschaffung von 24 weiteren Zügen erfolgte im Februar 2018 die Veröffentlichung der Ausschreibungsunterlagen. Ergänzt wird das Straßenbahnnetz durch eine große Zahl von Stadt-, Regional- und Fernbuslinien.

Schon recht früh zeigten sich auch viele der Innenstadtstrecken in Erfurt zweigleisig, wie hier im Juli 1957 zwischen Domplatz und Domstraße. Am linken Bildrand erkennt man einen der 1948 in Gotha neu aufgebauten Triebwagen von 1912, der sich in der Domstraße bewegt, rechts in der Nähe des Abzweiges ist Arbeitswagen Nr. 2, welcher 1934 bei Schörling als Schienenreinigungswagen hergestellt und 1968 nach Frankfurt (Oder) umgesetzt wurde, in der Kettenstraße unterwegs.

Wie in alten Zeiten fuhren im Juli 1957 Straßenbahnen am Domplatz und über den Anger. Tw 24[II] und 25[II] stammen aus einer Serie von zehn im Jahre 1925 in Weimar gebauten Triebwagen, deren letzte Vertreter bis 1965 ihren Dienst quittieren mussten. Zwei verdienten sich ihr Gnadenbrot ab 1957 in Mühlhausen, weitere fünf sah man noch einige Jahre als Arbeitswagen.

Gleich vier Triebwagen der eben beschriebenen Serie warteten im Juli 1957 beim Domplatz auf dem 1939 aufgegebenen Abschnitt Domplatz - Lange Brücke - Kaffeetrichter (Kettenstraße) auf ihre nächsten Einsätze. Für ihr Alter befinden sich die Wagen in einem äußerlich gut gepflegten Zustand.

Die Tw 59 bis 61 sind 1912 in Weimar hergestellt worden. Nr. 59 kam 1963 nach Jena und fuhr dort als Nr. 38. Nr. 60 und 61 wurden 1948 in Gotha gemeinsam mit den Wagen Nr. 58 und 63 neu aufgebaut und erhielten dabei auch eine neue Inneneinrichtung sowie anstelle der Laternendächer Schleppdächer. 1963 kam Nr. 60 nach Halberstadt und diente dort als Arbeitswagen, im selben Jahr verschlug es Nr. 61 nach Jena, wo er als Triebwagen Nr. 37 unterwegs war. In einer Abstellanlage unweit des Domplatzes entstanden auch diese Aufnahmen.

Vor dem Hotel Erfurter Hof beim Bahnhof ist im Juli 1957 Tw 78 als Kurs der Linie 4 Breitscheidstraße - Thüringenhalle vorgefahren. Der Lindner-Triebwagen kam mit fünf weiteren Triebwagen seiner Art 1930 neu in den Fuhrpark der Erfurter Verkehrsbetriebe. Kurze Zeit nach dieser Aufnahme ist er in einen Einrichtungswagen umgebaut worden und schied Ende der siebziger Jahre aus dem aktiven Dienst aus.

Tw 82 und 83 gehören zur ersten Serie der überaus markanten und richtungsweisenden Gotha-Triebwagen, deren Entwicklung in den fünfziger Jahren im T 57 münden sollte. Zusammen mit weiteren vier Wagen nahmen sie 1936 ihren Dienst auf. 1964 kamen beide über Gotha nach Mühlhausen und liefen dort unter gleichen Nummern. Hier Aufnahmen als Solowagen der Linie 5 am Domplatz, dokumentiert im Juli 1957.

Exakt ein Jahr später entstanden diese beiden Aufnahmen am Krankenhaus. Tw 99 gehört zur sechs Triebwagen umfassenden Serie von Gothawagen des Jahres 1938 und verblieb bis 1967 im Einsatz. Bw 250 ist Bestandteil einer zwölf Anhänger umfassenden Gothaer Serie von 1942 gewesen und diente auf Erfurter Linien bis zum Ende der siebziger Jahre.

Tw Nr. 64 aus dem Jahre 1912 erhielt 1938 versuchsweise ein dreiachsiges Lenkgestell von Westwaggon. 1963 kam das Fahrzeug nach Eisenach und fuhr als Nr. 29. Das Foto entstand im Juli 1958 in der Leninstraße.

Auf der Ostringtrasse hat im Juli 1957 Tw 104 von 1939 den Bahnhofsvorplatz erreicht. Sein Gnadenbrot verdiente er sich in den siebziger Jahren als Arbeitswagen.

Wir kehren noch einmal zum Krankenhaus im Juli 1958 zurück und begegnen zwei hoch interessanten Fahrzeugen. Tw 105 aus dem Jahre 1939 war wiederholt Versuchsfahrzeug für technische Neuerungen und ist seit 1952 als Einrichtungswagen gefahren, bevor im Jahre 1975 seine aktive Zeit endete. Beiwagen Nr. 232[II] wurde 1952 zusammen mit zwei weiteren Anhängern als Ersatz für Beiwagen aus dem Jahre 1912 als Einrichtungsbeiwagen in Gotha hergestellt und fuhr bis 1968.

Am Bahnhof kommt hier im Juli 1958 Tw 93 als Linie 5 vorgefahren. Das Fahrzeug von 1938 kam 1965 nach Eisenach und trug dort die Nummer 45.

Wir blicken auf den Einrichtungsbeiwagen Nr. 259 und seine Inneneinrichtung, aufgenommen im Juli 1957. Hergestellt 1954 in Gotha, befand er sich bis 1969 im Linieneinsatz.

Hier noch einmal Tw 82 aus dem Jahre 1936, aufgenommen im Mai 1960 auf der Linie 2.

Am 24.09.1965 ist der 1952 gebaute Einrichtungsbeiwagen Nr. 234[II] am Domplatz zu sehen. Vier Jahre später endete seine aktive Zeit.

1949 wurden in Gotha acht Beiwagen aus alten Triebwagen der Baujahre 1904 und 1908 aufgebaut, die von Beginn an Einrichtungswagen gewesen sind. Nr. 240[II] – hier im Juli 1957 am Krankenhaus – fuhr einst als Tw 49 (Düsseldorf, 1904), Nr. 237[II] – Bild im Juli 1957 am Hotel Erfurter Hof beim Bahnhof – entstand aus Tw 46 derselben Serie.

In Erfurt fuhren mit die ersten Gotha-Einrichtungstriebwagen des Typs T 57E. Aus dem Jahre 1957 stammten die Wagen Nr. 122 und 124, aufgenommen im Juli 1958 beim Krankenhaus bzw. im Mai 1960 in der neuen IGA-Schleife.

Gotha-Gelenkwagen des Typs G4, Nr. 152, gebaut 1961, kurz nach der Indienststellung am Hauptbahnhof und auf der neuen IGA-Strecke.

Gotha G4 aus dem Jahre 1959, Wagen Nr. 151, aufgenommen im Mai 1960 in der IGA-Schleife.

Aus dem Jahre 1963 stammt Tw 162. Die Fotos entstanden im August 1963 am Bahnhof.

Der Beiwagen Nr. 265, ein B 59 in Einrichtungsversion aus dem Jahre 1960, dokumentiert beim Krankenhaus am 24.09.1965.

Am selben Tag zeigte sich Tw 164 von 1963 am Domplatz.

Ein tschechischer Gothazug aus dem Jahre 1968 mit Tw 134^{II} ist am 18.08.1974 am Anger vorgefahren.

Am selben Tag eine Zugkreuzung am Anger. Man erkennt den G4 Nr. 162 von 1963 und rechts Reko-Bw 290 von 1974. Mit lediglich sechzehn 1973 bis 1975 gelieferten Wagen blieb deren Zahl in Erfurt überschaubar.

Zum Abschluss dieses Kapitels noch ein kleines Schmankerl: Im März des Jahres 1963 befand sich unter den Ausstellungsmustern auf der Leipziger Frühjahrsmesse ein Gelenkzug des damals topaktuellen Typs Büssing Präsident, den es in verschiedenen Modifikationen und auch als Oberleitungsbus gab.

Ein halbes Jahr später konnte man denselben Zug mit der Nummer 132 auf Erfurter Linien fahren sehen.

Oberleitungsbusse in Erfurt

Am 26.02.1948 wurde der O-Bus-Betrieb in Erfurt feierlich eröffnet. Zunächst verlief die Strecke vom Anger bis Neu-Daberstedt. Am 30.05.1949 fuhr man bis Melchendorf, am 30.04.1951 kam die Strecke von Hochheim zum Anger hinzu und erhielt eine Verbindung nach Melchendorf. Mit der Inbetriebnahme des Abschnittes vom Anger nach Ringelberg am 16.12.1953 erreichte das Netz seine größte Ausdehnung. Bereits 1961 dachte man in Erfurt über eine Aufgabe der verlustreichen O-Bus-Sparte nach. Aber erst vierzehn Jahre später, konkret am 10.11.1975 ging der Gesamtverkehr an Ikarus-Gelenkomnibusse über, womit die Erfurter O-Bus-Geschichte ihren Abschluss fand. Wir möchten mit Aufnahmen vom Anger aus den Jahren 1956 bis 1965 einen Blick auf einige der eingesetzten Fahrzeuge werfen.

Zwei Henschel-O-Busse des Typs KEO II mit Schumann-Aufbauten von 1947 warten auf ihre nächsten Einsätze. Vorn mit einem Anhänger der Wagen Nr. 2, dokumentiert noch in der alten Lackierung im Jahre 1956.

Wagen Nr. 15 gehörte zu einer Serie von fünf als doppelstöckige Busse von Hamburg übernommenen Wagen des Henschel-Typs 565. 1953 aufgebaut, fuhr er in Hamburg mit der Nummer 335. In Erfurt begann seine aktive Zeit als Eindecker 1957 und endete bereits 1964. Das Foto zeigt ihn im Juli 1958.

Im Mai 1960 zeigte sich hier der Henschel-KEO II Nr. 3 dem Fotografen. Hergestellt 1948, wurde er auf der Leipziger Frühjahrsmesse 1949 ausgestellt und befand sich bis 1962 im Einsatz.

Am 24.09.1965 wartet der Omnibusanhänger Nr. 122 mit Kriegsaufbau hinter dem O-Bus Nr. 9, einem Werdauer W 602 a aus dem Jahre 1953, auf seinen nächsten Einsatz. Der Bus befand sich bis 1969 im aktiven Einsatz.

Wagen Nr. 26 gehörte zu einer drei Fahrzeuge umfassenden Serie von 1964 gelieferten Skoda 9TR. Insgesamt wurden von diesem Typ in verschiedenen Modifikationen zwischen 1962 und 1969 dreizehn Busse fabrikneu an die Erfurter Verkehrsbetriebe geliefert und blieben mehrheitlich bis zur Betriebseinstellung im Linieneinsatz. Auch dieses Bilddokument entstand am 24.09.1965.

Der 1952 gebaute W 602 a Nr. 23 kam 1964 aus Weimar und fuhr dort als Nr. 7. Am 24.09.1965 mit einem Kriegsanhänger (Nr. 130) jener Bauart mit tiefer herunter gezogenen Blechen. Der Einsatz des Omnibusses endete 1969.

Wagen Nr. 7 wurde 1952 in Werdau gebaut und ist ein LOWA W 601. Hier mit dem Omnibusanhänger Nr. 131 des Typs W 700 mit Werdauer Aufbau am 24.09.1965. Auch dieser Bus schied 1969 aus dem aktiven Dienst aus.

Thüringen
Gera

Am 22.02.1892 fuhr in Gera erstmals eine meterspurige elektrische Straßenbahn. Im August desselben Jahres kam dampfgetriebener Güterverkehr hinzu, welcher bis 1902 bestand und danach mit zwei elektrischen Lokomotiven durchgeführt worden ist. 1928 waren neben diesen 21 Trieb-, 23 Bei-, 1 Güter- sowie 38 Spezialwagen auf den 13,571 km langen Strecken unterwegs. Der Güterverkehr wurde am 9. Februar 1963 eingestellt.

Heute beträgt die Streckenlänge des sich seit 2002 in der Umgestaltung zu einer Stadtbahn befindlichen Netzes 18,5 km. Optional ist die weitere Ausdehnung des Netzes vorgesehen. Heute sind für den Verkehr auf drei Linien 28 KT4D, 6 KTNF8 und 12 NGT8G vorhanden. Mit einzigartigen Fahrzeugaufnahmen, dokumentiert in der Innenstadt zwischen Hauptbahnhof, Platz der Republik, Heinrichstraße, Johannisgasse und Sorge möchten wir ein klein wenig den Betriebsalltag in den fünfziger und sechziger Jahren erlebbar werden lassen.

Wir beginnen mit Aufnahmen vom Juli 1958. Hier ist am Bahnhof Tw 2[II] einer Serie von fünf Triebwagen vorgefahren, welche 1925 bei MAN hergestellt worden sind. Ein Jahr nach dieser Aufnahme fuhr er als Nr. 102. Als Anhänger sehen wir Nr. 76, 1937 in Werdau aufgebaut und kurze Zeit später ausgesondert. Beide Fahrzeuge tragen noch den dunkelgrünen Außenanstrich.

Die Aufbauwagen Nr. 87 und 88 aus dem Jahre 1947 stammen ebenfalls aus Werdau. 1959 umnummeriert in 205 und 206, kamen sie zehn Jahre später nach Görlitz, blieben dort aber ohne Einsatz. Hier Nr. 87 mit dunkelgrünem Außenanstrich.

Bereits mit hellem Anstrich ist hier Nr. 5^{II} aus dem Jahre 1925 vorgefahren, der ab 1959 mit der Nr. 104 unterwegs war. Die nachlaufenden Beiwagen tragen noch den alten Anstrich. Am linken Bildrand erkennt man die ehemalige Teppichfabrik Halpert &. Co. aus dem Jahre 1885, an deren Stelle 1997 die Gera-Arkaden entstanden.

Am Platz der Republik zweigen in einem Dreieck mehrere Strecken in unterschiedlichen Richtungen ab. Tw 25^{II} stammt aus einer Serie von drei 1938 in Heidelberg hergestellten Triebwagen mit dem ungewöhnlichen Achsabstand von 4 m, allerdings ausgeführt als Westwaggon-Lenkgestell mit zusätzlicher Mittelachse. 1959 wurde aus ihm Nr. 122, zwei Jahre später kam für ihn das Aus.

Tw 8^{II} entstand 1926 bei MAN und wurde 1954 in Gotha neu aufgebaut. Ab 1959 fuhr er als Nr. 114.

Bw 71^{II} und 72^{II} wurden 1913 in Weimar hergestellt und fuhren bis 1957 als Tw 20^{II} und 21^{II}. 1953 kamen sie aus Leipzig (dort Nr. 912 und 909). Von 1959 bis zu ihrer Aussonderung 1962 sah man sie auf Geraer Linien mit den Nummern 211 und 212.

Hier ist die Lokomotive Nr. 1 mit einem aufgebockten Güterwagen unterwegs am Platz der Republik. 1963 waren diese Bilder Geschichte. Seit 1902 fuhren solche Lokomotiven anstelle der Dampfbahnen.

Wir hatten ihn bereits gesehen, hier ist der 1954 in Gotha neu aufgebaute Triebwagen Nr. 8^{II} als Nr. 114 mit dem Anhänger Nr. 205 ex. 87 im Mai 1961 vor der an der Heinrichstraße 1609 bis 1611 erbauten Trinitatiskirche dokumentiert worden. 1968 schied der Triebwagen aus dem Bestand aus und wurde verschrottet. Ein Jahr später kam Bw 205 nach Görlitz, wo er aber nie gefahren ist.

Unweit des Stadtmuseums am Platz der Republik sehen wir im Juli 1964 den Tw 111 (1959 ex. Tw 10^{II}, 1928 von MAN aufgebaut) in einem Zug als Einsatzwagen. 1967 kam für das Fahrzeug das unvermeidliche Aus.

Gleichermaßen im Juli 1964 ist hier der Bw 203^{II} zu sehen. 1926 bei MAN hergestellt, diente er als Tw 6^{II} bis 1959, dann Tw 105 bis 1963. 1967 endete sein Einsatz und er wurde verschrottet.

Eng ging es zuweilen in den schmalen Straßen der Innenstadt wie der Johannisgasse zu, die hier im Juli 1964 durchfahren wird von einem Zug Richtung Untermhaus. An dessen Spitze sehen wir Tw 124, 1928 bei MAN gebaut und bis 1959 als Nr. 11^{II} im Einsatz. 1968 endete seine aktive Zeit.

Auch in Gera gehörten Gotha-Zweirichtungswagen des Typs 57 viele Jahre zum Alltagsbild.
Im Dreieck am Platz der Republik sehen wir im Juli 1958 mit Bw 68^{II} einen frühen Vertreter dieser Reihe. Ab 1959 trug er die Nummer 242.

1954 ist der LOWA-Tw Nr. 134 in Gotha gebaut worden. Bis 1959 fuhr er als Nr. 17^{II} und ab 1970 umgebaut zu einem Einrichtungswagen. Hier in einem Dreiwagenzug Richtung Lusan, dokumentiert im Juli 1964 am Platz der Republik. Im Hintergrund links sieht man wieder die Trinitatiskirche.

In der Straße der Jugend ist im Juli 1964 ein Dreiwagenzug mit LOWA- und Gothawagen Richtung Tinz unterwegs. Tw 146 kam 1959 erstmals zum Einsatz. In der Gegenrichtung sehen wir zeitgleich an beinahe derselben Stelle vor der Kulisse der Teppichfabrik ehemals Halpert & Co. einen gemischten Dreiwagenzug.
Der Anhänger Nr. 231 Werdauer Bauart von 1951 am Ende des Zuges fuhr bis 1959 mit der Nummer 89 und – 1965 zum Einrichtungswagen umgebaut – ab 1975 in Brandenburg als Bw 254.

Die ER-Triebwagen Nr. 164 und 165, hier bei der Einfahrt in den Platz der Republik aus unterschiedlichen Richtungen, waren Einrichtungstriebwagen des Typs T2-61 mit Kurbelfahrschaltern, wie sie in Gotha 1961 bis 1963 hergestellt wurden. Erwähnenswert wieder die Trinitatiskirche an der Heinrichstraße.

Zur Abrundung noch ein ganz besonderes Bonbon: H6B waren fast überall in recht großen Stückzahlen unterwegs. Dass es aber nach der GR Stadtwagen mit Reisegestühl gab, sollte eher die Ausnahme darstellen. Die im Juli 1964 am Platz der Republik ins Bild gesetzten Wagen Nr. 410 und 411 liefern hier den Beweis. Man kann davon ausgehen, dass dies durch den ortsansässigen Omnibusbauer Fleischer erfolgt ist.

Ergänzt wird die Darstellung mit Aufnahmen vom Tag der Eröffnung des Betriebes nach Gera Lusan.

Die am 10.07.1964 am Platz der Republik dokumentierten Bw 223 und 224 wurden 1929 in Niesky gebaut und fuhren in Frankfurt (Oder) mit den Nummern 134 und 135. Insgesamt kamen von dieser Baureihe zwei Nieskyer und drei Görlitzer Wagen 1962 bzw. 1965 von Frankfurt (Oder). Der letzte von ihnen quittierte seinen Dienst in Gera bereits 1970.

Deutlich länger hielten sich die Gothawagen im Geraer Liniennetz. Erst in den 90er Jahren schieden die letzten aus dem Betriebsdienst aus. Am 27.10.1979 sehen wir an der neu eröffneten Strecke nach Lusan die Beiwagen Nr. 269 (Gotha 1967) und 279 (CKD, 1968, 1973 ex. Halle (Saale) Nr. 495, hier bereits mit neuem Blechkleid).

Mit den erst ein Jahr alten und bis dahin einzigen KT4D im Geraer Netz – Nr. 301 und 302 – erfolgte am 27.10.1979 die feierliche Eröffnung der Streckenverlängerung nach Lusan.

Der 1905 bei MAN gebaute Plauener Tw 25 fuhr ab 1967 in Gera als Oldtimer Nr. 29^{II}. Dasselbe Schicksal ereilte im Jahre 1981 auch den Hilfsgerätewagen Nr. 112 ex. Tw 112 ex. Tw 12^{II} (gebaut 1928 ebenfalls bei MAN). Beide sind zur Streckeneröffnung nach Lusan am 27.10.1979 mit von der Partie.

Oberleitungsbus in Gera

Der Linienbetrieb des O-Busses in der thüringischen Stadt Gera begann im Sommer 1938 und endete am 14.09.1977, Grund genug, einen kurzen Blick darauf zu werfen. Von der Dornauer Straße im Nordosten erstreckte sich das Netz über Leumnitz, Platz der DSF, Straße der Republik, Park der Jugend bis zum Bergarbeiterkrankenhaus im Westen. Wir möchten einige dort eingesetzte Fahrzeuge vorstellen. Die Aufnahmen entstanden zwischen 1958 und 1964 im Stadtzentrum. Wir haben sie nach Fahrzeugarten sortiert, wobei ganz bewusst nicht jeder Typ bildlich gezeigt werden soll und kann.

Aus dem Jahre 1946 stammt Wagen Nr. 54. 1959 neu aufgebaut, schied er 1965 aus dem Bestand aus. Hier der KEO I mit noch grünem Außenanstrich im Juli 1958.

Im Mai 1961 ist hier der Wagen Nr. 302 (1959 ex. Nr. 52) von 1939 (Typ 400T, aufgebaut bei Schumann) dokumentiert, der in den frühen fünfziger Jahren einen Neuaufbau erhalten hatte und 1965 ausschied.

Den Wagen Nr. 304 haben wir schon einmal als Nr. 54 gesehen. Der 1959 aufgebaute Bus zeigt sich hier im Juli 1964 und verblieb noch bis 1965 im Linieneinsatz.

1955 in Werdau hergestellt wurde der W 602 a Nr. 305, der bis 1959 als Nr. 55 in Gera unterwegs war. Wir erleben ihn nach einer GR in Dresden während einer Probefahrt in Bühlau und im Linieneinsatz seiner Heimatstadt Gera vier Jahre später. 1966 nach Greiz umgesetzt, blieb er dort ohne Einsatz.

Der Wagen Nr. 311 des Typs Skoda 8TR kam 1960 fabrikneu nach Gera. Ab 1970 musste er sich sein Gnadenbrot in Weimar mit der Nummer 14 verdienen. Hier eine Aufnahme vom Juli 1964.

Thüringen
Gotha Straßenbahn (Thüringerwaldbahn)

Die Betriebseröffnung der Gothaer Straßenbahn erfolgte am 02.05.1894. Die meterspurige Straßenbahn war von Beginn an elektrifiziert. 1928 wies die Statistik 7,86 km eingleisige Strecken auf, auf denen 19 Trieb-, 3 Bei-, 2 Gepäck- und ein Güterwagen zum Einsatz gebracht worden sind. Am 14.07.1929 nahm die Thüringerwaldbahn ihren Betrieb auf einer Streckenlänge von 21,7 km zwischen Hauptbahnhof und Tabarz und einer 2,4 km langen Stichstrecke nach Waltershausen auf. 10 Triebwagen, 7 Beiwagen und 3 Gepäckwagen bildeten deren Erstausstattung. Die Triebwagen fuhren von Anfang an mit Scherenstromabnehmern. In den Nachkriegsjahren vor allem mit Neuaufbauten von kriegsbeschädigtem Rollmaterial beschäftigt, entwickelte sich das ortsansässige Waggonbau-Unternehmen ab 1954 zum wichtigsten Lieferanten von Straßenbahnen in der DDR bis zur Übergabe dieser Rolle an die CSSR ab 1967 in Umsetzung einer RGW-Vereinbarung aus dem Jahre 1965. Heute werden auf fünf Linien 18 modernisierte KT4D und 8 GT8N zum Einsatz gebracht. Die drohende Umstellung auf Omnibusbetrieb konnte 2016 abgewendet werden. Wir haben Bilder aus den Jahren 1958 bis 1965 ausgewählt, die allesamt noch den Hauch vergangener Zeiten ausstrahlen.

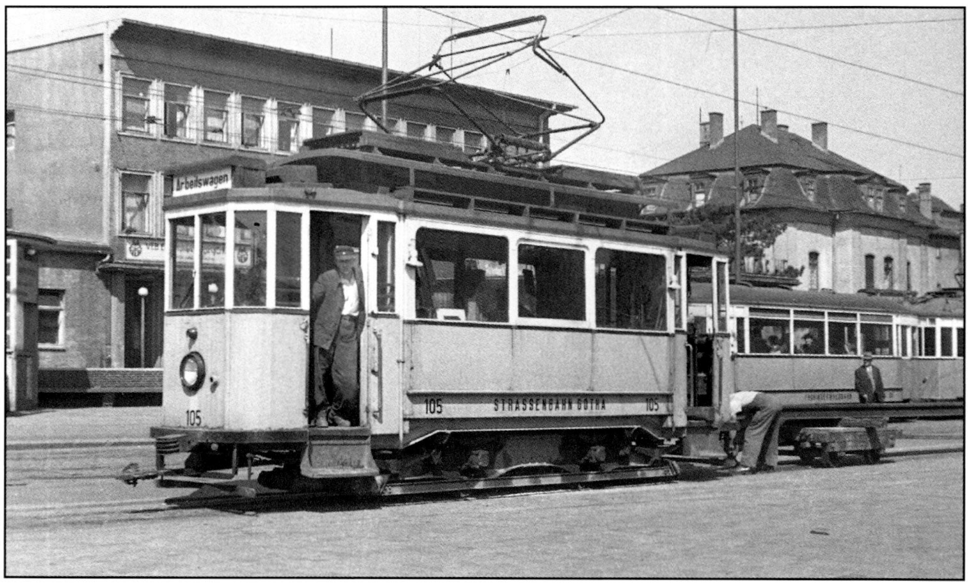

Aus der zweiten Beschaffungsserie von 1912 (Nr. 1^{II} bis 7^{II}) stammt der Atw 105, der bis 1953 die Nr. 5 trug. Das in Gotha hergestellte Fahrzeug schied 1968 aus dem Bestand aus und ist hier im Juli 1958 mit einem Spezialwagen am Bahnhof unterwegs.

Auch der Tw 53 ist hier zur gleichen Zeit am Bahnhof dokumentiert. 1929 in Gotha gebaut, befand er sich bis 1966 im Liniendienst.

Noch einmal am Bahnhof und ebenfalls im Juli 1958 ist hier der Tw 16^{II} zu sehen. 1927 in Gotha gebaut, verdiente er sich ab 1965 mit der Nummer 002 als Arbeitswagen bis 1976 sein Gnadenbrot.

Wir bleiben im Juli 1958 und am Bahnhof. Der LOWA-Anhänger Nr. 92 wurde 1954 in Gotha gebaut und fuhr mit der Nummer 225 ab 1967 in Jena. Beim Tw 42 handelt es sich um den ebenfalls in Gotha hergestellten Übergangstyp ET 55, von dem insgesamt nur fünf Triebwagen 1955 an die Straßenbahn Gotha geliefert worden sind. Aus ihm entwickelte sich der T 57. Beachtung verdient der Gepäckwagen Nr. 102 am linken Bildrand der nebenstehenden Aufnahme.

Im Juli 1958 begegnen wir in der Umsetzanlage der Endstation vor dem Hauptbahnhof den Wagen Nr. 14^{II} und 59. Beide sind 1927 bzw. 1929 beim ortsansässigen Waggonbauer hergestellt worden. Hier steht ihnen sicher in nicht allzu langer Zeit eine erneute Auffrischung bevor.

Erst wenige Jahre im Einsatz befinden sich die in Gotha hergestellten Wagen Nr. 38 und 40 des Typs ET 55, als sie im Juli 1958 in der Abstellanlage Boxberg mit einem Waldbahn- bzw. LOWA-Beiwagen bildlich dokumentiert worden sind.

In der Schleife in Gotha Boxberg warten die LOWA-Triebwagen Nr. 32 und 34 im Juli 1958 auf ihren nächsten Einsatz. Es handelt sich um 1951 in Werdau produzierte Fahrzeuge.

Hochinteressant ist diese Aufnahme vom Sommer 1963 in Reinhardtsbrunn. Dem Waldbahnzug mit Tw 56 an der Spitze wurde hier ein Gepäckwagen beigestellt. Tw 56 stammt aus dem Jahre 1929 und ist als historisches Fahrzeug erhalten geblieben.

Im Dreieck Waltershausen ist ein Waldbahnzug mit Tw 50 von 1929 und einem Gotha-Beiwagen am 04.10.1965 zu sehen.

Ein Zug der Linie 4 mit Tw 52 von 1929 und einem LOWA-Beiwagen mit Fahrziel Sundhausen zeigte sich am 04.10.1965 dem Fotografen in der Umsetzanlage vor dem Hauptbahnhof.

Bw 80 – hier am 25.09.1965 im Dreieck Waltershausen – wurde 1928 für die Thüringerwaldbahn in Gotha hergestellt und schied kurze Zeit nach dieser Aufnahme aus dem aktiven Dienst aus.

In der Bahnhofstraße warten die Triebwagen 16II (1927), 33 (1951) und 38 (1955) am 04.10.1965 auf ihre nächsten Einsätze.

An der Haltestelle Arnoldiplatz ist der Nr. 39 von 1955 zusammen mit einem Waldbahnbeiwagen von 1928 am selben Tag vorgefahren.

Am 25.09 1965 sind hier zwei Gotha-Triebwagen des Typs T 57 in Waltershausen in einem Waldbahnzug bzw. beim Rangieren zu sehen. Beim Wagen Nr. 43 handelt es sich um den Prototyp aus dem Jahre 1956, der Tw 45 stammt aus der Serienlieferung von 1957.

Die Gotha-G4 Nr. 202 und 205 begannen ihre aktive Zeit im Jahre 1965. Wenige Wochen nach der Indienststellung wurden Nr. 202 am Bahnhof und 205 an der Haltestelle Arnoldiplatz bildlich dokumentiert.

Am 04.10.1965 hat Tw 59 von 1929 mit einem Waldbahnzug die Endstation Hauptbahnhof erreicht und wartet auf die Rückfahrt nach Waltershausen.

Wir erleben die Begegnung mehrerer Waldbahnzüge am 30.09.1965 in Tabarz. Der Bw 81 von 1928 beendete 1979 nach über fünfzig Dienstjahren seine aktive Zeit.

Zum Abschluss noch eine hochinteressante Omnibusaufnahme, gefertigt am 04.10.1965 in Reinhardtsbrunn. Der stromlinienförmige Krupp stammt aus den dreißiger Jahren und hat offensichtlich bereits einen größeren Umbau hinter sich. Er befindet sich hier im Besitz eines privaten Busunternehmers der Region.

Thüringen

Greiz (O-Bus)

Zwischen 21.09.1945 und dem 11.07.1969 bestand in der thüringischen Stadt Greiz ein O-Busverkehr zwischen Schönfeld St. Adelheid und Elsterberg. Insgesamt neun Fahrzeuge waren zum Zeitpunkt der Betriebseinstellung mit den Nummern 9000 bis 9008 im Fuhrpark. Die Anhänger entstammten dem Fuhrpark des VEB Kraftverkehr Greiz.

Am Markt in Elsterberg steht der MAN Nr. 9002 ex. Nr. 3 von 1944 mit dem Anhänger 6812 gleicher Bauart im Mai 1964 zur Abfahrt bereit.

Am selben Tag überquert Wagen Nr. 9000 ex. Nr. 1 – mit neuem Aufbau versehen – zusammen mit W 700 Nr. 6805 den Marktplatz in Elsterberg.

Vor der Kulisse des Oberen Schlosses, 1697 bis 1714 durch Umgestaltung einer durch Blitzschlag 1540 zerstörten und anschließend wieder errichteten und erweiterten Burganlage aus dem 13. Jahrhundert geschaffen und das Wahrzeichen von Greiz darstellt (hier während einer Restaurierung), ist hier dasselbe Gespann – ebenfalls am 08.05.1964 zu sehen. Am linken Bildrand ein PKW des IFA-Typs F 8.

Der 1954 gebaute W 700 Bautzener Bauart mit der Nummer 6804 wurde hier beim Depot ins Bild gesetzt.

Der Wagen Nr. 9007 (ex. Nr. 6) von 1960 fuhr ab 1968 in Potsdam und beendete ab 1971 seine Laufbahn in Berlin. Hinter dem LOWA W 602 a ist wieder der W 700 mit der Nr. 6804 zu sehen.

Seinen nunmehr 20jährigen Einsatz verleugnet der Anhänger Nr. 3-6812 nicht, als er hier mit dem gleichaltrigen MAN-Bus Nr. 9002 in Elsterberg am 08.05.1964 auf seinen nächsten Einsatz wartet.

Mit dem Anhänger Nr. 3-6805, einem LOWA W 700, hat sich der Wagen Nr. 9000 ex. Nr. 1 am 08.05.1964 vom Marktplatz in Elsterberg in Bewegung gesetzt. Auch der Nachkriegsaufbau kann seinen langjährigen Alltagseinsatz hier kaum leugnen.

Der Anhänger Nr. 3-6802 gehört zum weit verbreiteten Typ W 701, wie er von mehreren Herstellern zwischen 1955 und 1959 in großer Zahl hergestellt worden ist. Auch er wartet in Elsterberg auf den nächsten Einsatz, und zwar mit dem Skoda 8TR Nr. 9005 im September 1967.

Auch dieses Bild zeigt einen LOWA-Anhänger des Typs W 700, den Anhänger Nr. 3-6806, welcher im September 1967 mit dem LOWA W 602 a, Nr. 9003, in Elsterberg auf seine nächste Fahrt wartet. Er trägt seit wenigen Jahren einen neuen Altenburger Aufbau, hier noch mit Wartburgrücklichtern und vorderen Positionslampen am Dach (bis 1965 so verbaut).

Auch beim Wagen Nr. 9003 von 1953 (ex. Nr. 4) handelte es sich um einen W 602 a. Hinter ihm der 1963 in Altenburg mit einer Neubaukarosserie versehene W 700 Nr. 6806. Die Aufnahme wurde am Markt in Elsterberg im September 1967 gefertigt.

Mit einem kleinen Omnibusanhänger W 701, Nr. 6802, wurde der Skoda 8TR von 1960 mit der Nummer 9005 (ex. Nr. 7) im September 1967 am Markt in Elsterberg bildlich festgehalten. Der Bus verbrachte seine letzten Jahre ab 1969 in Potsdam und wurde 1977 ausgesondert.

Thüringen
Jena

Die meterspurige Bahn in der thüringischen Universitätsstadt nahm am 01.04.1901 ihren Betrieb auf. In den Betriebsdaten für 1928 wurde eine Streckenlänge von 17,266 km angegeben, auf der 19 Trieb- und 10 Beiwagen sowie 1 Spezialwagen zum Einsatz gebracht wurden. Zu dieser Zeit gab es hier bereits einen bescheidenen Kraftomnibusverkehr. Die ausgewählten Aufnahmen aus den Jahren 1959 bis 1965 zeigen zum Teil seltene und überaus interessante historische Motive. 2004 wurde Jena zum Auslaufbetrieb der zweiachsigen Gotha-Wagen, von denen anschließend einige sogar in der Türkei weiter eingesetzt worden sind. Heute verändert sich das Netz der Jenaer Straßenbahn ständig und trägt damit den wachsenden Anforderungen Rechnung. Seit 17.12.2009 gilt ein neuer Linienspiegel mit fünf Linien im Tagesverkehr. Aktuell stehen 38 niederflurige Gelenktriebwagen hierfür zur Verfügung.

In der Saalebahnhofstraße zeigen sich hier zur selben Zeit die Beiwagen 35 und 40. Wagen 35 wurde 1909 in Bremen gebaut, Nr. 40 bereits 1901 in Breslau und fuhr am Beginn seiner Laufbahn als Triebwagen Nr. 4 der Erstausstattung.

Hier wurde der Tw 22 am Holzmarkt im August 1959 bildlich festgehalten. Das 1914 in Görlitz gebaute Fahrzeug gehört zu einer Serie von fünf Triebwagen, von denen zwei bis 1969 im Linienverkehr standen.

Aus dem Tw 13 der Erstausstattung von 1901 entstand 1958 der Arbeitswagen Nr. 01, seit 1964 Nr. 401, hier bei der Saalebahnhofstraße am 18.08.1959 im Bild festgehalten.

Tw 29 wurde 1928 in der Waggonfabrik Gotha hergestellt und war ab 1964 mit der Nr. 106 und ab 1969 als Arbeitswagen unterwegs, hier eine Aufnahme vom 18.08.1959.

Wieder am Holzmarkt mit zum Teil heute nicht mehr vorhandenen Gebäuden sind im August 1959 diese beiden Bilder entstanden. Bw 50 ist 1915 für die Türkei hergestellt worden und fuhr von 1964 bis zu seiner Aussonderung mit der Nr. 292, Tw 7^{II} ist ein LOWA-Triebwagen Gothaer Bauart.

T 57, Nr. 10^{II} aus dem Jahre 1958 befindet sich auf diesem Bilddokument ein Jahr nach seiner Indienststellung am Saalebahnhof.

Ein bunt gemischter Zug, aufgenommen am 18.08.1959 in der Dornburger Straße. Am Schluss des Zuges ist mit Bw 56 ein LOWA-Anhänger Werdauer Bauart aus dem Jahre 1951 eingestellt.

Im Löbdergraben befindet sich die Tonnenmühle. Im Ursprung ist sie an dieser Stelle bereits 1316 als Fürstenmühle belegt und wurde von einem seinerzeit östlich der Stadtmauer fließenden Seitenarm der Saale, der Mühllache, gespeist. Jenaer Bäcker ließen hier ihr Mehl mahlen. Heute ist die Tonnenmühle Teil des Unternehmenssitzes von JenaWohnen. An der gleichnamigen Haltestelle zeigen wir den damals idyllischen Jenaer Straßenbahnalltag mit vier Bildern vom 18.08.1959.

Bw 46 wurde zusammen mit fünf weiteren Anhängern 1926 in Weimar gebaut und fuhr dort bis 1937 als Tw 4^{III}. Seit 1964 trug er die Nummer 207.

Tw 31 (ab 1964: Nr. 109) einer Serie von zehn 1923 in Gotha gebauten Wagen ist mit einem baugleichen Anhänger auf dem Weg in das Mühltal vorgefahren.

Vor der Kulisse der Tonnenmühle sehen wir hier den 1951 in Werdau hergestellten LOWA-Tw 1^{II}.

Aus der Serie Nr. 9^{II} bis 10^{II} stammt der abgebildete T 57, welcher 1958 in Gotha vom Band lief.

In der Saalebahnhofstraße begegnen wir den 1915 von Ateliers Germain in Monceau gebauten Anhängern Nr. 53, 54 und 52 (ab 1962 Nr. 295, 296 und 294) am 18.08.1959. Zehn Jahre nach dieser Aufnahme war der letzte von ihnen ausgesondert.

In Jena liefen auch drei Triebwagen des Werdauer LOWA-Typs, hergestellt 1951 bis 1953, eingesetzt anfangs mit den Nummern 1^{II} bis 3^{II} und ab 1964 Nr. 111 bis 113. Hier wurde am 18.08.1959 der Triebwagen Nr. 2^{II} in einem Zug mit Fahrziel Lobeda dokumentiert.

Tw 102 (bis 1964 Nr. 24) aus dem Jahre 1923, aufgenommen am 03.09.1965 an der Haltestelle Tonnenmühle im Löbdergraben.

Die Anhänger Nr. 210 und 211, hier von einem T 57 gezogen, sind 1928 in Weimar für die dortige Straßenbahn als Triebwagen hergestellt worden und schieden zum Beginn der 1970er Jahre aus dem aktiven Dienst aus. Hier ein Bild vom 03.09.1965, aufgenommen am Holzmarkt.

Am 30.05.1969 endete der Betrieb auf dem Abschnitt Holzmarkt - Mühltal. Hier ein Bilddokument an der dortigen Endstation vom 03.09.1965. Tw 109 lief bis 1964 mit der Nr. 31 und wurde 1923 in Gotha gebaut.

Der LOWA-Tw 111 (bis 1964 1^{II}) Werdauer Bauart von 1951 gehört zu den ganz früh generalreparierten Fahrzeugen dieses Typs. Diese quasi Neuaufbauten erfolgten in Dresden, Leipzig sowie dem Raw Berlin-Schöneweide. Hier mit zwei Gotha-Beiwagen aufgenommen in Zwätzen am 23.09.1965.

Thüringen
Mühlhausen

Die 1898 eröffnete meterspurige Straßenbahn der thüringischen Stadt Mühlhausen gehörte mit etwa 11 km Streckenlänge zu den kleineren Straßenbahnen in Deutschland. Es gab eine Oberstadtlinie und eine Unterstadtlinie, jeweils vom Bahnhof beginnend. Nicht nur wegen seiner touristisch interessanten Lage, sondern auch aufgrund eines überaus bunt zusammen gewürfelten Wagenparks war die Mühlhausener Straßenbahn für Straßenbahnfans ein Eldorado. Am 08.07.1968 wurde die Oberstadtlinie eingestellt, knapp ein Jahr später endete der Gesamtbetrieb mit der Einstellung der Unterstadtlinie mit Wirkung vom 27.06.1969.

Blick auf den Abschnitt am Frauentor der Oberstadtstrecke im Juli 1958.
Tw 47 wurde 1926 bei MAN gebaut und fuhr einst unter der Nr. 26.

Der Triebwagen 12 wurde 1922 aus Nordhausen übernommen und diente unter gleicher Nummer zuletzt als Arbeitswagen. Gebaut wurde er 1900 von der Hannoverischen Waggonfabrik, hier im Depot im Juli 1958.

Ebenfalls aus dem Juli 1958 stammt diese Aufnahme beim Depot in Aue, wo Ober- und Unterstadtlinie wieder zusammen kamen. Der Tw 54 von 1899 fuhr einst unter der Nr. 37 in Erfurt, der Anhänger Nr. 36^{II} aus dem Jahre 1911 kam 1938 zusammen mit drei weiteren Anhängern gleicher Bauart aus Wiesbaden.

Am Bahnhof kommt im Juli 1958 der aus Erfurt stammende Tw 53 vorgefahren.

Vor dem Depot sehen wir im Juli 1958 den 1928 in eigener Werkstatt gebauten Tw 45^{II} mit dem 1898 gebauten Anhänger Nr. 14 und den ex. Erfurter Tw 54 mit dem ex. Wiesbadener Anhänger Nr. 37.

Der im Ursprung aus dem Jahre 1913 stammende Leipziger Typ 27 – hier im Depot links – verdiente sich in den späten 1950er Jahren in mehreren ostdeutschen Straßenbahnbetrieben sein Gnadenbrot. Die Mühlhausener Tw 38^{II} und 39^{II} ex. 45 kamen über Eisenach bzw. Erfurt hierher. Tw 51 – rechts im Bild – wurde ebenfalls 1913 gebaut.

Am Bahnhof wurde im Oktober 1965 der Tw 49 bildlich dokumentiert, 1925 als Tw 24 in Dienst gestellt.

An der Haltestelle Birkenweg in Aue auf der Oberstadtlinie zeigen sich im Oktober 1965 die 1926 gebauten Tw 46 und 52.

An der Endstation Stadtwald steht am 03.10.1965 ein Zug mit Tw 42 (Eigenbau 1928) an der Spitze bereit zur Rückfahrt.

1964 und 1965 kamen insgesamt vier der formschönen Gotha-Triebwagen von 1936 aus Erfurt und Gotha nach Mühlhausen. Der linke mit der Nr. 58 fuhr einst in Erfurt mit der Nr. 85, hier am Betriebshof Aue auf dem Weg zur Endstation „Zum Wald“ (ehemals „Weißes Haus“), der rechte Tw mit der Nr. 83 fuhr unter gleicher Nummer in Gotha, Aufnahme vom 03.10.1965.

Die Arbeitswagen in Mühlhausen wurden unter gleicher Nummer wie im Personenverkehr weiter zum Einsatz gebracht. Atw 38 stammt aus Leipzig und Nr. 54 aus Erfurt. Auch diese beiden Bilddokumente sind im Oktober 1965 entstanden.

Die Sommerwagen aus dem Jahre 1898 erhielten erst 1958 geschlossene Plattformen. Nr. 15 stand im Juli 1958 allerdings noch mit offenen Plattformen im Betriebshof. Bis 1969 verblieb er im Einsatz.

Der 1900 in Rastatt hergestellte Beiwagen Nr. 35 kam 1940 aus Wiesbaden und fuhr dort mit der Nummer 51. Auch er verblieb bis zur Stilllegung der Bahn 1969 im Liniendienst. Wir erleben ihn mit Tw 50, 1911 bei MAN hergestellt, im Juli 1958.

Noch ein Blick auf den Tw 54, 1899 in Ammendorf hergestellt und bis 1939 in Erfurt mit der Nummer 37 im Einsatz. Die Aufnahme zeigt das Fahrzeug im Juli 1958 vor dem Betriebshof.

Omnibusse ersetzten die Straßenbahn nach deren Betriebseinstellung am 27. Juni 1969. Dieser Ikarus 620 befand sich aber bereits im Einsatz, als die Bahn noch ihre Runden drehte und wurde 1963 bildlich dokumentiert.

Thüringen
Nordhausen

Die meterspurige Straßenbahn in Nordhausen am Rande des Südharzes eröffnete am 25.08.1900 mit 13 Triebwagen den Linienbetrieb auf drei Linien. 1928 waren auf den insgesamt 4,13 km langen Strecken elf Triebwagen im Personenverkehr eingesetzt. 1934 kamen mit den Nummern 21 bis 28 damals moderne in Wismar gebaute zweiachsige Triebwagen neu in den Bestand, welche mehrere Jahrzehnte das Alltagsbild prägen sollten. Später wurden mehrmals Fahrzeuge aus anderen Unternehmen in den Fuhrpark übernommen. Es kam aber auch zur Weitergabe nicht mehr benötigter Wagen an andere Unternehmen. Heute bestreiten insgesamt zwölf Combino-Fahrzeuge in unterschiedlicher Bauart aus den Jahren 2000 bis 2011 den Personenverkehr auf den drei zusammen 22,4 km langen Linien. Das Netz wurde bis 2004 nach dem Tram-Train-Prinzip mit dem ebenfalls meterspurigen Netz der Harzer Schmalspurbahnen verbunden. Für den Einsatz auf der nicht mit einer Fahrleitung versehenen Strecke nach Ilfeld sind drei der Combino-Fahrzeuge mit Hybridantrieb beschafft worden. Wir möchten mit einigen einzigartigen Zeitdokumenten vom Juli 1958 an eine längst vergangene Zeit erinnern.

Auf dem Weg nach Altentor ist der 1934 in Wismar hergestellte Tw 21 an der Haltestelle Arnoldstraße vorgefahren.

Tw 23 derselben Serie hat auf dem Weg zum Bahnhof die Haltestelle Töpferstraße erreicht.

Hier noch einmal die Haltestelle Töpferstraße aus einer anderen Perspektive, nun mit Tw 22 vor der Kulisse des im zweiten Weltkrieg schwer beschädigten und erst viele Jahre später wieder restaurierten städtischen Theaters.

Tw 30 aus dem Jahre 1951 blieb der einzige fabrikneu beschaffte LOWA-Triebwagen in Nordhausen und befand sich bis 1979 im Fuhrpark. Ein weiteres Fahrzeug desselben Baujahres kam 1967 aus Gotha und trug dort die Nr. 34. Hier vor den markanten Türmen der evangelischen Kirche St. Blasi in der Rautenstraße dokumentiert.

1956 kam der Gothaer Triebwagen Nr. 3^{II} aus dem Jahre 1912 nach Nordhausen und fuhr hier kurzzeitig unter gleicher Nummer auf den Linien, bevor er schließlich sich als Arbeitswagen bis 1963 sein Gnadenbrot verdiente. Foto mit einer Güterlore im Betriebshof.

Thüringen

Weimar – O-Bus

Von 04.06.1899 bis 30.06.1937 bestand in Weimar eine meterspurige elektrische Straßenbahn, deren Netzausdehnung 1928 mit 5,5 km dokumentiert ist. Drei Monate nach der Stilllegung sind die noch betriebsfähigen 10 Triebwagen nach Jena verkauft worden.
Der Oberleitungsbusverkehr in Weimar ist am 02.02.1948 eröffnet worden. 1957 erreichte das Netz mit 23,3 km Doppelfahrleitung seine größte Ausdehnung. Bestrebungen, das Netz in den 1990er Jahren zu sanieren und neue Abschnitte zu errichten, blieben unausgeführt. Am 02.04.1992 schließlich kam es zur endgültigen Betriebseinstellung.
Die ausgewählten Aufnahmen in der Umgebung des Goetheplatzes entstanden an einem regnerischen Junitag des Jahres 1968 und haben deshalb einen recht eigentümlichen und so selten dokumentierten Reiz.
Wir möchten einige der Typen bildlich vorstellen.

Wagen Nr. 3 gehörte zur sechs Wagen umfassenden Erstausstattung. Der 1948 gefertigte so genannte KEO schied wenige Wochen nach dieser Aufnahme als letzter seines Typs aus dem Bestand aus.

Beim Wagen Nr. 11 handelte es sich um einen Skoda 8TR aus dem Jahre 1958, ausgeschieden aus dem Bestand im Jahre 1972.

Der Skoda 8TR, Wagen Nr. 18 hat eine bewegte Geschichte hinter sich. 1956 gebaut und in Dresden als Nr. 174 eingesetzt, kam er 1962 von dort, erhielt aber 1966 dort eine Generalreparatur. Ein Jahr nach der Aufnahme endete sein aktiver Einsatz.

Auch der Wagen 14 war ein Skoda 8TR. 1958 hergestellt, musste er 1970 nach einem Unfall ausgesondert werden

Bei den Bussen Nr. 20 bzw.19 handelte es sich um Fahrzeuge des Typs Skoda 9TR, 1965 bzw. 1964 hergestellt, die bis 1977 auf Weimarer Linien unterwegs waren.

Auch der Wagen Nr. 21 gehörte zur Reihe 9TR, der mit über 20 Wagen größten Gruppe von Oberleitungsbussen in Weimar, von denen ein nicht unerheblicher Teil gebraucht aus Berlin, Magdeburg, Dresden, Gera und Erfurt übernommen wurde. 1967 gebaut, endete sein Linieneinsatz in den siebziger Jahren.

Auch die Kraftomnibusse trugen in Weimar den rot-weißen Anstrich und wurden wie die O-Busse am Goetheplatz dokumentiert. Zunächst der H6B/L Nr. 33 im Originalzustand und der H6B/L Nr. 31, frisch von einer Generalreparatur, beide am 07.10.1965 bildlich festgehalten.

Der dreitürige Ikarus 66 Nr. 51 stammt aus einer Serie der Bauzeit 1962 bis 1963, erkennbar an den hellen Fenstergummis. Auch dieses Motiv entstand, wie die beiden noch folgenden, am 07.10.1965.

Auch der Ikarus 66-Stadtwagen Nr. 52 lässt sich ohne Mühe der Bauzeit 1962/63 zuordnen.

Anstelle eines Nachwortes

Wer meine Veröffentlichungen kennt, wird wissen, dass ich nie große Worte an den Schluss gesetzt habe. Vielmehr möchte ich mich für die exzellente Zusammenarbeit mit dem Verlag bedanken und noch einmal einige Themen Revue passieren lassen. Auch dann werden nicht alle Fragen geklärt sein, aber das liegt in der Natur der Sache. Man versucht, soviel wie möglich unterzubringen, aber da sind Grenzen gesetzt. Insofern haben der Verlag und ich letztendlich anhand der Aussage der Motive entschieden. Kommen wir nun also zu den letzten Bildern.

Der Dresdener Triebwagen Nr. 839 fuhr bis 1954 in Leipzig mit der Nummer 979. Hier ist er im Herbst 1957 vor der Ruine des Landhauses in der Wilsdruffer Straße zu sehen.

Ein Einzelstück blieb der Chemnitzer Triebwagen Nr. 253, 1912 in eigener Werkstatt gebaut und bis 1939 mit der Nummer 1[II] unterwegs. Hier zeigt er sich im Jahre 1961 in der Wilhelm-Pieck-Straße (Theaterstraße).

Der 1925 in Bautzen gebaute Kreischaer Triebwagen Nr. 508[II] fährt seit 1979 als historischer Triebwagen mit seiner ursprünglichen Nummer 9 bei der Kirnitzschtalbahn.

Ikarus 66 fuhren praktisch überall in der DDR. Der Jenaer Stadtwagen Nr. 2 der Bauzeit 1962/63 ist 1963 sogar im Gelegenheitsverkehr dokumentiert worden.

Viele Jahre sah es auf Rastplätzen in der DDR wie in diesen Aufnahmen aus. Hier ist der Cottbuser Ikarus 31 Nr. 35 aus dem Jahre 1959 neben einem Ikarus 630 und einem Ikarus 66 im Jahre 1963 zu sehen.

Praktisch alle O-Bus-Betriebe in der DDR setzten zeitweilig Skoda des Typs 9TR ein, hier Wagen von Eberswalde und Gera. Nur in Eberswalde fahren heute noch O-Busse.

Wir möchten zum Abschied zurückkehren ins thüringische Eisenach. Am 31.05.1975, wenige Monate vor der Betriebseinstellung, entstanden diese malerischen Motive.

Quellenverzeichnis

- Handbuch der deutschen Straßenbahnen, Kleinbahnen und Privateisenbahnen, 1928, Reprint Eisenbahnkurier-Verlag, Freiburg im Breisgau
- Berliner Straßenbahnen. Die Geschichte der Berliner Straßenbahn-Gesellschaften seit 1865, Wolfgang Kramer, Claude Jeanmaire, Sigurd Hilkenbach, Verlag Eisenbahn, Villigen 1973
- Berliner Straßengeschichte II, Wolfgang Kramer, Claude Jeanmaire, Sigurd Hilkenbach, Verlag Eisenbahn, Villigen 1977
- Straßenbahnarchiv Bände 1-7, Autorenkollektiv unter Leitung von Dr. Ing. Gerhard Bauer, VEB Transpress Verlag für Verkehrswesen, Berlin 1982-1989
- Berliner Omnibusse, Dieter Gammrath, Heinz Jung, Alba Publikation, Meerbusch 1988
- Fahrzeugarchiv 1872-1997, Von der Pferdebahn zum Niederflur-Gelenkwagen, Arbeitsgemeinschaft „Historische Nahverkehrsmittel Leipzig" e. V.
- Die Chemnitzer Straßenbahn – Eine Zeitreise in Bildern, Heiner Matthes, GeraMond Verlag, München 1998
- Die Überlandbahnen im Raum Merseburg, Dieter Moritz, Hallesche Straßenbahnfreunde e. V., Halle 2002
- Straßenbahn und Busse in Rostock, Rüdiger Grabowski, Norbert Enenkel, Verlag Kenning, Nordhorn, 2006
- Straßenbahnwagen aus Gotha, Peter Kalbe, Hans Wiegard, Verlag Dirk Endisch, Stendal 2006
- Obusse in Deutschland Band 1, Ludger Kenning, Mattis Schindler, Verlag Kenning, Nordhorn 2008
- Die LOWA-Straßenbahnwagen der Typen ET 50/54 und EB 50/54, Peter Kalbe, Frank Möller, Volker Vondran, Verlag Dirk Endisch, Stendal 2012
- Klassentreffen! Typensammlung aus 100 Jahren Dresdner Busgeschichte, Dresdner Verkehrsbetriebe, 2014

Von der Lockwitztalstraße biegt am 09.05.1977 ein Zug mit Triebwagen Nr. 240 007 an der Spitze in die Niedersedlitzer Bahnhofstraße ein und hat seinen Endpunkt fast erreicht. Wenige Wochen später waren solche Bilder Geschichte.

Aus unserem Verlagssortiment

"Auf schmaler Spur durch Sachsen"	24 x 16 cm	32 Seiten	ISBN 978-3-9806125-5-5	5,20
"Reichsbahn, Ruß und Rollfilm"	24 x 16 cm	112 Seiten	ISBN 978-3-9808250-3-0	15,80
"Original Crottendorfer Eisenbahngeschichten"	24 x 16 cm	112 Seiten	ISBN 978-3-9806606-7-9	15,80
"Abgefahren"	24 x 16 cm	112 Seiten	ISBN 978-3-937496-01-6	15,80
"Der Dampflokgroßvater und seine Jungs"	24 x 16 cm	112 Seiten	ISBN 978-3-937496-04-7	15,80
"Episoden zwischen Diesel und Dampf"	24 x 16 cm	112 Seiten	ISBN 978-3-937496-10-8	15,80
"Bilder, Bahn und Brudervolk"	24 x 16 cm	112 Seiten	ISBN 978-3-937496-05-4	15,80
"Abgeknipst"	24 x 16 cm	112 Seiten	ISBN 978-3-937496-22-1	15,80
"Mit schwarzem Blut und Spitzendruck"	24 x 16 cm	144 Seiten	ISBN 978-3-937496-59-7	15,80
"Anekdoten und Geschichten zur Müglitztalbahn"	24 x 16 cm	128 Seiten	ISBN 978-3-937496-78-8	15,80
"Anekdoten und Geschichten zur Weißeritztalbahn"	24 x 16 cm	208 Seiten	ISBN 978-3-937496-22-1	19,80
"Entlang der Schiene von Chemnitz nach Wechselburg"	16 x 24 cm	160 Seiten	ISBN 978-3-9808250-2-3	19,80
"Auf Sachsens stählernen Spuren"	16 x 24 cm	272 Seiten	ISBN 978-3-937496-35-1	9,99
"Eisenbahngeschichten zwischen Chemnitz und Weipert"	28,5 x 22,5 cm	128 Seiten	ISBN 978-3-9806606-9-3	24,50
"Schienenverbindungen zwischen Chemnitz und Leipzig"	28,5 x 22,5 cm	192 Seiten	ISBN 978-3-937496-17-7	29,80
"Die Eisenbahn im Flöhatal und ihre regelspurigen Zweigstrecken"	28,5 x 22,5 cm	176 Seiten	ISBN 978-3-937496-08-5	29,80
"Die Müglitztalbahn Heidenau - Altenberg"	28,5 x 22,5 cm	256 Seiten	ISBN 978-3-937496-47-4	34,80
"LEIPZIG - RIESA - DRESDEN"	28,5 x 22,5 cm	208 Seiten	ISBN 978-3-937496-27-6	29,80
"Zeitdokument aus vier Jahrzehnten Eisenbahnfotografie"	28,5 x 22,5 cm	208 Seiten	ISBN 978-3-937496-66-5	29,80
"Entlang der Sachsen-Franken-Magistrale"	28,5 x 22,5 cm	288 Seiten	ISBN 978-3-937496-69-6	34,80
"Eisenbahnen auf Usedom"	28,5 x 22,5 cm	192 Seiten	ISBN 978-3-937496-75-7	29,80
"Dampflokzeit in Glauchau"	28,5 x 22,5 cm	160 Seiten	ISBN 978-3-937496-79-5	26,50
"Schienen verbinden Deutschland und Tschechien"	28,5 x 22,5 cm	280 Seiten	ISBN 978-3-937496-80-1	34,80
"Die Entwicklung des Verkehrswesens im Erzgebirge - Der Kraftverkehr"	28,5 x 22,5 cm	128 Seiten	ISBN 978-3-9808250-9-4	9,99
"Die Fahrschule"	24 x 16 cm	176 Seiten	ISBN 978-3-937496-49-8	19,80
"Fahrzeuglexikon Trabant"	28,5 x 22,5 cm	208 Seiten	ISBN 978-3-937496-34-4	29,80
"Fahrzeuglexikon Framo / Barkas"	28,5 x 22,5 cm	208 Seiten	ISBN 978-3-937496-23-8	29,80
"Der Omnibusverkehr in und um Chemnitz"	28,5 x 22,5 cm	176 Seiten	ISBN 978-3-937496-09-2	29,80
"Die große Zeit des DKW-Motorradrennsports – 1920 - 1941" (Zschopau)	28,5 x 22,5 cm	368 Seiten	ISBN 978-3-937496-29-0	34,80
"DKW Zschopau und der Motorradgeländesport – 1920 - 1941	28,5 x 22,5 cm	176 Seiten	ISBN 978-3-937496-50-4	29,80
"Modellautos 1:87 und ihre Vorbilder"	28,5 x 22,5 cm	196 Seiten	ISBN 978-3-937496-67-2	29,80
"Sorry, ich habe Ihren Blinddarm nicht gefunden"	18 x 12 cm	128 Seiten	ISBN 978-3-937496-40-5	12,80
"Der Baum der Wahrheit" (160 Jahre Marxismus – eine Bilanz)	DIN A 5	416 Seiten	ISBN 978-3-937496-28-9	15,80
"Meine Technik, meine Modelle" (Zeichensätze für 62 Modelle)	DIN A 4	128 Seiten	ISBN 978-3-937496-14-9	26,50

Weitere Verlagsprodukte (www.boettger-bildverlag.de):

- Bücher zur Regionalgeschichte, Reiseführer, Wanderhefte
- Bücher zu Technik und Verkehr (Eisenbahn, Kraftfahrzeuge, Modellautos, Modellbau)
- Postkartenkalender Eisenbahn, IFA-Fahrzeuge
- Ansichtskarten aus der Region Sachsen sowie mit Motiven von Eisenbahnen und Fahrzeugen
- Weihnachtskarten mit regionalen Ansichten und Landschaften (auch mit Umschlag)

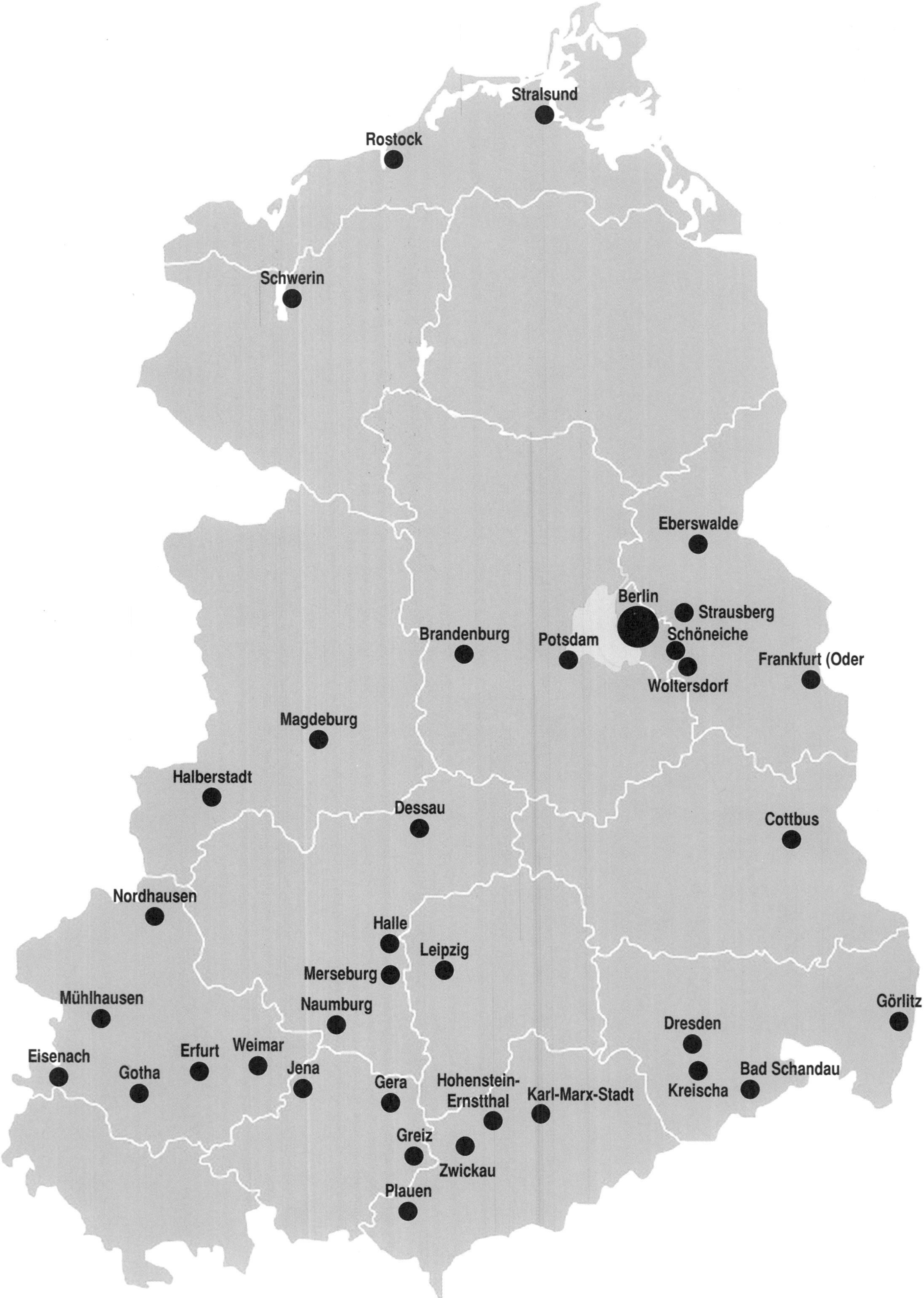
Stralsund
Rostock
Schwerin
Eberswalde
Berlin
Strausberg
Schöneiche
Brandenburg
Potsdam
Frankfurt (Oder
Woltersdorf
Magdeburg
Halberstadt
Dessau
Cottbus
Nordhausen
Halle
Leipzig
Merseburg
Mühlhausen
Naumburg
Görlitz
Dresden
Eisenach
Erfurt
Weimar
Gotha
Jena
Gera
Hohenstein-
Ernstthal
Karl-Marx-Stadt
Bad Schandau
Kreischa
Greiz
Zwickau
Plauen